U0155524

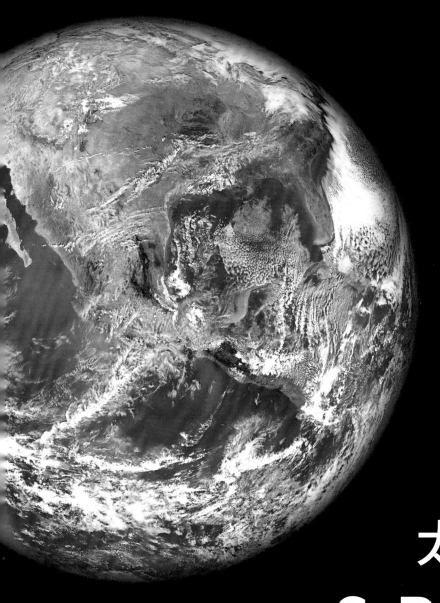

太空全书
SPACE
ATLAS

SECOND EDITION

SPACE
ATLAS

太空全书（第2版）

[美] 詹姆斯·特赖菲尔　著

巴兹·奥尔德林　序

青年天文教师连线　译

NATIONAL
GEOGRAPHIC
WASHINGTON, D.C.

北京联合出版公司
Beijing United Publishing Co.,Ltd.

目 录
CONTENTS

第 1 页：地球的西半球。

第 2-3 页：猎户星云，左下的恒星是猎户座 LP。

本页：在这幅由可见光和 X 射线波段合成的影像中，可以见到大麦哲伦云星系中一个气泡状的超新星遗迹 SNR0509-67.5。较为炽热的物质显示为绿色和蓝色，粉色的壳层是超新星造成的、正在穿过气体的激波。

太阳系上方的文字：带、缝结构，还有土星环在土星大气层投下的影子。

太阳系

土星：太阳系的女王，以其壮丽的环系统闻名。这张图是卡西尼号轨道器拍摄的可见光影像，展示出土星环上复杂的带、缝结构，还有土星环在土星大气层投下的影子。

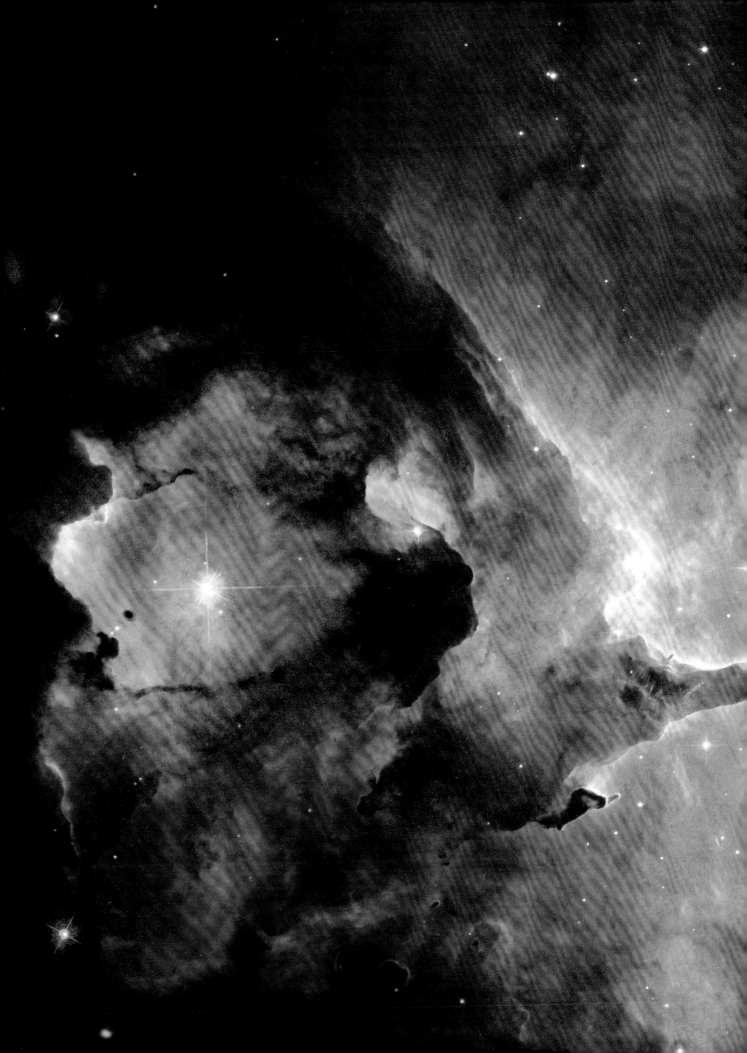

银河系

星云 NGC 6537：由明亮的恒星和充盈气体的恒星形成区组成。上图中最亮的恒星实际上是一对双星，名为 Pismis 24-1，总质量高达太阳的 200 倍。

宇宙

图中邻近的星系半人马座 A 被剧烈的天体物理活动所照亮。这个星系的中心有一个大质量的黑洞，该星系正在与一个旋涡星系发生碰撞并将其毁灭。这一碰撞在星系边缘尘埃密布的区域产生了恒星形成区。

写于登月50周年之际

宇宙就在你的掌心——你手中捧着的这本大部头内藏一个知识的宇宙。本书那些惊人的影像、地图和令人脑洞大开的文字中，蕴含着力量。这里呈现的，是时空之间的一场伟大旅程；本书所传达的信息，来自所有拓展人类视野边界的努力——人类不知疲倦地、如饥似渴地，不断追寻对宇宙的新知，并乐在其中。

本书既展示了人类已经发现的许多事实，也承认我们仍然懵懂无知。想想那些我们用来探索太空的工具吧：从地基天文台到空间天文台，再到横跨整个太阳系的无人探测器。仰望星空的天文学家们凭借这些新技术能力，真的如印第安人所说的，成了"眼长的人"。

我自视全球太空代言人。在过往的环球旅程中，我有幸与各国王室成员、国家元首们交游，有幸与大众一起狂欢，有幸获得诸多殊荣。从这些切身经验中，我越来越明确地意识到，现在有必要提出一个宏大有力、站在时代前沿的 21 世纪太空计划。

因为当我走遍世界，我总被问道："太空探索的价值是什么？我们为什么需要航天工程？"正如我的好朋友，天体物理学家史蒂芬·霍金所说，人类在过去 100 年里创造了惊人的进步，"但是

1969 年 7 月，翻开历史新页的阿波罗 11 号任务中，美国宇航员巴兹·奥尔德林在鹰号月球着陆器支撑腿附近进行月表行走的照片。当时他和宇航员尼尔·阿姆斯特朗正一起在月球静海展开勘测，后者为他拍摄了这张照片。鹰号月球着陆器和阿姆斯特朗本人在奥尔德林的面罩中清晰可见。

如果我们想继续这样的进步，就必须向太空进发。"我表示同意。我承认，我可能看不到那一天了；但是，我愿意尽我的绵薄之力为未来的太空探索打下基础。

大众对太阳系内形形色色的天体乃至围绕其他恒星旋转的系外行星怀有极大的好奇。哪个遥远星球拥有宜居环境，甚至孕育了地外文明，这只是宇宙中无数未解之谜之一。

无疑，空间科学研究带来的科学进步催生出我们日常生活所使用的诸多科技产品。要举例的话，只需看看你的手机、全球定位系统（GPS）和医药领域的种种进展。没有对航天工程的投资，这些技术都不可能产生。同理，具有前瞻性的航天工程可以激励下一代航天工程师、科学家等接过未来这一棒。这意味着要增加对科学、技术、工程、艺术和数学的支持——简单地说，发挥 STEAM 的力量！

我很自豪，美国在过去 50 年引领了全球人类的太空探索。然而，我对于近来美国太空实力的削减感到忧心忡忡。美国国家航空航天局（NASA）的预算从 20 世纪 60 年代占美国联邦预算的 4% 滑落至现在的 0.4%。我不得不一再强调，必须在接下来几十年间重新确立我们国家在人类航天飞行中的领导作用，利用我们已经取得的成就来创造更辉煌的未来。

回首过去

我在地球之外的自留地——月球——不应该被忽略，我们应该回到那里去。月球蕴含价值连

城的氧元素和水，可以被商业公司开发成燃料。通过与国际伙伴的合作，我们可以利用月球拓宽我们之所及，提高基本的无人机技术，为月球以外的早期探险培训人员——这里指的，正是火星。

在我们聊火星任务之前，请先跟我回顾历史。

阿波罗计划是集体努力的结果，总计超过40万个智慧的大脑为了同一个目标协同努力才造就了它。政府与产业界为此并肩作战，创造力与团队努力缺一不可，才把这个长久以来的梦想化为现实。

肯尼迪总统宣誓要达成不可能的目标之后仅仅8年，1969年那个难忘的夏天，阿姆斯特朗和我就徜徉在月球静海那滑石粉一样的月尘之间了。我的脑海中浮现的第一个词是"巨大的空灵"。踏足另一个星球是人类的"巨大"成就；而且月球表面是毫无生机的"空"——没有大气层，明亮的月表上是彻底的漆黑。站在那里回望地球时，我被震惊了：我所知、所爱的所有事物，都存在于头顶那个遥远、渺小、脆弱、被太空的无尽黑暗包围的蓝色圆球上。

全球10亿人向上遥望，目睹并聆听了阿姆斯特朗和我从鹰号月球着陆器走出、穿行于月表的过程。包括当时正在环绕月球的阿波罗11号同事、指令舱驾驶员迈克尔·柯林斯在内，我们仨比以往任何人所到达的地方都更遥远。而尽管相距如此遥远，我们却感受到和地球上每一个人的联结，他们的参与让我们在月球之旅中感到慰藉。

当我们在鹰号着陆器周围漫步时，阿姆斯特朗在多数时间里执掌相机，而我的工作是架设科学仪器。在我们的任务中，有两张照片成了传世经典：一张被称作"面罩"，在这张照片中你可以看到鹰号着陆器和阿姆斯特朗出现在我头盔的面罩反光中。人们曾问我为何这张照片如此打动人心，我说了三个词：机位，机位，机位。我也拍了几张照片，其中一张如今成为经典：我在月球上的足印。

让我分享一则趣事。在返回地球的时候，因为我是政府雇员，我按规定为这趟月球之旅开具了一张旅行报销单。我从得克萨斯出发，经由佛罗里达抵达月球，然后在太平洋里被捞起来，被送到了夏威夷，最终才返回得克萨斯。我待报销的金额累计为33.31美元——毕竟政府在1969年7月7日到27日之间提供了伙食和住宿。还有一则趣事，阿波罗11号航天员在入境时，不得不为所携带的月球岩石与月尘样本而填写海关入境申报单。

还有一件几年前才被发现的小事：在阿波罗11号发射时，时任尼克松总统文胆的威廉·萨菲尔撰写了一份文件。这份白宫内参的标题为《因应潜在的月球事故》，文中说，前往月球开展和平探索的人，命中注定也将会"平静地长眠在月球上"。萨菲尔称我们为勇敢的人，他说："通过探险，他们把全世界的人凝为一体；通过牺牲，他们让人类之间的兄弟之谊更加牢固。"

这份备忘录接下来建议，万一真的发生不测，总统在发表声明之前，应该先给牺牲航天员的遗孀们一一致电慰问；而在总统发表针对事故的声明之后，在NASA已经放弃与我们的通讯联络之后，一位牧师应该以海葬的仪式来抚慰逝者，称颂我们的灵魂为"深邃中的最深邃者"，并以基督教主祷文来作结。

幸运的是，给尼克松准备的悼文没派上用场。全世界像对待英雄般欢迎我们从月球荣归。身处荣誉颁赠、游行庆典、采访汇报所带来的激动中，我们深知人们并不是在为三个个人而庆祝，而是为我们所代表的那些东西——世界团结在一

起，人类取得了近乎不可能的成就。

实现不可能

没有许多人为共同目标而付出的努力，阿波罗绝不会成功。当人们团结合作，有时会做出看似不可能的成就。

几个世纪来，人类都梦想去往太空，登上其他行星，甚至去往其他恒星。但直到 20 世纪早期，人类才第一次实现了通过可控的机器进行飞行：1903 年，莱特兄弟在北卡罗来纳州的小鹰镇

《永恒的足迹》，1969 年 7 月 20 日摄于月表。这些足迹可能会在月壤表面维持数百万年。奥尔德林通过拍摄这张照片来记录月尘的性质和受到踩踏时的致密性。

首飞了他们制造的飞机。巧合的是，我的母亲出生在同一年。她婚前的本名叫"玛丽昂·穆恩"（Marion Moon，译注：奥尔德林的母亲本姓意为"月亮"）。

1957 年 10 月，苏联取得了一次重大且令人

意想不到的科技胜利。他们发射了第一颗人造地球卫星。斯普特尼克号的成就，绝不仅仅是把自己载入史册。次年，作为回应，美国成立了国家航空航天局（NASA），目标是开辟太空中的前线。自此，太空时代开启了，太空竞赛一触即发。

1961 年，NASA 用水星号执行了美国第一个载人航天任务，把阿兰·谢泼德送入亚轨道进行了 15 分钟的飞行，触及了宇宙的边缘。而在此之前，苏联已经把人类送入太空，让航天员尤里·加加林绕地球飞行一整圈，取得了辉煌的胜利。

苏联接连两次的重大成功，促使约翰·肯尼迪总统询问 NASA，要做些什么才能予以有力的回应。NASA 回答说，至少要用 15 年，才能把人类送上月球。最近据我了解，肯尼迪一开始想让我们去火星，这令 NASA 大吃一惊。NASA 的官员和顶尖工程师们，经过一整个周末的高强度计算，告知总统，登陆火星太困难了，我们应该把前往月球当作更加切合实际的目标。

1961 年 5 月 25 日，在阿兰·谢泼德开展亚轨道飞行后仅仅三周，肯尼迪总统庄重承诺，要在这个十年结束之前把人类送到月球！当时美国的载人航天飞行总时长为 15 分钟，连一次轨道飞行都没有过。要把人类送到地球轨道以外的火箭和飞船都还不存在！很多人认为，想要实现肯尼迪下的战书，是不可能的事。我们根本就不知道要怎么做。

然而，肯尼迪是一位有远见，有决心、勇气和信心，认为登月目标一定可以实现的领袖。他

1969 年 7 月 16 日，搭载阿波罗 11 号乘组呼啸升空的土星五号火箭，摄于佛罗里达肯尼迪航天中心。

认为我们能到那儿。通过公开宣誓目标并定下明确的时间表，肯尼迪总统没有给我们留任何退路。

似乎是要再次强调他的登月宣誓，肯尼迪后来在莱斯大学体育馆发表演讲，强调了面临的挑战：

"但如果我要说，我的同胞们，我们应该送人类去 38 万千米之外的月球，我们要从休斯敦的指挥中心操纵 300 多英尺、有一个橄榄球场那么长（译注：约合 90 米）的巨型火箭，这个火箭将用全新的合金打造，其中有些可能还没被发明，这些合金能够耐受比现在最极端的条件还要极端几倍的高温和高压，它们组合在一起的精度要比最精巧的手表更高，要携带所有必需的设备，用于推进、导航、控制、通讯、维生和救生，这样的任务从未有人尝试过，最终将抵达一个未知的天体，并安全返回地球，以每小时 4 万千米的速度再次进入地球大气，产生高达太阳表面温度一半的高温——我们要做到所有这些，而且不出差错，并且在这个十年结束之前做到——那我们就必须全力以赴。"

登月之后

阿波罗计划之后，美国的目标不再只是把美国人送上月球并让他们安全返回。正如肯尼迪所说，后续目标包括掌握为达成登月目标所必需的技术，获取其他国家在太空中的利益；为美国在太空中夺取先发优势；提升人类在月球环境中高效开拓和工作的能力；以及执行月球的科学探测计划。

请记住，肯尼迪总统的最初目标是送一个人去月球并使其安全返回。要实现这个目标，我们可以只让一个人登陆月球，往窗外看一看，跟地球打个招呼，或者部署一个科学数据收集无人机，并不需要让这个人真的踏足月球表面。但是，这

个选项并未被采纳。实际上，我们实现了更激进的目标：我们派了两位航天员，并让他们去月球表面行走。

从 1969 年到 1972 年，总计有 6 次成功的阿波罗登月任务：阿波罗 11、12、14、15、16 和 17 号。1970 年 4 月的阿波罗 13 号，由于中途出了故障，未能登陆月球，但是全体航天员戏剧性地返回了地球：指令长小詹姆斯·洛弗尔、指令舱驾驶员小约翰·斯威格特，以及登月舱驾驶员弗雷德·海斯。他们的勇毅值得我们敬佩。

最终，我们中的 12 位有机会从月球上收集尘土。我们这些月球漫步者的经验即使加到一块儿也是十分有限的：阿波罗 11 号只在月表待了 2.5 个小时，阿波罗 17 号在月表一共待了大约 22 个小时。但这 6 次登月任务带回了丰富的科学数据，和 2200 多个月球标本，总重将近 840 磅（译注：约合 381 千克）。在月表进行的实验包括土壤力学、陨石学、月震、磁场和太阳风。

回首 50 年前的在阿波罗 11 号任务，很重要的是要铭记早期飞行以及接下来的努力，要铭记我的所有同事的杰出工作，和他们各自的精彩经历。

我也满怀哀伤地记得 1967 年 1 月 27 日发生的阿波罗 1 号的悲剧。那本应是第一个载人飞行的阿波罗任务，但是在发射台测试时，一场大火扫过了他们的阿波罗指令舱。我们失去了航天员维吉尔·格里森、我的好朋友爱德华·怀特，以及罗杰·查菲。那是一个损失巨大的日子——对我，对 NASA，以及对这个国家而言都是。成为太空先驱，从来都是危险的。许多年后，这一事实随着 1986 年、2003 年两次美国航天飞机事故中 14 名勇敢的探索者的牺牲，以及 1967 年和 1971 年导致 4 名俄罗斯航天员牺牲的两次航天事故而一再被证实。

在阿波罗 1 号的大火后，随着阿波罗 7 号在地球轨道上进行了工程测试，阿波罗项目得以继续推进。这次任务中，小瓦尔特·施艾拉担任指令长，瓦尔特·康尼翰担任登月舱驾驶员，唐·埃斯利担任指令舱驾驶员。这次在 1968 年 10 月展开的 11 天飞行完成了阿波罗飞船系统的关键测试。

阿波罗 8 号真正踏上了通向月球的道路。乘组由弗兰克·博尔曼担任指令长，威廉·安德斯担任登月舱驾驶员，小詹姆斯·洛弗尔担任指令舱驾驶员。这是第一个把人类带往月球附近的飞行任务，也标志着发展登月能力的过程取得了重大进展。1968 年 12 月 21 日发射后，阿波罗 8 号任务耗时 6 天，其间环绕月球转了 10 圈，通过了为离开地球、航向月球而进行的导航和推进系统测试，确保了项目的继续推进。

阿波罗 9 号实现了首次登月舱的载人飞行。他们在 1969 年 3 月进行的 10 天地球轨道飞行由指令长詹姆斯·麦克迪维特率领，大卫·斯科特担任指令舱驾驶员，拉塞尔·施威卡特担任登月舱驾驶员。这次任务验证了多个重要流程，包括完整的交会对接过程，和出舱行走操作。所有系统的表现令人满意。登月舱第一次作为独立自持的飞船进行了测试，并实施了动态交会对接机动。这些测试也在接下来的阿波罗 10 号这一月球轨道任务中再次实施。

1969 年 5 月，阿波罗 10 号任务演练了一次实际的载人登月任务所需的所有流程——除了登

奥尔德林正在鹰号着陆器旁的科学设备区安置实验设备。在月球上部署的科学设备包括激光测距反射镜和月尘探测器。

陆本身。这是阿波罗飞船首次完成绕月飞行。托马斯·斯塔福德担任指令长，尤金·塞尔南担任登月舱驾驶员，约翰·杨担任指令舱驾驶员。这场惊险的任务包含分离后的登月舱 8 个小时的环月，之后登月舱会下降到离月表 14 千米处，然后上升并与等候在约 110 千米高的正圆环月轨道的指令与服务舱交会对接。所有任务目标均圆满完成。

未知的未知

1969 年 7 月的阿波罗 11 号任务汲取了此前任务的经验，终于准备好了让人类第一次尝试踏足另一天体。但其实在鹰号着陆器着陆静海之前，仍然存在许多"未知的未知"。由于乘组轮替安排的巧合，刚好尼尔·阿姆斯特朗、迈克尔·柯林斯和我被选中执行这一历史性的登月任务。

当我得知将成为第一个载人登月任务的航天员时，我回家告诉了妻子我复杂的心情。说真的，我宁愿被派到晚一点的其他任务。我们有更多有趣的事情可以做。另外，我也能预见到载誉返回后将受邀到处巡回演讲。我确实很矛盾，但最终，我的战斗机驾驶员的本性复萌，让我忠诚地接受了任务。

我不可能拒绝这个任务。毫无疑问，我是一

个非常幸运的人。NASA 估计有 60% 的可能性成功登月而不必半途放弃——以及 95% 的可能性让我们三个人平安回家。我们当然很高兴看到这些数字！

即便是现在，肯尼迪总统的登月宣誓仍然振聋发聩——"不是因为它容易，恰恰是因为它很艰难。"他只给我们 10 年时间，而我们做到了。阿波罗 11 号任务展示了一个国家提出一项极端艰巨的目标，把它列为重中之重，并开发必要技术以最终实现目标的能力。

阿波罗 11 号任务的成功促进了接下来的登月任务。

阿波罗 12 号：小查尔斯·康拉德担任任务指令长，理查德·戈尔登担任指令舱驾驶员，艾伦·宾担任登月舱驾驶员。阿波罗 12 号的无畏号登月舱于 1969 年 11 月 19 日在风暴洋准确着陆。这次准确的着陆非常重要，因为它证明我们可以挑选科学上有价值的着陆点，即使是在崎岖的地貌中。

阿波罗 14 号：艾伦·谢泼德担任任务指令长，斯图尔特·罗萨担任指令舱飞行员，艾德加·米切尔担任登月舱驾驶员。阿波罗 14 号的心宿 2 号登月舱于 1971 年 2 月 5 日着陆。该任务的几项目标是：调研弗拉·毛罗高地中预先选定一点附近的月表，部署并激活一部阿波罗月表科学实验装置，进一步提升在月球环境中工作的能力，并获取候选待探索地点的照片。

阿波罗 15 号：大卫·斯科特担任任务指令

这是一张艺术家的想象图，政府和商业公司对重返月球越来越有兴趣，他们的目标是建立一座长期的月球基地。

长，詹姆斯·艾尔文担任登月舱驾驶员，阿尔弗莱德·沃尔登担任指令舱驾驶员。阿波罗 15 号的猎鹰号登月舱于 1971 年 7 月 30 日在月球的哈德利 - 亚平宁区着陆。该任务是分类为"J 型"的三项任务之一，这些任务会用更长的时间探索月表，活动范围更大，携带更多用于获取科学数据的仪器。他们首次携带了月球车，大大地扩展了航天员在月表的活动范围。

阿波罗 16 号：约翰·杨担任任务指令长，托马斯·马丁利二世担任指令舱驾驶员，小查尔斯·杜克担任登月舱驾驶员。1972 年 4 月 21 日，猎户号登月舱在笛卡尔山脉的西缘着陆。他们再次使用了月球车来跨越月球表面。在将近三天时间里，他们从 11 个地点采集了月球标本，包括一个从月表下约 2.1 米处打出的深钻岩芯。

阿波罗 17 号：尤金·塞尔南担任指令长，罗纳德·埃万斯担任指令舱驾驶员，哈里森·施密特担任登月舱驾驶员。挑战者号登月舱于 1972 年 12 月 11 日着陆，吹起澄海东缘金牛 - 利特罗峡谷的尘土。这次任务创造了几项纪录，包括最长时间的月表行走和最长时间的月球车驾驶。这项任务的主要目标是获取月表高地的物质，这些物质的年龄比雨海撞击更古老；另一个目标是调研该地区可能存在的年轻、爆发性的火山活动。阿波罗 17 号宣告了人类对月球第一阶段探测的结束。

通往火星循环之路

20 世纪的登月已经离我们远去。在我这个年纪，我开始审视自己身后将留下什么。我不只想被看作搅动月尘的人而被铭记，还希望我的遗产包括建立 21 世纪人类首个火星永久定居点。

许多年来，我都在擘画 2040 年在火星建立永久基地的蓝图。我和全国许多大学及航天界老兵合作，将这如同探险的努力称作"通往火星循环之路"，简称 CPOM。

CPOM 是人类定居火星的蓝图。它糅合了蓬勃发展的商业航天领域最棒的想法和其他有志于太空的国家、学术机构或非营利组织的专长。我从 1985 年就开始规划 CPOM 这一太空运输系统。在普度大学和位于墨尔本的佛罗里达科技学院巴兹·奥尔德林航天研究所的帮助下，我的团队帮助我实现并完善这些我已经钻研了 30 多年的概念。

尽管我们在 50 年前就已经登陆了月球，但也不能忽略月球在我们如今定居火星计划中的作用。实际上，建造月球基地可以给未来火星基地提供基本的训练场所。我强烈推崇太空领域的国际合作。美国应该帮助其他发达国家——尤其是欧洲、俄罗斯、日本和中国——抵达月球并在那里建立基地。简单讲，月球可以帮助我们到达火星。

以下是我的"通往火星循环之路"计划的一些要点：

计划的第一个关键是毕格罗航天公司的 BA330，这是一型充气式空间站舱段，比国际空间站的设计更轻便便宜。BA330 将帮助我们在近地轨道建造一个落脚点，可以和中国空间站共轨——后者将在本世纪 20 年代开始运行。

下一步是建造一个循环舱，这将是一个刚性的核心舱，两侧各挂一个 BA330。美国的猎户座号飞船或类似的多功能载人飞船，可以在该核心舱的四个接口之一对接。它将使用模块化设计，其所对接的舱段可以不断升级。

这个地－月循环舱将允许执行地月之间的定期循环往返，这需要利用地球和月球各自的引力场。每一次往返大约需要一个月。诸如猎户座号这样的飞船可以跟循环舱交会对接，就像火车驶

出车站。当循环舱接近月球，飞船可以分离，要么进入月球轨道，要么在月表着陆。

在下一个阶段，基于近地轨道循环舱的设计，可以用两个刚性居住模块替代充气式的毕格罗 BA330 模块。这些舱段将保护刚刚开始深空任务的先驱旅行者们。

开发地月空间——地球和月球之间的空间——可以提供火星开发的几个重大突破：首先飞船燃料可以由月球极地的冰加工而来。通过从月球开发燃料，我们可以不必从地球发射燃料进入太空，这可以让我们在太空中进行燃料补给，降低太空旅行的成本。

地月空间对于测试新模块和其他最终将应用于火星开发的新技术也是非常宝贵的。在地月空间，我们可以建立国际月球基地，使用远程控制的机器人。远程控制技术完善后，同样的方法可以用于从火卫一远程遥控建立火星上的第一个基地。

循环方案

在地月之间开发出一套成功的循环飞船系统可以帮助我们最终建立更具挑战性的地球与火星间的循环系统。在我看来，我们应该在两个行星之间循环两艘飞船，作为行星际摆渡车，星际旅行者可以在其包含的两个大型居住模块内度过漫长的旅程。

循环飞船的航天员可以解除对接，与火星的卫星火卫一交会，在那里他们可以远程控制火星基地的建立，实现无人驾驶着陆器安全进入火星大气、降落并着陆在火星表面。这些都将在派遣航天员踏上火星之前完成。因此在所有航天员踏足火星之前，这些基地都已经建好，极大地降低相关风险。

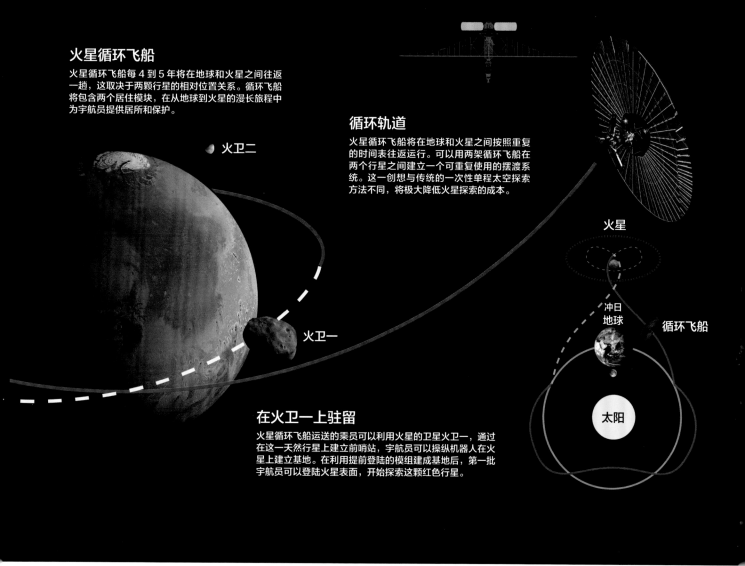

火星循环飞船

火星循环飞船每4到5年将在地球和火星之间往返一趟，这取决于两颗行星的相对位置关系。循环飞船将包含两个居住模块，在从地球到火星的漫长旅程中为宇航员提供居所和保护。

火卫二

火卫一

循环轨道

火星循环飞船将在地球和火星之间按照重复的时间表往返运行。可以用两架循环飞船在两个行星之间建立一个可重复使用的摆渡系统。这一创想与传统的一次性单程太空探索方法不同，将极大降低火星探索的成本。

火星

冲日
地球

循环飞船

太阳

在火卫一上驻留

火星循环飞船运送的乘员可以利用火星的卫星火卫一，通过在这一天然行星上建立前哨站，宇航员可以操纵机器人在火星上建立基地。在利用提前登陆的模组建成基地后，第一批宇航员可以登陆火星表面，开始探索这颗红色行星。

奥尔德林对人类探索和殖民火星的计划，展望了使用循环飞船来建立和支撑一个可持续发展的火星文明。

一种新型的火星探测设备将极大拓展远程巡测的深度和广度。只需一秒或更短的时间，人类遥控者和火星上的硬件设备就能建立连接，高科技的无人探测器将快速跨越探索区域，潜入熔岩管，甚至在悬崖实施绳降。而且，通过利用虚拟现实技术、浸入式显示技术以及人工

智能，火星之外的宇航员将能够通过游戏杆实时控制先进的火星车及火星上的其他机械。我体验过"阿凡达"的使用：用户从模拟太空中操纵模拟的火星表面机器人。这些"阿凡达"可以作为野外勘测者，让人类驾驶员足不出户周游火星。这些技术允许我们首先挑选哪里最适合建立基地，然后在其他地方远程遥控机器人组建我们的第一个火星家园——这些都将在第一批航天员抵达前完成。

那么我们该如何完成前往并定居火星的旅程？通过团结合作——复制使阿波罗计划成功的

那些要素，我们就能让这些设想成为现实。我们可以建立一个持久并不断壮大的火星定居点。

占领火星

我相信我们的终极目标将是定居火星，我感到这一未来将到来得比我们想象的更快。庆祝人类登月50周年将成为美国总统发表如下谈话的好机会："我相信这个国家应该投身于这样的事业：率领一支由各国航天员组成的团队，在20年内占领火星。"我这里说的不是一次临时访问，像我们在阿波罗任务中那样插插旗子、走一走；登陆火星的乘组成员应该等到下一拨人来换班之后再离开。这样我们才能保持"占领"这颗行星的状态。

这才应该是我们的目标。我强烈反对一个像是阿波罗登月计划的火星计划：把人放上火星，

宣称成功，布设一些实验仪器，插个旗子，然后就赶紧把探险者接回地球。这种火星探测方式太过脆弱，将很容易被取消、废置。

人类通往火星的路绝不会简单。如何最好地建立自给自足的火星定居地，将是我们需要尽早解决的重大挑战之一。从地球发送生命维持系统可能会很贵。如果想让火星定居点得以生存发展，我们需要搞清楚怎样就地取材、利用火星上的资源——水、土以及其他可利用的资源。我相信，其中有些资源尚未被人类发现。

要利用火星这一"世外桃源"并非易事。这意味着要落实所谓"原位资源利用"（ISRU）的措施。如果人类能利用火星的自然资源，必将能挺过扎根火星的艰难，让人类在火星开枝散叶。对于前往火星的先驱者来说，火星上的水和大气层中的二氧化碳将会是最宝贵的资源。这两种基本资源可用于加工燃料、维持生命、促进农作物种植，以及抵御致命的辐射。

火星居民的工作任务清单将包括开采、运输、冶炼、利用火星资源，以满足建设所需。火星定居点必须是安全的、经济可行的、自给自足的。想要达成自给自足的目标，则需要准备好下列前沿技术：机器人、机器学习、纳米技术、合成生物学和3D打印。例如，可以利用火星上的水和行星大气提供的碳、氢、氧来合成塑料。大量运用火星上的资源将极大助益开拓和长期定居火星的前景。

这颗红色行星也可能成为许多新技术的实验

场，不仅能促使地球自给自足，还能让火星成为太空中一处补给站，为近地轨道之外乃至火星之外的太空探索提供燃料、氧化剂、生命维持系统、备件备机、居所和其他产品。

人类：多行星物种

我们不要幼稚。火星上一个自给自足的文明将会极其复杂，我们几乎需要思考人类社会的每一方面，并为另一个行星上的人类社会重新设计一切。

想让火星宜居，需要太空运输、能量供给、食品供应以及建筑材料，这样才能建造蓬勃成长的火星定居点。这必须要动用机器人和人类这两种劳动力。我预计，火星上的定居点将始于国际合作的成功开展，但我想不用太长时间，火星居民就会丧失他们原本的国家认同，成为"火星人"。

我预计，在21世纪，这颗红色星球的沙地上将点缀第一批人类足迹。未来的旅程将是历史性的。在火星建立可持续的定居点意味着人类成为多行星物种。让我们对太空的热情重新绽放，建造连接地球、月球和火星的桥梁道路——还有什么比这更好的纪念阿波罗50周年的方式呢？

人类需要探索、挑战极限，就像我们在1969年所做的一样。阿波罗是一群人竭其所能的故事。我们怀抱梦想起航，最终实现了不可能的任务。我相信这样的不可能可以成为可能，但我们需要撸起袖子加油干。

毫无疑问，火星将充满惊喜。探索火星并在那里定居，必然会给我们留下许多值得学习的时刻——既有关于这颗行星的，也有关于我们自己的。

你听过几次"咱们去月球吧"？嗯，我听过

前往那颗红色星球并最终建立适宜长期定居的定居点，需要最顶尖的科技投入。该想象图由 NASA 艺术家绘制。

上图为 1969 年 7 月 20 日，奥尔德林在阿波罗 11 号月球舱内所拍的照片；右下图为他在 2016 年拍摄的照片。

一次。而现在我想要去火星。但展望未来时，我仍把月球放在我的旅行计划中。我去月球是为了去火星。现在是时候，再一次，让全世界一起加油干了。

巴兹·奥尔德林（Buzz Aldrin）

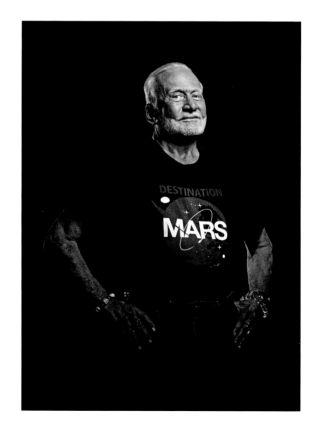

巴兹·奥尔德林传

如果太空是我们的下一个新领域，那么巴兹·奥尔德林想要成为到达那里的一分子。

巴兹·奥尔德林成长于新泽西州的蒙特克莱。他的母亲玛丽昂·穆恩是一位随军牧师的女儿，他的父亲埃德温·尤金·奥尔德林则是飞行先驱。奥尔德林在蒙特克莱高中提早一年毕业，之后进入西点军校，以第三名的成绩毕业，获机械工程学士学位。

奥尔德林在2岁时随父亲完成了第一次飞行。在家庭氛围的熏陶下，他从西点军校毕业后加入了空军。他在朝鲜战争中作为一名战斗机驾驶员服役，共飞行66架次战斗任务，曾击落过米格15战斗机。战后，他获得了杰出飞行十字勋章。

朝鲜战争后，奥尔德林被派驻德国，他在那里一直待到20世纪50年代末期。随着冷战到来，紧张氛围愈演愈烈。当完成在德国执飞F100战斗机的任务后，他从麻省理工学院获得了理学博士的学位，毕业论文是关于载人航天器的轨道交会。

巴兹·奥尔德林的麻省理工学院毕业论文阐述了两个有人驾驶的航天器如何在太空中对接的技术。当时很少有人预见到——包括奥尔德林自己——那项工作后来在成功登月过程中发挥了多么关键的作用，就连他自己也受益于此。

奥尔德林最初申请成为NASA航天员时被拒绝了，因为他不是试飞员。他怀着决心再次申请。这一次，他的战斗机飞行经验得到了重视，NASA也对他的太空交会技术概念抱有兴趣，因此在1963年接受他成为第三组航天员。他是航天员精英序列中第一个具有博士学位的人。他提出的交会对接技术对后来双子座和阿波罗计划的成功非常重要，并一直沿用至今。他的航天员同事们昵称他为"交会博士"来称誉他的专业背景。

奥尔德林开拓了用于模拟太空行走的水下训练技术。在1966年双子座12号地球轨道任务中，奥尔德林完成了一次创纪录的出舱行走（EVA）——持续了5个半小时。那次，他还拍下了有史以来第一张太空自拍。

1969年7月20日，尼尔·阿姆斯特朗和巴兹·奥尔德林历史性地登陆了月球，成为头两个登陆其他星球的人类。估计有6亿人观看了这一前所未有的英勇壮举，这是当时世界上电视观众的最高纪录。

从月球返回后，奥尔德林获得总统自由勋章等世界各国的无数奖项。2011年，他和阿波罗11号同事尼尔·阿姆斯特朗及迈克尔·柯林斯一起，获得国会金质奖章。

巴兹·奥尔德林著有9本书，其中近期被《纽约时报》和《华盛顿邮报》列入畅销书榜的有：与肯·亚伯拉罕合著的《梦不畏高：行月者的人生心得》，与玛丽安娜·戴森合著的童书《去趟月亮再回来：我在阿波罗11号上的故事》，以及与资深航天记者莱昂纳德·大卫合著并于2013年出版的《火星任务：我看太空探索》。这几本书均由国家地理出版社出版。

莱昂纳德·大卫（Leonard David）

导言
INTRODUCTION

　　人们曾经以为宇宙非常简单。在人类历史的大部分时间里，人们认为大地静止地待在造物主所创造的世界中心，天上的恒星和行星围着它转动。在古代传说中，大地通常是平坦的，而太阳在天上的运动则是神仙的旨意。从公元前15世纪开始，一种对宇宙的新思想在地中海东岸发展起来——这种思想不依赖于神祇，而是将人类带离卡尔·萨根所谓的"鬼神世界"。希腊哲学家开始构建我们看来也许显得原始的宇宙模型，但这些模型当时看来具有"奇怪"的"新功能"：它们仅仅依靠一定的自然法则运行，而无须超自然力量的干预。很多学者认为这一进步标志着科学的发端。

所有这些模型都有两个基本的、不容置疑的预设：一是地球在宇宙的中心静止不动，而其他所有天体——太阳、月亮和行星——都围绕地球转动；第二个假设是天空纯净而永恒，其中的所有物体都沿圆周轨道运动（这个假设是基于这样的认识：圆是最完美的几何形状，因此是适合完美世界的形状）。在这些模型中，恒星和行星镶嵌在固态的水晶天球上，随着天球的转动而行经天空（不巧的是，这让早期的天文学家无法解释彗星是怎么回事，因为它们的轨道会和这些固态球相撞。这也是亚里士多德认为彗星是地球大气层中燃烧着的蒸汽的原因）。最终，这些模型变得非常复杂：嵌入小球壳的行星在更大的球壳中滚动。

考虑到当时像球罩一样的宇宙模型，令人有点意外的是，古人曾经就宇宙在空间上是有限的还是无限的这个问题做过不少辩论。哲学家阿尔库塔斯（前428-前327）给出了一个有趣的论点：宇宙一定是没有边界的。他认为，假设宇宙有边界，那么一个人就可以走到宇宙的边界，并向外投掷一支矛。这支矛会落到什么地方？其下落的地方将会在边界之外。而无论边界再怎么远，这个"掷矛者"总能找到边界外的一些地方。因此阿尔库塔斯认为，宇宙一定没有边界，是无限的。

在阿尔库塔斯之后，很多新思想不断拓展着人类对宇宙的认识，正如阿尔库塔斯的那支矛。事实上，我们将会再遇到三个"掷矛者"，他们一次次地"拓宽"了我们所处的宇宙。

第一个掷矛者

第一个掷矛者是波兰教士尼古拉斯·哥白尼（1473-1543）。他首先给出了把太阳放在太阳系的中心、让地球和其他行星围绕太阳运转的严肃模型。他在著作《天体运行论》中写道："人们将会意识到，太阳位于宇宙的中心。根据行星的运行规律，并考虑到整个宇宙的和谐，我们可以得知这一事实。就像谚语所说，只要我们用双眼探寻，就会发现真相。"在哥白尼提出日心说后，人类的宇宙观发生了剧变。地球和人类不再处于万物的中心。人类仅仅是居住在围绕太阳运行的众多天体之一的居民。在整本书中，你会发现所谓的"哥白尼原理"不断出现：人类和我们的地球在宇宙中并无特殊之处。

下图是环球仪示意图：图中地球位于中央，黄道星座环绕在边缘，这是哥白尼之前的时代对宇宙图景的标准描绘。在环球仪周围画着天文学家托勒密和第谷·布拉赫理论的示意图。

波兰天文学家尼古拉斯·哥白尼用崭新的以太阳为中心的宇宙观颠覆了天文学对世界的描述。他的代表作《天体运行论》出版于1543年。

用哥白尼的观点重新审视世界，宇宙变得如此之大。人类所处的宇宙不再被距地表几千米处悬垂的天空和他们脚下的大地所局限。哥白尼之后的天文学家知道了太阳系远比地球大得多：如果把地球比作是北京故宫的大小，那太阳就会像整个北京的辖区范围那么大，而太阳系靠外侧的行星轨道则会像整个中国那么大。对于几乎毕生生活在城市一角的人们来说，要想象这样的比例尺度，确实是项挑战。

第二个掷矛者

第二支矛是德国天文学家弗里德里希·贝塞尔在19世纪初掷出的。他使用制造精良的望远镜，首先测定了邻近恒星的距离——宇宙被再次"扩大"了。如果我们想象把太阳系缩小到一个足球场大小，那离我们最近的恒星就像是几百千米外的城市那么遥远。在19世纪末，天文学家进一步认识到我们的太阳只是银河系这座巨大的恒星之城中一颗很普通的恒星。我们的太阳和太阳系，尽管在我们眼中已经如此巨大，其实在银河系中也只是千亿个恒星和行星系统之一而已。天文学家开始意识到，恒星并非都长得一样，他们开始为所见到的恒星编目造册。他们也注意到天空中的一些昏暗斑块，在当时望远镜不足以看清这些云雾状天体由什么组成的情况下，天文学家将其统称为星云。此时世界已经准备好迎接第三位掷矛者。

这五个星系被称为斯蒂芬五重星系，实际上由四个相互作用的星系和一个离我们更近的年轻星系（左上的蓝色旋涡星系）组成。中间的两个星系正在发生碰撞，同时产生大量恒星，这可以由它们边缘的蓝色星团看出。周围星系的引力影响扭曲了右上方棒旋星系的旋臂。

第三个掷矛者

他的名字叫埃德温·哈勃，20世纪20年代在加利福尼亚州威尔逊山天文台新建造的望远镜工作的美国人。用这台望远镜，哈勃得以仔细观察那些"星云"，并从中找出单个的恒星。从对这些恒星的观测中，他可以测量到这些"星云"的距离。于是，矛再一次被扔向了远方。他发现，很多"星云"实际上本身就是巨大的"恒星之城"，就像我们的银河系一样。哈勃让我们了解到，宇宙是由所谓的"星系"组成的。实际上这只是哥白尼理念的延伸。地球只是太阳系中的一个行星，太阳只是银河系中的一个恒星，而银河系只是宇宙中千亿个星系的一员。

哈勃不只发现了星系。他还发现，这些星系在离我们远去，也就是说宇宙正在膨胀。这一发现最终发展为我们现今描述宇宙起源的最好图景——"宇宙大爆炸"。这个理论认为，约140亿年前，宇宙起源于极端炽热、极端致密的状态，并一直膨胀和冷却至今。惊人的是，科学家已经建立了回溯这一过程的可靠模型，甚至可以回溯到大爆炸后仅一秒的时刻。

现在，也许又一个掷矛者正在逼近我们所知宇宙的边界：他或她是谁，我们还不知道。但是，如果现代的某些天文学理论被证明是正确的，也许我们的宇宙将会是众多宇宙的一员——科学家开始将其称为"多重宇宙"。这样的发现无疑将会成为尼古拉斯·哥白尼的终极辩护者，尽管他当时恐怕想象不到这样的进展。

四个宇宙

本书将按照阿尔库塔斯的掷矛者们的顺序展开讲述。让我们把世界看作是一系列嵌套的"宇宙"，每一个似乎都包含了整个世界——

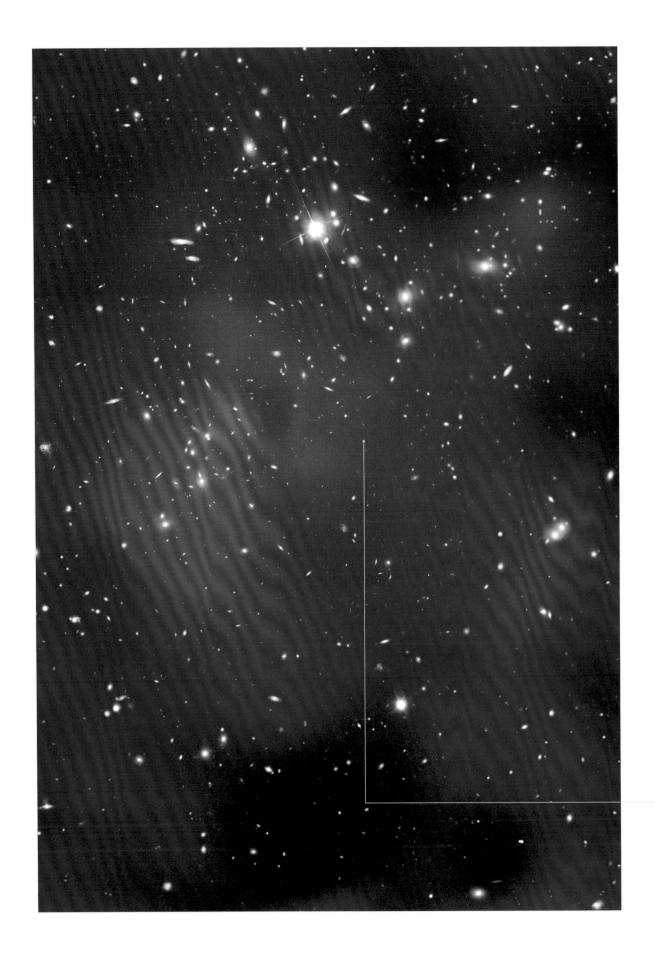

直到一名掷矛者出现，引领我们进入下一个"宇宙"。

太阳系

第一个我们最熟悉的"宇宙"，就是我们的太阳系。在望远镜发明之前，人类只发现了六颗最靠内部的行星，对其大部分科学思考都集中在理解行星如何运动上——实际上，天文学家需要知道行星在哪里。19 世纪，科学家的注意力开始转移到行星由什么构成的问题上，这一研究延续至今。此外，我们还发现，太阳系比早期科学家们所想象的要复杂得多，从伽利略发现木星的卫星开始，我们意识到太阳系不仅仅只有几颗行星。地球的卫星月球实际上是一个拥有自己的演化史、独特特征以及未解之谜的新"世界"。甚至冥王星外寒冷黑暗的区域，也有我们未曾想到的结构和复杂性。我们将在本书的第一部分讲述这一新奇的太阳系。

银河系

第二个"宇宙"是银河系。正如在谈及太阳系时科学家们关心行星的位置一样，研究银河系时科学家们也首先着手于这些基本问题：恒星都在哪儿、它们有多亮等等。同样，从 19 世纪开始，一系列新问题逐渐浮出水面：恒星是由什么

对潘多拉星系团的研究给出神秘的暗物质存在的线索。在这个星系团中，正在碰撞的星系仅占到总质量的 5%，星系际气体（在图中以红色显示）占了另外 20% 的质量，剩下的都是暗物质（以蓝色显示）。暗物质不可见，但是可以因其产生的引力而被探测到。

组成的？为什么会发光？直到 20 世纪 30 年代，核物理学的发展才揭示了恒星的能量来源是核反应，人们才知道恒星并非是永恒的：它们有自己的生命周期，有其发端、发展和结局，正如地球上的万事万物。事实上，我们意识到银河系和其他星系都是巨大的恒星工厂，源源不断地将宇宙原初即存在的氢元素转换为构成行星、人类和我们所熟知的世界的其他重元素。在此过程中，我们发现了很多新的、有趣的天体，从黑洞到围绕其他恒星的行星系统。我们还发现银河系以及其他星系中的大部分物质并不是我们所熟悉的构成我们自身的物质，而是一种叫作暗物质的新事物。本书的第二部分将介绍人类是如何探索宇宙中这些事物的。

宇宙

第三个"宇宙"是我们通常称之为"宇宙"的巨大星系集合。对宇宙的起源和命运的研究已经让科学家们孜孜以求了数十年。我们通过对基本粒子的物理学研究，回溯到了宇宙的起点；通过观测天文学，预言了宇宙的未来。出乎人们意料的是，20 世纪 90 年代以来，天文学家发现宇宙的膨胀非但没有减缓，反而在加速。这一发现让我们意识到，宇宙中最主要的成分其实是我们所不了解的"暗能量"。宇宙的未来取决于暗能量是什么以及其性质是怎样的。在本书的第三部分，我们将探索我们目前所知的宇宙。

最终，我们进入第四个"宇宙"——我们将离开由坚实的数据建构的知识王国，进入理论物理学家们仍在推敲琢磨的世界。一些现代理论认为我们的宇宙只是更为宏大的多重宇宙的一员，探寻这些理论之后，我们将结束这场在宇宙的精彩旅行。

宇宙之旅

自人类第一次登上月球以来，已经有一支真正的宇宙飞船队伍离开了地球去探索宇宙空间。图中的每一条线都代表着人类的一次探索计划。

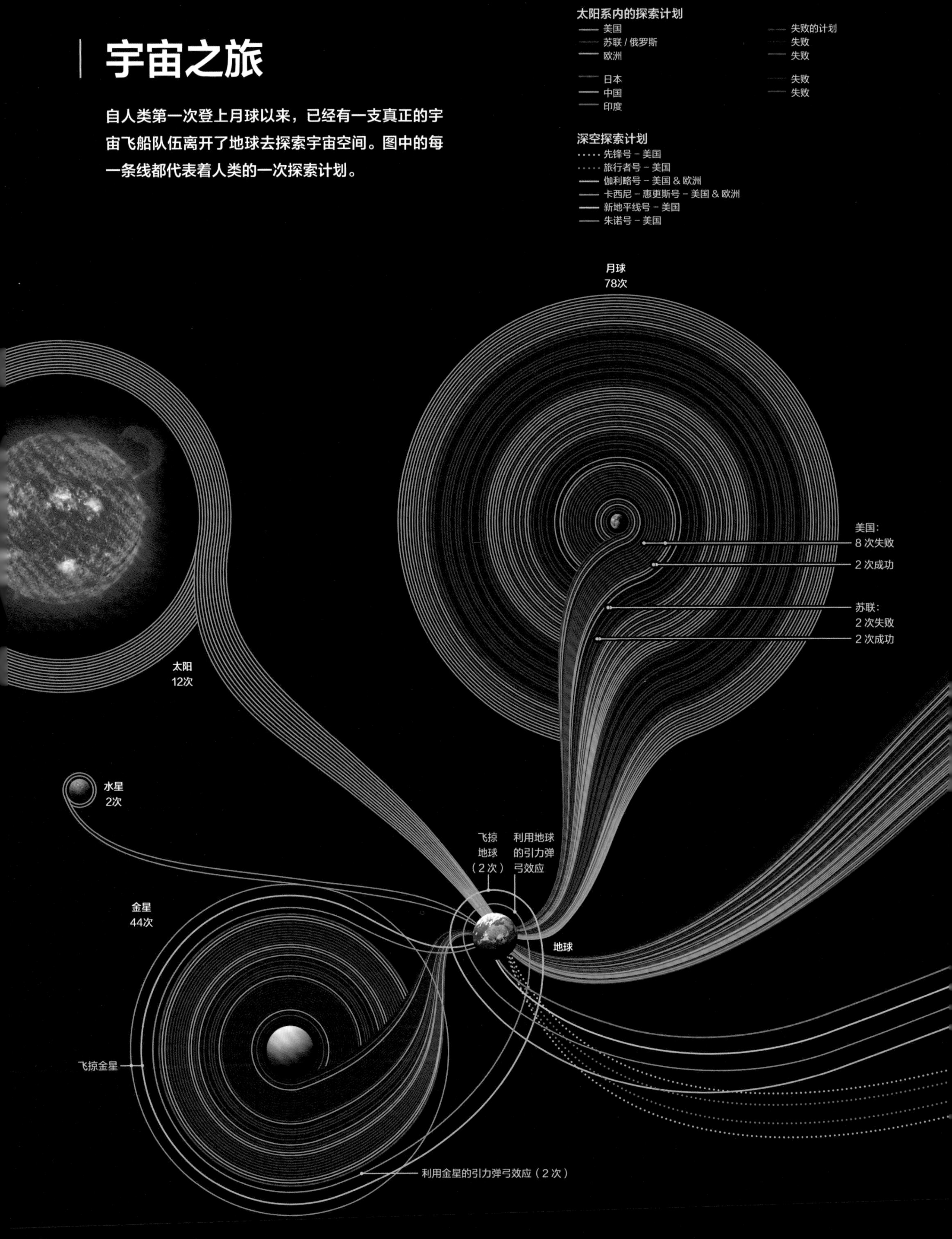

太阳系内的探索计划
美国
苏联 / 俄罗斯
欧洲
日本
中国
印度
失败的计划
失败
失败
失败
失败
深空探索计划
先锋号 - 美国
旅行者号 - 美国
伽利略号 - 美国 & 欧洲
卡西尼 - 惠更斯号 - 美国 & 欧洲
新地平线号 - 美国
朱诺号 - 美国
月球
78次
美国:
8 次失败
2 次成功
苏联:
2 次失败
2 次成功
太阳
12次
水星
2次
飞掠
地球
（2 次）
利用地球
的引力弹
弓效应
金星
44次
地球
飞掠金星
利用金星的引力弹弓效应（2 次）

夜空 THE NIGHT SKY

你曾经在远离城市灯光的地方感受过星空的壮丽吗？如果你曾经看过的话，一定会记得明亮的繁星点缀着的黑色夜空。

在人类有史以来的绝大部分时间里，这就是人们每天夜里所看到的天空的样子。所以不论是远古人类将繁星分成一个又一个的星座，并把它们整合进神话故事里，还是早期的天文学家所产生的天上的行星跟地上的人和事有着深远联系的观点（尽管这种观点未必正确），也都不足为奇了。

人们对于星空的兴趣逐渐成了一种现代天文学家认可的努力探索。在中国的竹简和古巴比伦的图片上，我们发现了人类裸眼观测夜空的记录。希腊人继承了古巴比伦人的观测成果，也进行了他们自己的观测，演绎出恒星和行星在上绕着地球运转的水晶球夜空模型。

1500 年后，一位来自波兰的牧师尼古拉斯·哥白尼挑战了之前人们对夜空的所有认知，他提出了一个观点，即地球绕着太阳转而不是太阳绕着地球转。直到伽利略将他的望远镜对准太空，人们对于夜空的认识才彻底改变。地球不再是宇宙的中心，而只是那些行星中的一员。我们的月球是一个充斥着环形山和山脉的地方，其他行星也有各自的卫星，这些卫星绕着它们的行星周而复始地运转，就像一个小太阳系。

现在我们可以在夜空中看到上千颗恒星，然而这只是银河系中千亿颗恒星中的一小部分，而银河系只是浩瀚宇宙的千亿分之一。不过即便如此，现代的观星者还在使用与很久以前类似的星图。群星点缀在穹庐一般的天空中，被正式划分成了 88 个星座。在下面 8 页所展示的内容中，你可以像那些数千年前的先人一样，去找寻并欣赏那些天空中最明亮的恒星和天体。

右图是一张 18 世纪的北半球星图。这张星图向我们展示了自古以来夜空中恒星所归属的那些星座。尽管从表面上看，我们很难真的将这些星体想象成夜空中星座的形状，但这些星图为天文学家们提供了一个认识天空的向导。现在天文学家们仍然使用星座的概念来给恒星分区。

如何阅读星图

星图和地理上的地图不同，地理上的地图所展示的视角是自上而下的，而星图所展示的视角则是自下而上的。下面的四张星图分别描绘了地球南北半球的星空，即以北天极和南天极为中心的星空。在南北半球，位于星图边缘的天体我们都可以看到。为了准确地指示恒星位置，天文学家们使用天球坐标系来为恒星定位。"赤经"和经度类似，不过以小时、分钟、秒为度量单位，用罗马数字来表示，位于星图的边缘。"赤纬"和纬度类似，代表距天赤道的距离，用"度"和"分"来表示。星图上的蓝色同心圆即为赤纬线。

天文学家将天空划分为 88 个星座区域，星座区域边界线用黄色线标识。星座中主要的星都有希腊字母作为名称，一般来说最亮的为 α 星，次亮的为 β 星，一般根据星体的大小或目视亮度确定。

黄道星座

赤纬

黄道（太阳在天空
运行的轨迹）

星座界限

星座图样

NGC天体

赤经

梅西耶天体

北半球星空 | 夏秋季节

星图上的恒星和星座在北半球的 7 月到 12 月升至最高。

星等

-1　0　1　2　3　4　5

变星

○ 疏散星团
⊕ 球状星团
○ 星系
□ 弥漫星云
○ 行星状星云
✧ 超新星遗迹
---- 星座边界
—— 黄道

SEPTEMBER 九月

XXIII

水瓶座 AQUARIUS

XXII

AUGUST 八月

XXI

AQUARIUS 宝瓶座

Baham
θ 危宿二

Homam
雷电一 ξ

ζ

Markab
室宿一 α

Enif
危宿三 ε

PEGASUS
飞马座

51 Pegasi 室宿增一

Sadalbari 离宫二
μ

摩羯座

XX

虚宿二
Kitalpha α β

EQUULEUS
小马座
γ δ

⊕ M15

Scheat 室宿二
β

Matar
离宫四
η

ANDROME
仙女座

DELPHINUS
海豚座
ε β δ γ
α

JULY 七月

XIX

η 河鼓一
Alshain β

牛郎星 Altair
M Tarazed
河鼓三

AQUILA
天鹰座

γ ι

Dumbbell ○
M27
哑铃星云
β δ

VULPECULA
狐狸座

✧ Veil Nebula
面纱星云

61
Cygni

L

CYGNUS
天鹅座
Deneb
天津四
Sadr α
天津一

K

②

North
America 北美洲星云
NGC 7000

LACERTA
蝎虎座

α

γ

δ

石榴星 Garnet
Star
μ

射手座

XVIII

θ Alya
市楼四

SERPENS
巨蛇座

SAGITTA
天箭座

β

χ

Albireo 辇道增七

δ

Alderamin 天钩五

CEPHEUS
仙王座

Alfirk
上卫增一 β

LYRA
天琴座

渐台三 Sulafat
环状星云 Ring ○ M57
Sheliak 渐台二
ε ζ δ

δ

ε
δ σ
Altais
天厨五

OPHIUCHUS
蛇夫座

XVII

Vega
织女星

DRACO

Celestial Sphere
天球

图注：如果要从星图上找到目标，比如说亮星织女星，首先沿着边缘顺时针找到正确的赤经，即
18 小时 36 分钟。然后沿着赤经线向北天极寻找 38°，即可找到这颗恒星。

OPHIUCHUS 蛇夫座
γ
β Cebalrai 宗正一
α Rasalhague 侯星
κ

HERCULES 武仙座
ξ
μ
θ
λ
δ Sarin 魏
π
ε
ζ
Rasalgethi 帝座
α
MI3 ⊕
③
η
σ
τ
φ
ω

Eltaninn 天棓四
γ
ι
β
ξ Grumium 天棓一
Rastaban 天棓三
ν
DRACO 天龙座
ζ
η
θ
Edasich 左枢
ι

Pherkad 北极一
Kochab 北极二
LITTLE DIPPER 小北斗
ε
η
γ
ζ
α
URSA MINOR 小熊座
Thuban 右枢

Kornephoros 河中
β
γ

CORONA BOREALIS 北冕座
ι
ε
δ
γ
θ
β
Alphecca 贯索四
α
Nusakán 贯索三
δ

μ Alkalurops 七公六
Nekkar 七公增五
β
η
招摇 Seginus
γ
BOÖTES 牧夫座

MIOI
Alcor 辅
ζ Mizar 开阳
Alioth 玉衡
M
Alkaid 摇光
η
BIG DIPPER 北斗七星 ①

M51 Whirlpool Galaxy 涡状星系

λ Marfik 列肆二
γ
κ
β
SERPENS 巨蛇座
ε
α
Unukalhai 蜀
δ

Izar 梗河一 ε
ρ

CANES VENATICI 猎犬座
Chara
α
β 常陈二
Cor Caroli 常陈一

Arcturus 大角 α ②
Muphrid 右摄提一 η

β
NGC 4565 ◯

室女座 70 α
70 Virginis
COMA BERENICES 后发座

太微左垣七 Vindemiatrix
ε
M58 ◯ ◯ M87

τ

VIRGO 室女座
δ

XVIII
JUNE 六月
XVII
SCORPIUS 天蝎座
XVI
MAY 五月
XV
LIBRA 天秤座
APRIL 四月
XIV
XIII
VIRGO 处女座

星等
-1 0 1 2 3 4 5
变星

◌ 疏散星团
⊕ 球状星团
◯ 星系
▢ 弥漫星云
◯ 行星状星云
✦ 超新星遗迹
--- 星座边界
黄道

关键词

1. 北斗七星：大熊座的一部分。
2. 大角星：牧夫座的标记处，全天第四亮恒星。
3. M13：北半天球最亮的球状星团。

希腊字母表

α	Alpha 阿尔法	ν	Nu 纽
β	Beta 贝塔	ξ	Xi 克西
γ	Gamma 伽玛	ο	Omicron 奥米克戎
δ	Delta 得尔塔	π	Pi 派
ε	Epsilon 艾普西隆	ρ	Rho 柔
ζ	Zeta 泽塔	σ	Sigma 西格马
η	Eta 伊塔	τ	Tau 陶
θ	Theta 西塔	υ	Upsilon 宇普西龙
ι	Iota 约 (yāo) 塔	φ	Phi 斐
κ	Kappa 卡帕	χ	Chi 希
λ	Lambda 拉姆达	ψ	Psi 普西
μ	Mu 谬	ω	Omega 奥米伽

图注：寻找一个目标最方便的方法是从一个熟悉的目标开始，比如从北斗七星开始，然后以此

作为参照。注意，所有天体，如月球，在晚上都会由于地球自转的缘故自东向西运行。

星等
-1 0 1 2 3 4 5

变星

疏散星团
球状星团
星系
弥漫星云
行星状星云
星座边界
黄道

PISCES 双鱼座

OCTOBER 十月

ARIES 白羊座

Mira 刍藁增二

Baten Kaitos 天仓四

CETUS 鲸鱼座

Deneb Kaitos 土司空

NGC 253

SCULPT

Cartwheel Galaxy 车轮星系

NOVEMBER 十一月

Azha 天苑六

Rana 天苑三

FORNAX 天炉座

PHOEN 凤凰座

TAURUS 金牛座

Beid 九州殊口二
Keid 九州殊口增七

Zaurak 天苑一

Acamar 天园六

Achernar 水委一

DECEMBER 十二月

ERIDANUS 波江座

HOROLOGIUM 时钟座

47 Tucan
NGC 10
Small Magellanic Cloud 小麦哲伦云

Cursa 玉井三

RETICULUM 网罟座

CAELUM 雕具星座

Rigel 参宿七

Mintaka 参宿三
Alnilam 参宿一

COLUMBA 天鸽座

Nihal 厕二

PICTOR 绘架星座

DORADO 剑鱼座

HYDRUS 水蛇座

Orion M42 猎户座大星云
Horsehead 马头星云
Alnitak 参宿

Arneb 厕一

Phact 丈人一
Wazn 子二

Large Magellanic Cloud 大麦哲伦云

ORION 猎户座

Saiph 参宿六

LEPUS 天兔座

Tarantula NGC 2070 星云 毒蜘蛛

MENSA 山案座

关键词

① **猎户座**：最著名星座之一，南北半球均可见。

② **螺旋星云**：巨大的可观测行星状星云。

③ **大麦哲伦星云**：南半球两个可观测星系之一。

SEPTEMBER 九月 XXIII

PISCES
双鱼座

ECLIPTIC
黄道

AQUARIUS 水瓶座

XXII

AUGUST 八月

XXI

η ζ

κ **Sadachbia**
坟墓二

γ **Sadalmelik**
危宿一

α

AQUARIUS
宝瓶座

θ **Ancha**
泣二

τ₂

δ

Skat
羽林军二十六

υ

② ○ *Helix* 螺旋星云
NGC 7293

β **Sadalsuud**
虚宿一

δ ○ **Deneb Algedi** 垒壁阵四
Nashira
γ 壁垒阵三

ν.

Saturn 土星星云
NGC 7009

α **Fomalhaut**
北落师门

PISCIS AUSTRINUS
南鱼座

M30 ⊕

ε

ζ

θ

Albali
女宿一

β

δ γ

β

μ

θ

ι

CAPRICORNUS
摩羯座

β

Algedi
α 牛宿二

δ₁ μ λ

δ₂

GRUS
天鹤座

β

ω ψ

Dabih
牛宿一

α **Al Na'ir**
鹤一

ε

MICROSCOPIUM
显微镜座

α

ε

δ

INDUS
印地安座

α

η

θ₁ θ₂

AQUILA
天鹰座

CANA
鹳座

α

β

SAGITTARIUS
人马座

λ

β

Peacock 孔雀十一

γ

α

Rukbat 天渊三

ζ τ

σ

SCUTUM
盾牌座

α

β

β₁

Arkab
天渊二

β γ α γ

Ascella
斗宿六

Nunki
斗宿四

λ

TELESCOPIUM
望远镜座

δ

⊕ **M22**

PAVO
孔雀座

λ

CORONA AUSTRALIS
南冕座

Kaus Borealis
λ

Omega □
M17 欧米伽星云

鹰状星云
□ *Eagle M16*

η

OCTANS
南极座

ξ

Kaus
Australis
箕宿三

ε

δ

Kaus Media
箕宿二

γ

μ

Lagoon 礁湖星云 □
M8

Trifid 三叶星云
□ *M20*

SERPENS
蛇夫座

ν

ξ

π

θ

箕宿一 **Alnasl**

图注：在这张星图边缘的恒星和星座在北半球大部分地区也是可见的。天空中没有明显的"南极星"，但南半球有很多明亮的恒星，一些最为壮丽的天体也在南半天球。

关键词

① **南十字座：**只有南半球可见的著名星座。

② **天狼星：**除太阳外全天最亮恒星。

③ **船底座 η 星（海山二）：**不稳定大质量恒星，可能终结于一场超新星爆发。

夜空｜太空全书｜

47

希腊字母表

α	Alpha 阿尔法	ν	Nu 纽
β	Beta 贝塔	ξ	Xi 克西
γ	Gamma 伽玛	ο	Omicron 奥米克戎
δ	Delta 得尔塔	π	Pi 派
ε	Epsilon 艾普西隆	ρ	Rho 柔
ζ	Zeta 泽塔	σ	Sigma 西格马
η	Eta 伊塔	τ	Tau 陶
θ	Theta 西塔	υ	Upsilon 宇普西龙
ι	Iota 约（yāo）塔	φ	Phi 斐
κ	Kappa 卡帕	χ	Chi 希
λ	Lambda 拉姆达	ψ	Psi 普西
μ	Mu 谬	ω	Omega 奥米伽

很多恒星的名称都来自希腊文，如天狼星的"Sirius"，在希腊文中的意思为"灼热"。也有很多恒星的名称来自阿拉伯语，如乌鸦座的轸宿三"Algorab"，在阿拉伯语中的意思为"乌鸦"，这反映了阿拉伯天文学家在星图制作方面所做出的杰出贡献。

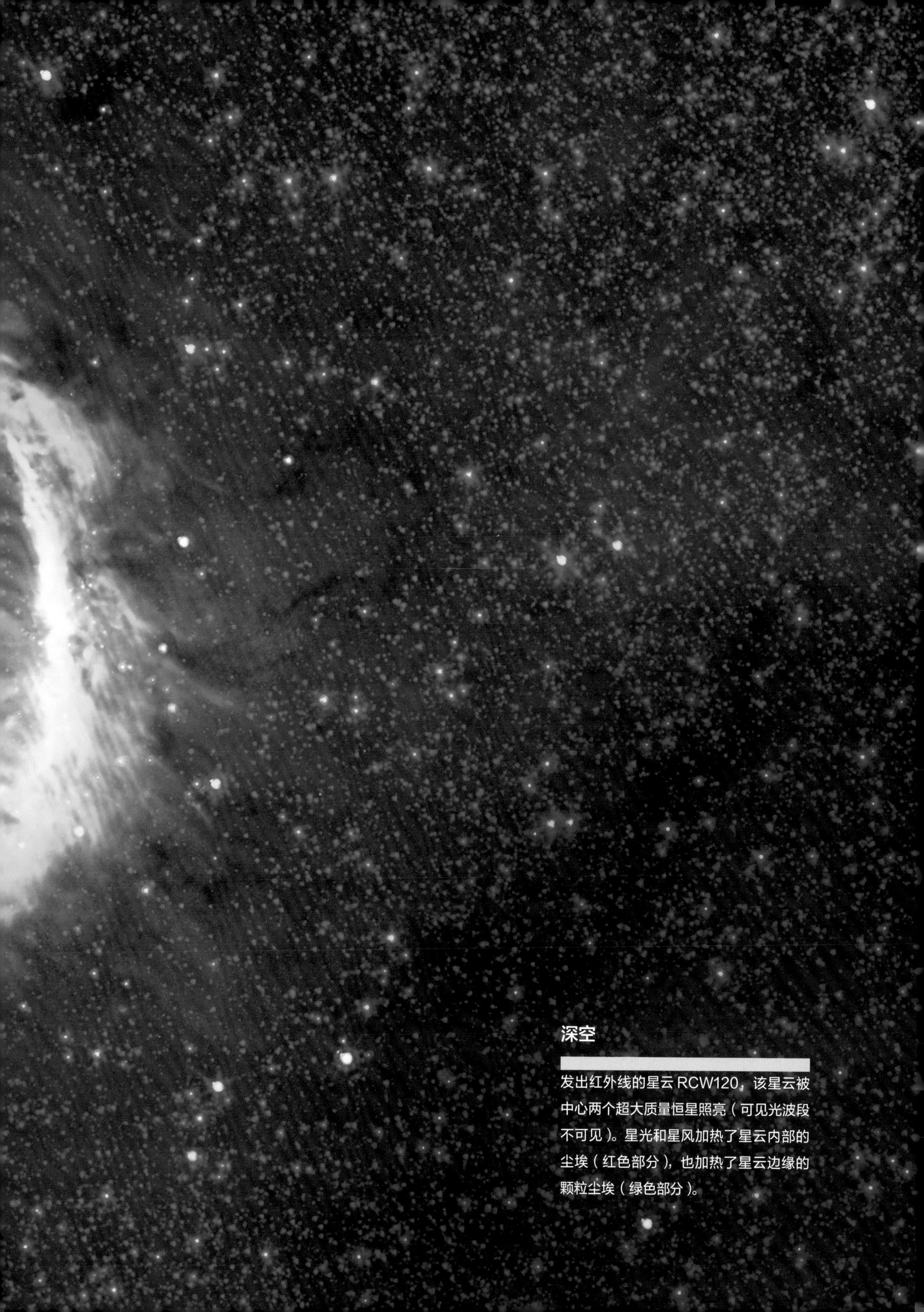

深空

发出红外线的星云 RCW120，该星云被
中心两个超大质量恒星照亮（可见光波段
不可见）。星光和星风加热了星云内部的
尘埃（红色部分），也加热了星云边缘的
颗粒尘埃（绿色部分）。

中国有句谚语："千里之行始于足下。"这句话非常贴切，我们的宇宙之旅也应该从我们的"后院"——太阳系开始。在这一章，你将会在我们邻近的天体上发现令人惊讶的场景，这些细节是我们上一代人无法想象的。这都要归功于一项新技术——空间探测器。在太阳系中，每个行星都曾被一个或多个探测器造访过，有些探测器在某些行星（如金星、火星）上着陆，也有些探测器传送回了行星（如木星、土星）的照片。我们不但探索了行星，还探索了它们的卫星。我们开始意识到在我们的太阳系中，每一个星球都有它独一无二的故事。人们曾经认为在火星

THE SOLA

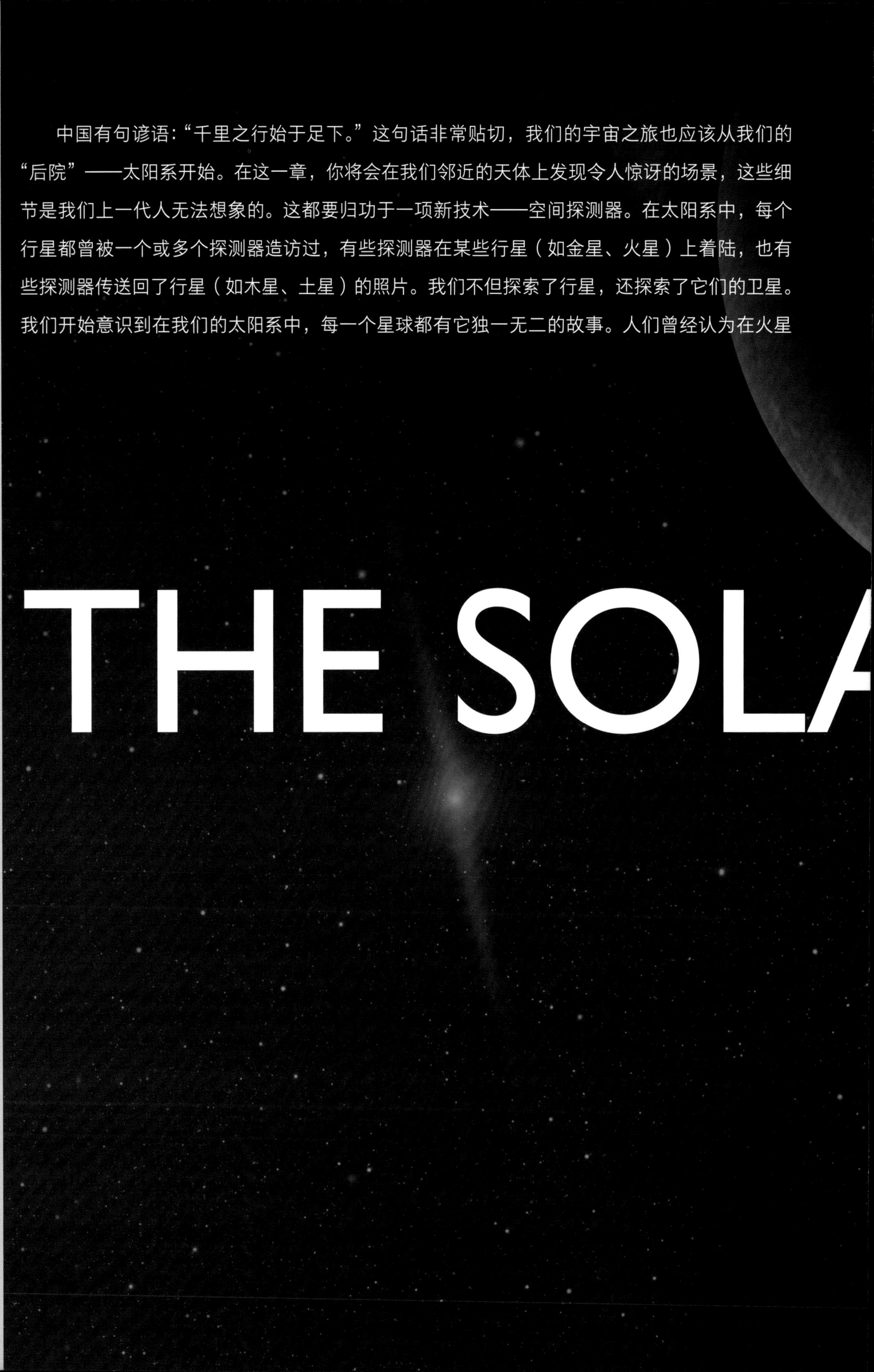

和金星上可能会存在生命（当然不排除存在的可能性），而现在人们认为一些更为寒冷的地方更有可能孕育生命——比如木星和土星的卫星们，这种变化表明了人们对于这些卫星的关注。

最终，我们的视野将拓展到冥王星轨道以外的区域，即被称为柯伊伯带和奥尔特云的区域。至此，行星世界已经被探索得比较完备了，而我们的内太阳系只是整个太阳系中很小的一部分。众所周知的冥王星"降级事件"就是因为我们采用了新的视角观察整个太阳系。

R SYSTEM
太阳系

太阳系

内太阳系
INNER SOLAR SYSTEM

270° 280° 290° 300° 310° 320° 330° 340° 350° 360°/0° 10° 20° 30° 40° 50° 60° 70° 80° 90° 100° 110° 120° 240° 250° 260°

Descending Node 降交点

Aphelion
1.02 AU
远日点

Aphelion
0.47 AU
远日点

水星
MERCURY
January 2019 2019 年 1 月

SUN
太阳

金星
VENUS
January 2019 2019 年 1 月

Aphelion
0.73 AU
远日点

Aphelion
1.38 AU
远日点

Perihelion
近日点 i

Ω 7.0°

Perihelion
0.31 AU
近日点

Perihelion
0.72 AU
近日点

Ω 3.4°

Perihelion
0.98 AU 近日点

EARTH 地球
January 2019 2019 年 1 月

1 AU (149,600,000 km)
1个天文单位

火星 MARS
2019 年 1 月 January 2019

Vernal Equinox 春分点

Ascending Ω
Node 1.9°
升交点

2 个天文单位
2 AU (299,200,000 km)

Descending
降交点 Node

冥王星 Pluto
（矮行星）(dwarf planet)
2019 年 1 月 January 2019

土星
SATU
January 20
2019 年 1

远日点
Aphelion
2.99 AU

近日点
Perihelion
4.95 AU

小行星带 BELT
ASTEROID

Perihe
9.04

IO AU (1,496,000,0
10个天文单位

NEPTUNE
January 2019
海王星
2019 年 1 月

Aphelion 远日点
20.08 AU

Ω 0.8°
20 AU (2,992,000,000 k
20个天文单位

URANUS
January 2019
天王星
2019 年 1 月

Vernal Equinox 春分点

Perihelion
29.71 AU
近日点

30个天文单位
30 AU (4,488,000,000 km)

40个天文单位
40 AU (5,984,000,000 km)

280° 290° 300° 310° 320° 330° 340° 350° 360°/0° 10° 20° 30° 40° 50° 60° 70° 80° 90°

OUTER SOLAR SYSTEM
外太阳系

有八颗行星、五颗矮行星、超过百颗卫星和数不清的小行星、彗星围绕着巨大的太阳运行。四颗岩质行星在内太阳系形成了一个紧密的"家庭"。穿过小行星带，巨大的气态外行星因为远离太阳的热量而迅速成长。每一个行星的轨道几乎都和地球的运行轨道共面，这个平面被称为黄道，只有现在被认为是矮行星的冥王星是一个例外。

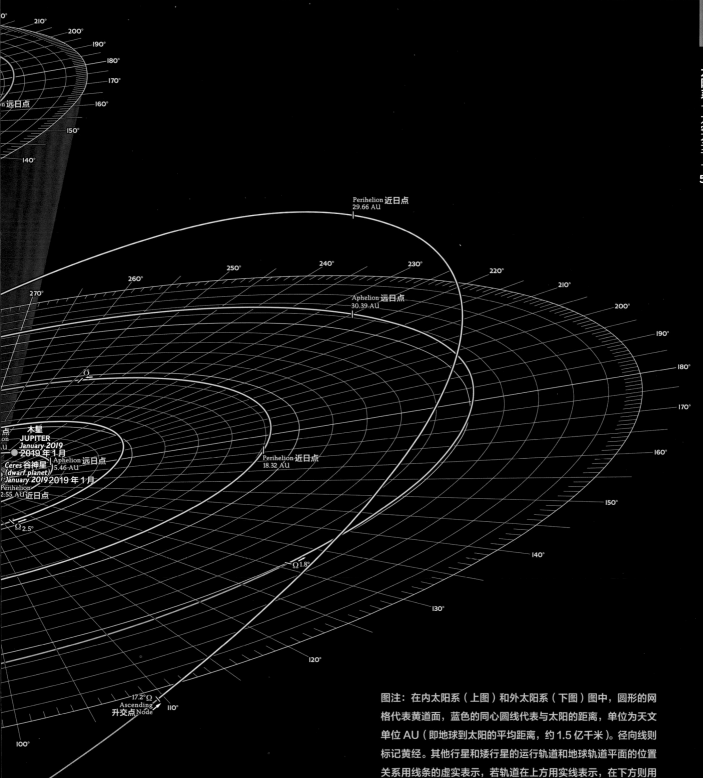

图注：在内太阳系（上图）和外太阳系（下图）图中，圆形的网格代表黄道面，蓝色的同心圆线代表与太阳的距离，单位为天文单位 AU（即地球到太阳的平均距离，约 1.5 亿千米）。径向线则标记黄经。其他行星和矮行星的运行轨道和地球轨道平面的位置关系用线条的虚实表示，若轨道在上方用实线表示，在下方则用虚线表示。

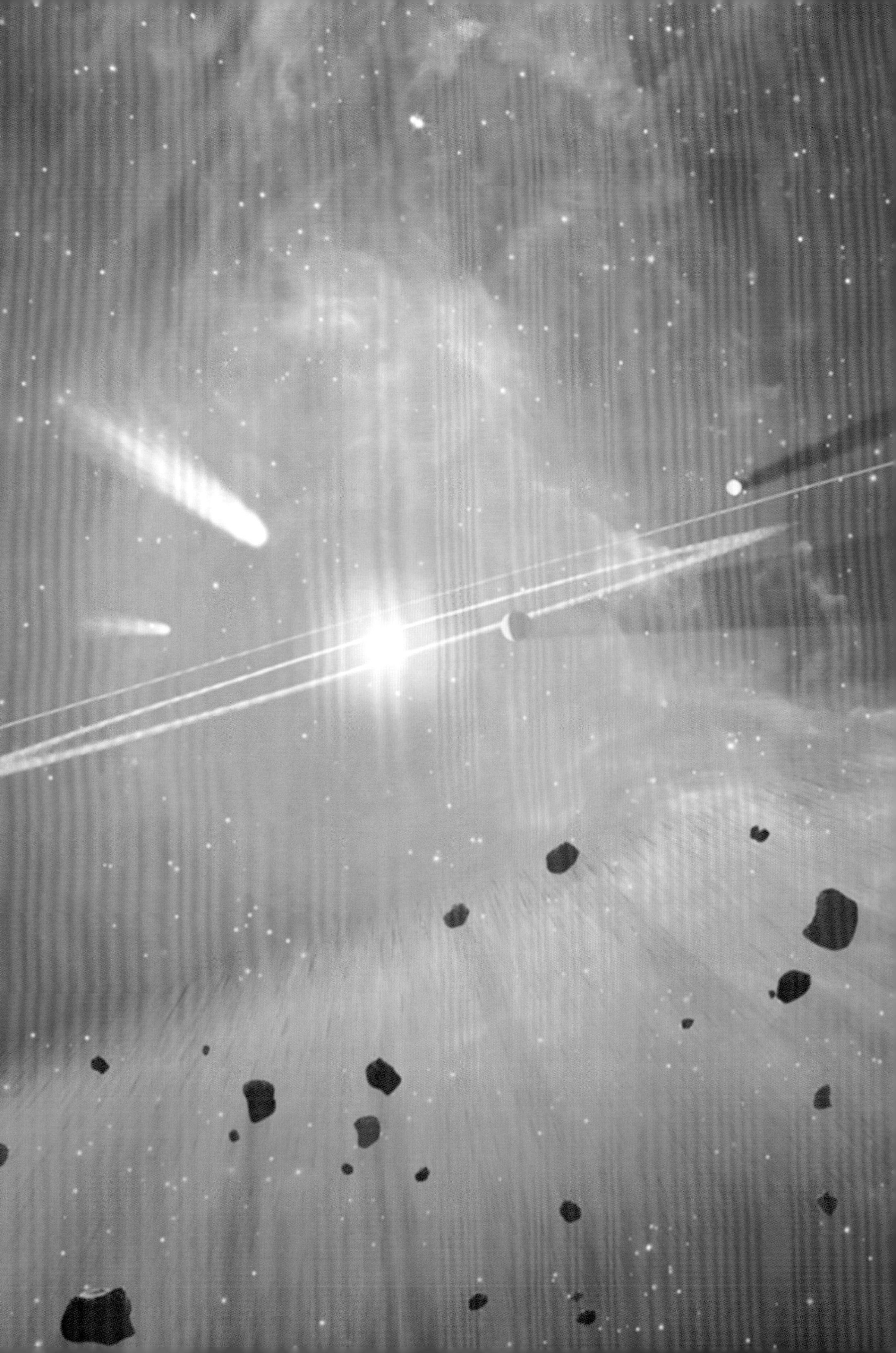

太阳系的一切源于 45 亿年前宇宙中的一团巨大星云。而今天，我们看到的则是一些行星绕着一个再普通不过的恒星周而复始地运行。那么，这个巨大的星云是如何变成今天这个样子的？仔细观察我们熟悉的太阳系，这些问题的线索就在天体的运行规律中：行星的轨道几乎在一个平面上，所有行星的运行方向相同，距离太阳较近的行星都是质量较小的岩质行星，而距离太阳较远的行星都是气态巨行星。从 18 世纪开始，科学家们就开始致力于解释这些规律，其中贡献最大的就是法国物理学家皮埃尔 – 西蒙·拉普拉斯（1749-1827）。

FORMATION
太阳系的形成

【 太阳系的诞生 】

太阳
年龄：45-46 亿年
与银河系中心的距离：2.8 万光年
类型：G2V 型主序星
主要元素：氢、氦、碳、氮、氧（H、He、C、N、O）

太阳系
行星数目：8
岩质行星：水星、金星、地球、火星
气态巨行星：木星、土星、天王星、海王星
矮行星数目：5 或更多
卫星数目：169
太阳与海王星轨道的距离：30AU
太阳与奥尔特云边缘的距离：约 100,000AU

（底图）艺术家笔下天苑四（波江座 ε 星）恒星系统的形成。
（插图）早期太阳系（想象图）。

据拉普拉斯推测，重力会使一个星云产生一些和早期的太阳系类似的现象。在夜空中，这些像碎云一样的亮斑随处可见，我们很容易通过望远镜观测到。拉普拉斯提出了这些星云产生一个像太阳系一样的行星系统的过程，被称为星云假说。时至今日，随着人们对星云假说认识的不断深入细化，星云假说已经成为较成熟的理论。

要理解太阳系的形成，让我们先来看看产生它的那团星云。和其他星云一样，早期的太阳系也是由大爆炸不久后产生的元素——氢和氦，以及少量由大质量恒星合成的元素组成（参见第304-311页）。现代天文学认为，超新星爆发时，附近的星云就会因为受到挤压而产生一些物质更为集中的区域。这些物质集中的区域由于具有更大的引力，使得附近的物质向中心聚集。最终长达数十光年的星云开始破裂并聚集为一些质量更集中的小区域，其中的一小团星云最终形成了我们的太阳系，它被称作原太阳星云。随着气体向中心塌缩，星云开始旋转。对于星云是如何形成行星系统的模型，拉普拉斯认为太阳系的形成过程温和平静，太阳的引力和热辐射造就了整个太阳系，并且太阳系从形成至今变化不大。我们将要看到，在过去的几年中，人们对太阳系形成过程到底有多"平静"的认识有了怎样翻天覆地的变化。

冰与火

当然，引力永远不会消失。在原太阳星云形成之后，引力作用会继续影响整个恒星系统。当系统内部继续坍缩的时候，会发生两件重要的事情：其一便是星云中大部分物质会向中心聚集并最终形成一颗叫作太阳的恒星；其二便是当物质向中心集中的时候，其转速也将加快，就像滑冰运动员收起手臂的时候转速会加快一样。在这种大部分物质向中心聚集以及其转速加快的情况下，系统内部各种力的作用——引力、压力、离心力甚至磁场作用力——都在发生着变化。这种变化

地球的形成

人们经常会问科学家们是如何了解数十亿年前地球形成时期发生的事情的。那么就让我们从这件事情的一部分——行星的内核、幔层和外壳，即对应地球上的地核、地幔和地壳来看一下这些行星的不同点。弄清行星的形成过程是一个引人入胜的科学探索故事。

故事开始于太阳系刚刚诞生时，太阳还是一片尘埃云的时候。由尘埃构成的云气中含有一定数量的铪-182原子（铪是一种较为罕见的金属，通常状况下为银灰色有金属光泽的固体）。这些原子核不稳定，会逐渐衰变为稳定的钨-182（钨，主要用于制作白炽灯灯丝），最为有趣的是，铪-182富集在地壳层中，而钨-182则富集在铁、镍组成的内核中。这就意味着如果钨-182随着铁迅速沉积到内核中，铪-182会留在地幔中并最终衰变，地幔中会出现大量的钨-182。而如果铪-182在完全衰变之后才开始沉积，最终钨-182几乎全部位于内核中。

通过比较地幔中钨-182和陨石中钨-182的含量，科学家们确认了地核形成于太阳系形成后的3千万年。

这就是科学家们探索太阳系形成过程中的一个小问题。

使得没有被吸入初生太阳的物质变得扁平并开始围绕太阳旋转。当整个系统最终形成圆盘的时候，太阳系的雏形便诞生了。

圆盘形成之后，由于附近物质的作用，太阳的温度开始升高。在火星和木星轨道之间，其温度高到挥发性物质，如水、甲烷等无法以固态形式存在。在这个区域以外，这些挥发性物质以固态形式存在，科学家们称两个区域的分界线为"雪线"。而内太阳系的物质不同于"雪线"以外的外太阳系。所以，距离太阳较近的行星被称为"类地行星"，而距离太阳较远的行星被称为"类木行星"。

帮助我们了解早期太阳系形成过程的一个主要方式是大型计算机，模拟早期太阳系。前文中对于早期太阳系的描述即基于这些模拟计算。

类地行星

让我们将目光投向类地行星。由于引力和能量的共同作用，内太阳系的挥发性物质几乎全部逸散，内太阳系的行星是由铁、镍、硅酸盐石等高熔点物质组成的。当这些物质围绕太阳运行的时候，它们相互碰撞、挤压，逐渐形成了从石头到山脉大小的岩石，被称为"星子"。这些星子最终聚集在一起形成了行星。

直至20世纪90年代，人们普遍认为行星自形成以来就与现在的轨道和状态相差无几。然而，计算机模拟的结果告诉我们这个模型的偏差，其结果令人惊讶。计算结果表明，内太阳系由数十个月球大小的形成星球组成的"胚胎"环绕太阳。就像一场不可思议的台球比赛一样，星体的"胚胎"互相撞击、融合，有的发生碎裂，有的小块脱离太阳系。

这场内太阳系的台球比赛结束之后，内太阳系仅剩四颗行星——水星、金星、地球和火星，就像我们现在看到的那样。

年轻的恒星周围，形成行星的尘埃

太阳系形成后的
5000万年

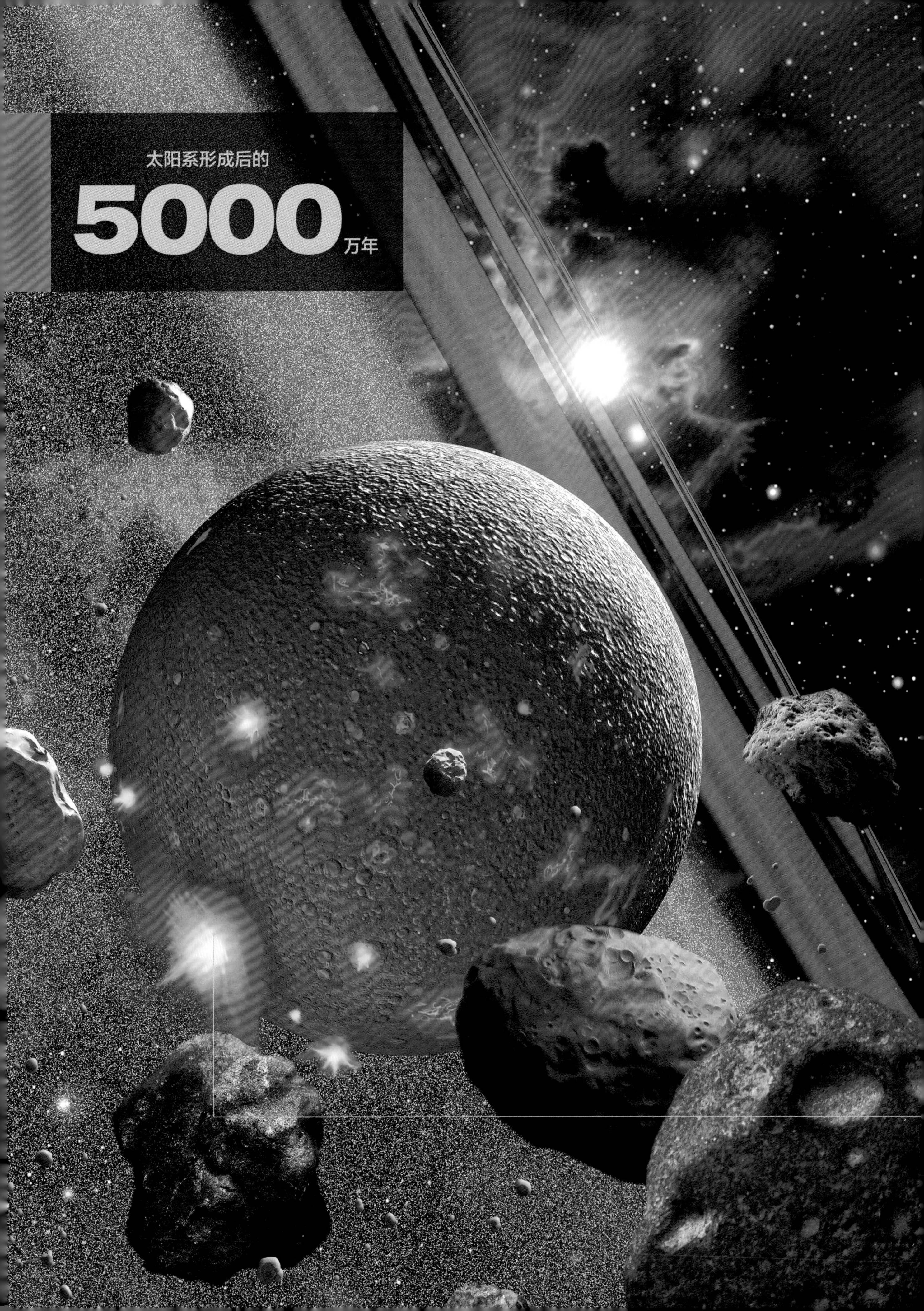

巨行星

与此同时，在"雪线"之外则是另一片景象。由于这里有更多不受干扰行星形成原料，与类地行星相比，外太阳系的星子生长得更快。巨大的质量使得行星吸引周围更多的氢和氦。这些行星即成了所谓的气态巨行星，特别是木星和土星，它们是太阳系内最大的两个行星。

后续的过程和类地行星相比更加复杂。巨行星木星和土星像上面描述的那样迅速成长了起来。显然，下面的两个行星——天王星和海王星形成时间更晚且形成时比现在距离太阳更近。它们同样形成于太阳童年将巨量粒子流吹向宇宙空间的时期，这种外流将太阳系的大量原初氢和氦剥离太阳系。因此，这两个行星长得更小且与木星、土星拥有的化学组分不同。实际上，为了强调这种区别，它们更多被人称作冰巨行星而不是气态巨行星。

这四颗气态巨行星和剩余的星子一样都在它们各自的轨道上运行，靠引力维持着各自的形状。我们的模型告诉我们木星是在现在的小行星带的外缘形成的。木星、土星和行星盘中剩余物质之间的一系列复杂的引力相互作用使一系列天文学家称之为"大迁徙"（指一艘帆船在逆风航行时改变方向）的事件发生。

大迁徙开始于木星向内迁移到现在的地球轨道和火星轨道之间。在迁移过程中，新生的行星开始向行星盘上抛射物质，将一部分物质抛出太阳系，一部分物质推入太阳。基于这一点，木星和土星（轨道向内移动）之间的引力使得巨行星迁移方向发生了逆转，并最终向外移动到了今天的位置。

这次迁徙导致的另一个结果是海王星的轨道被推向外侧，像保龄球一样冲进了原行星盘的残余部分。那时行星盘只延伸到了现在天王星的轨道上，而当行星迁徙结束后，这些星子被清理到了现在冥王星轨道之外。

大迁徙能够解释内太阳系的几个特征。比如说，为什么火星的质量比地球和金星小得多，这是因为（巨行星从火星轨道附近）取走了如此多的物质。这也可以证明为什么现在小行星带上的物质如此少。

这些物质迁徙的结果是在数亿年的时间内，内太阳系的每一个天体都曾经遭受过严重的撞击。科学家们将其称为"晚期重轰击"。时至今日，我们还可以在没有大气的水星和月球上面看到撞击的痕迹。

无论如何，在过去的数十年中，天文学家逐渐弄清了早期太阳系并不是像拉普拉斯想象的那样平静地逐渐坍缩。但一旦内部激烈的碰撞结束，太阳系就成了一个井然有序，可以预测其走向的地方，这也是我们开始迈出宇宙旅行的第一步。

太阳系早期地球形成时激烈场面的想象图，在内太阳系中，数不清的星子相互撞击，其温度因撞击而飙升。

带内行星

火星

与太阳的平均距离：227,900,000 千米
近日点：206,620,000 千米
远日点：249,230,000 千米
公转周期：687 日
平均公转速度：24.1 千米 / 秒
平均温度：−65℃
自转周期：24.6 小时
赤道直径：6,972 千米
质量（地球质量 =1）：0.107
密度：3.93 克 / 立方厘米
表面重力（地球 =1）：0.38
已知天然卫星：2 颗
最大卫星：火卫一、火卫二

Aphelion 远日点
1.02 AU
1.02 个天文单位

Aphelion 远日点
0.73 AU
0.73 个天文单位

280°

290°

300°

310°

320°

Perihelion
近日点 1.38 AU
1.38 个天文单位

Ω 7.0°

Perihelio
0.31 AU
0.31 个天

330°

340°

Ω 3.4°

350°

♈ Vernal Equinox 春分点

360°
0°

I AU (149,600,000 km)
1 个天文单位

10°

MARS 火星
January 2019
2019 年 1 月

20°

Ascending 升交点 Node

Ω
1.9°

30°

90°

40°

2 个天文单位
2 AU (299,200,000 km)

80°

地球

与太阳的平均距离：149,600,000 千米
近日点：147,090,000 千米
远日点：152,100,000 千米
公转周期：365.26 日
平均公转速度：29.8 千米 / 秒
平均温度：15℃
自转周期：23.9 小时
赤道直径：12,756 千米
质量：5,973,600,000,000,000,000,000,000 吨
密度：5.52 克 / 立方厘米
表面重力：9.78 米 / 二次方秒
已知天然卫星：1 颗
最大卫星：月球

质量较小的岩质行星组成了内太阳系。这些行星都有次生大气（在这些行星形成之后产生），但是水星上几乎检测不到。在水星和月球上都有早期撞击产生的陨石坑，而地球和金星上早期活动的痕迹已经被气候、火山和板块运动磨平了。

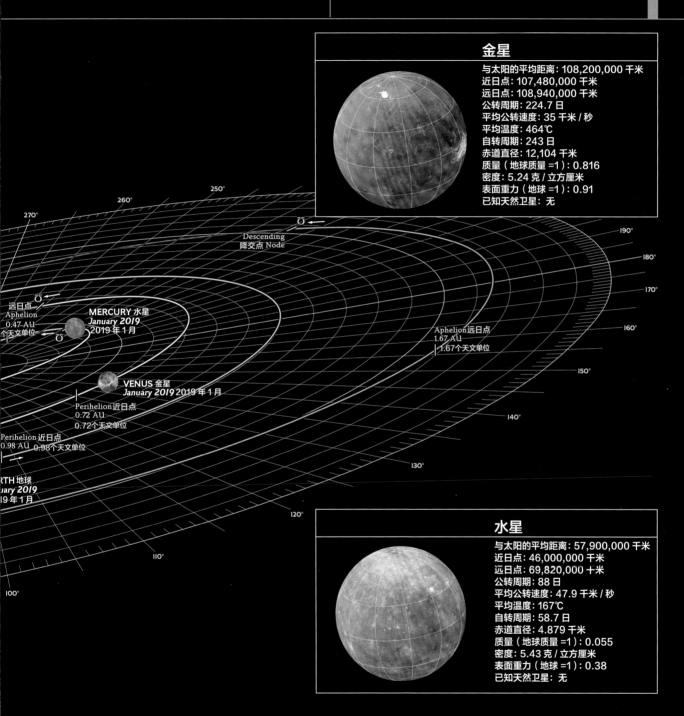

金星

与太阳的平均距离：108,200,000 千米
近日点：107,480,000 千米
远日点：108,940,000 千米
公转周期：224.7 日
平均公转速度：35 千米 / 秒
平均温度：464℃
自转周期：243 日
赤道直径：12,104 千米
质量（地球质量 =1）：0.816
密度：5.24 克 / 立方厘米
表面重力（地球 =1）：0.91
已知天然卫星：无

水星

与太阳的平均距离：57,900,000 千米
近日点：46,000,000 千米
远日点：69,820,000 千米
公转周期：88 日
平均公转速度：47.9 千米 / 秒
平均温度：167℃
自转周期：58.7 日
赤道直径：4.879 千米
质量（地球质量 =1）：0.055
密度：5.43 克 / 立方厘米
表面重力（地球 =1）：0.38
已知天然卫星：无

图注：带内行星的轨道从灼热的水星一直延伸到寒冷的火星。水星以极快的速度围绕太阳周而复始地运行，其两个半球呈现冰火两重天。灼热的金星被一层能够留住绝大多数太阳能量的大气包裹，具有严重的温室效应。地球所固有的独特位置使它成了一个适宜居住的地方，水在地球上可以以液态形式存在。也有证据表明，寒冷的火星也曾经有过一段时间是更加温暖舒适的。这些行星在太空时代就已经被研究得较为透彻了，每一个类地行星都已经被

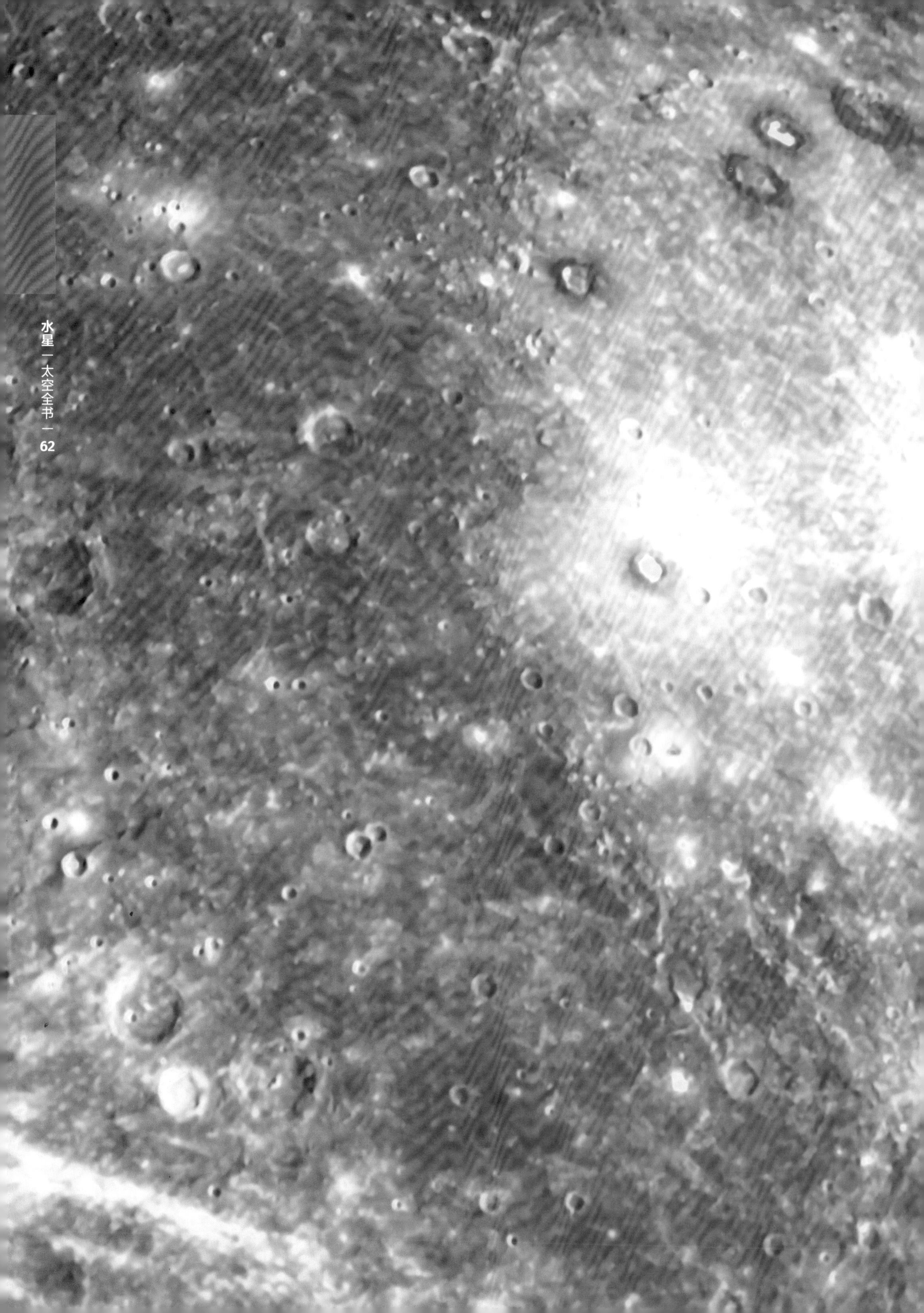

水星是距离太阳最近的行星，这就意味着地球上的观察者总是在太阳附近发现这颗行星。在白天，行星的光芒被太阳所掩盖，所以我们只能在太阳落下后的黄昏看到这颗行星。这颗星不可能在夜空中升得太高，只是因为在夜晚水星位于观察者的对侧。和金星一样，对于观察者来讲水星也总是以晨星或昏星存在。肉眼直接观测水星的记录可以追溯到公元前 14 世纪，是亚述人记述的，而到了 4 世纪，希腊人才意识到他们在清晨和黄昏看到的星实际上是同一颗星。

MERCURY

水星

【 快速而灼热的世界 】

发现者：未知
发现日期：史前
命名：罗马神话使者墨丘利

质量：地球质量的 6%
体积：地球体积的 6%
平均半径：2,440 千米
最低 / 最高温度：−173℃ /427 ℃
一天长度：58.65 个地球日
一年长度：87.97 个地球日
卫星数目：0
光环系统：无

（底图）水星表面卡洛里斯盆地的伪彩色图片。
（插图）水星。

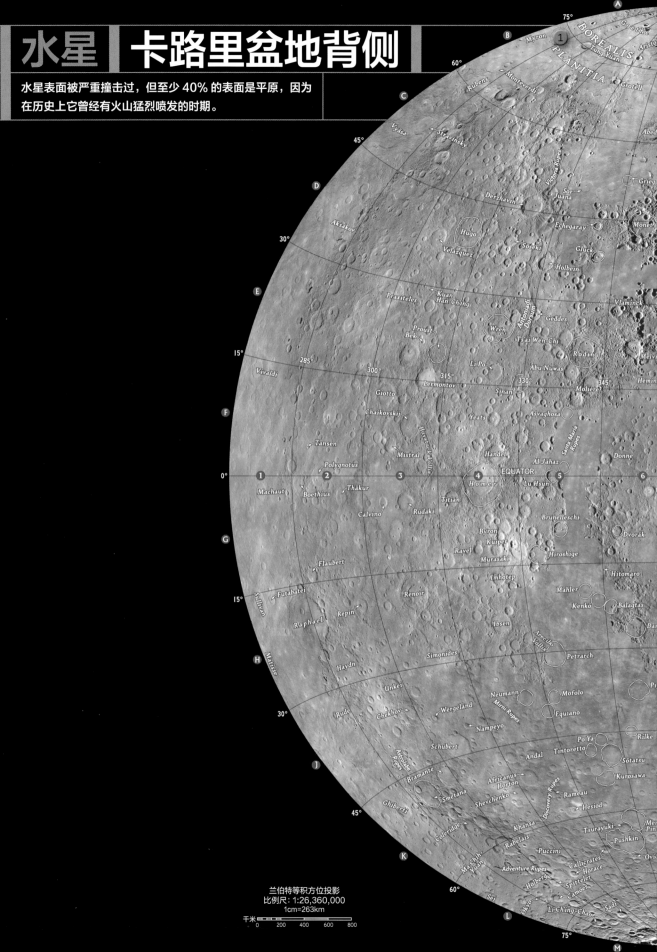

水星 卡路里盆地背侧

水星表面被严重撞击过，但至少 40% 的表面是平原，因为在历史上它曾经有火山猛烈喷发的时期。

兰伯特等积方位投影
比例尺：1:26,360,000
1cm=263km

千米
0 200 400 600 800

水星 — 太空全书 —

关键词

① **北部平原：** 一个平坦广阔的平原。

② **北斋环形山：** 著名的辐射纹状环形山。

③ **德彪西环形山：** 年轻、明亮的辐射纹状环形山。

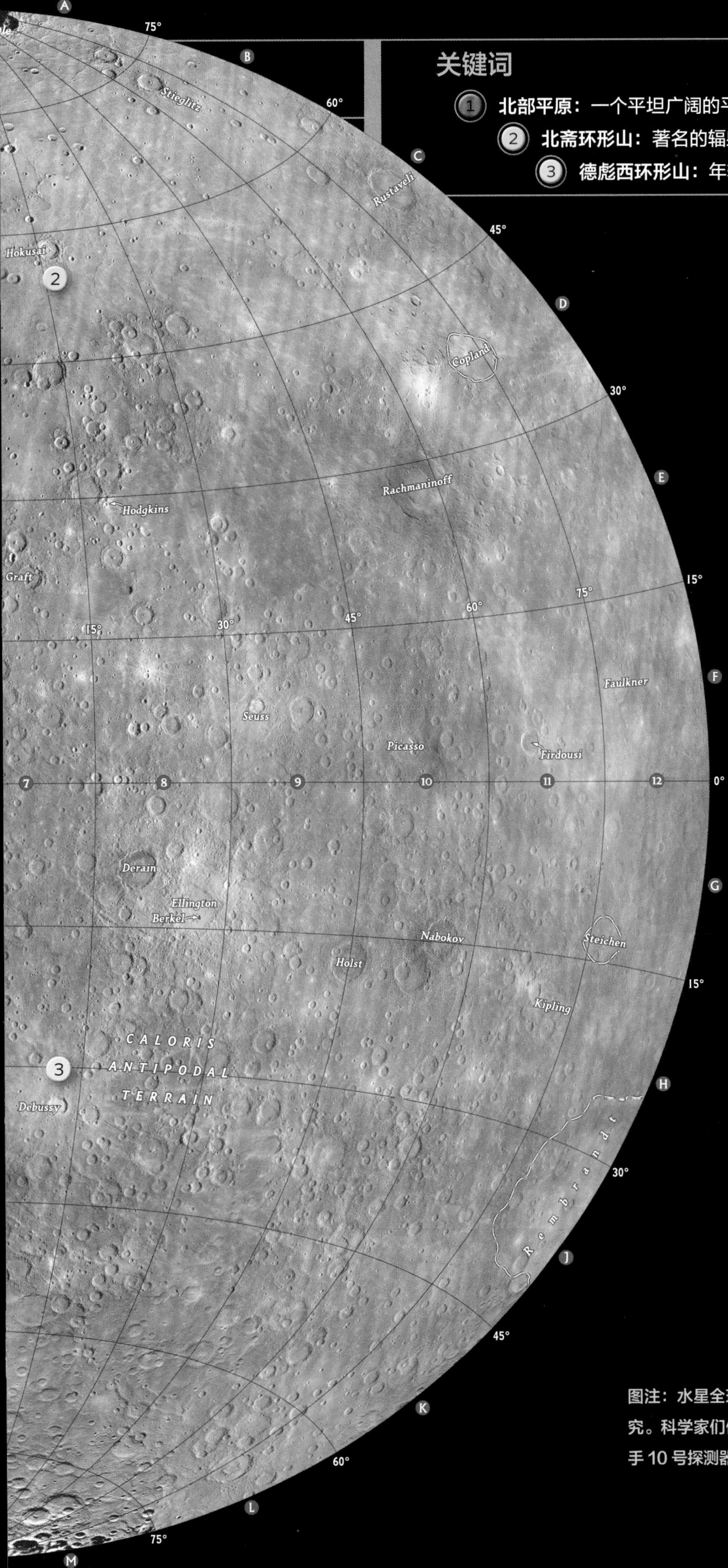

图注：水星全球拼接图的数据来源于信使号水星探测器最新的研究。科学家们修饰并整合了超过 22,000 张图片，填补了之前水手 10 号探测器测绘的不完整之处，得到了这颗行星的完整地图。

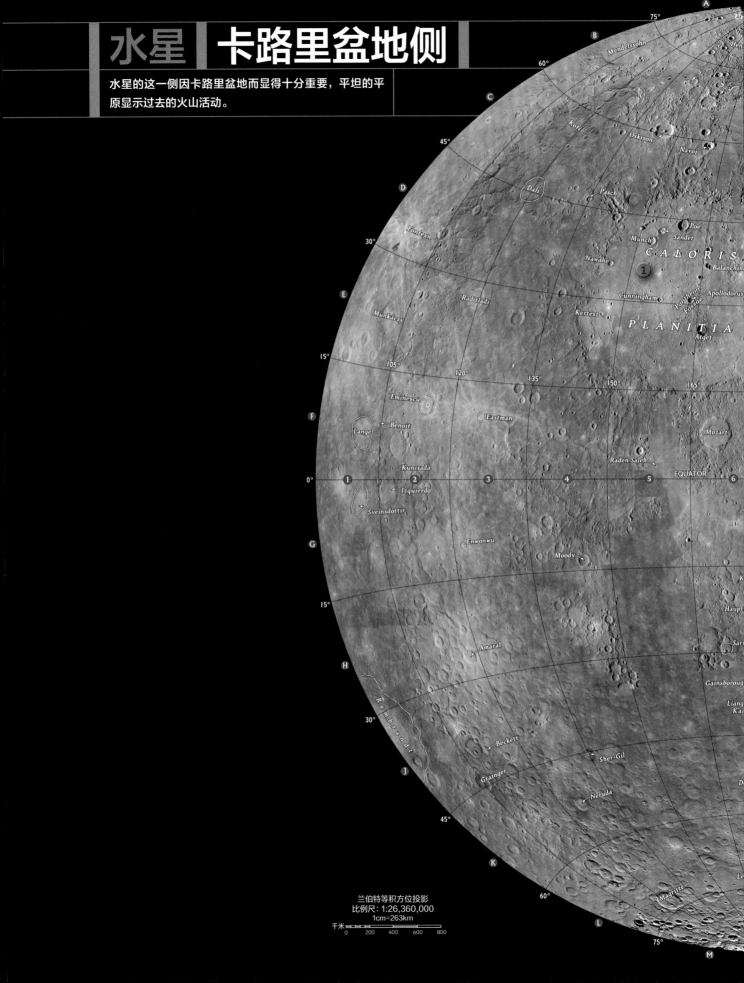

水星 卡路里盆地侧

水星的这一侧因卡路里盆地而显得十分重要，平坦的平原显示过去的火山活动。

兰伯特等积方位投影
比例尺：1:26,360,000
1cm=263km

千米
0   200   400   600   800

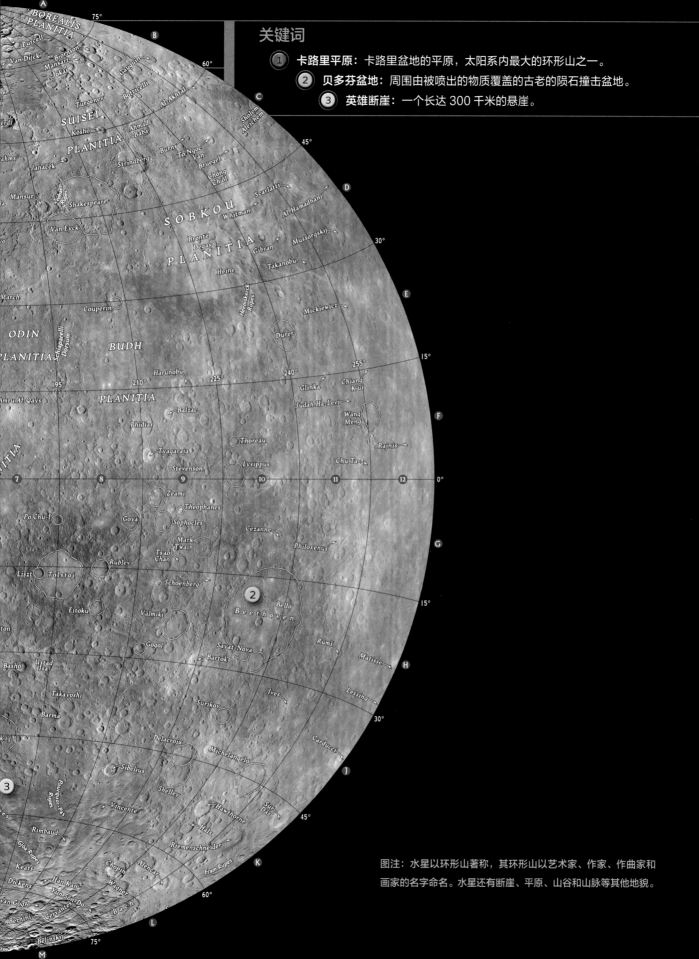

关键词

① **卡路里平原：** 卡路里盆地的平原，太阳系内最大的环形山之一。

② **贝多芬盆地：** 周围由被喷出的物质覆盖的古老的陨石撞击盆地。

③ **英雄断崖：** 一个长达 300 千米的悬崖。

图注：水星以环形山著称，其环形山以艺术家、作家、作曲家和画家的名字命名。水星还有断崖、平原、山谷和山脉等其他地貌。

古罗马人给了水星一个特别的称谓,他们将水星命名为跑得很快的众神信使(大概是因为水星在夜空中的快速移动让人想到了这位神的速度)。一个非常有意思的事情就是古巴比伦人将这颗星命名为"拿布",即神庙中神的信使,大概就是因为同样的原因。

冰火两重天

水星的质量较小,其质量只有地球的5%,其表面的大气也早已在太阳的炙烤下消失殆尽。就像我们的月球一样,水星是一个死气沉沉的世界,内部没有由地质活动引发的造山运动,外部也没有大气侵蚀它的表面。水星的标志和月球一样,有那些很久以前撞击留下的无声见证——环形山。这颗行星每176个地球日绕轴自转一圈,每88天绕太阳转一圈。因此,水星的每个地方白天都面向太阳的阳光,而晚上则暴露在寒冷的太空中。

正如大家所想,水星如此靠近太阳,它表面的温度可以非常高——它面向太阳一侧的赤道可以达到427℃,高于金属铅的熔点。不过大家可能想不到的是,在午夜,水星表面的温度可低到-173℃。究其原因,当一个地方进入夜晚的时候,由于没有大气覆盖来维持热量,白天积累的热量迅速辐射到太空中,温度迅速下降。(准确地说,水星表面有一层非常薄的原子,科学家们称之为"外逸层"。这层原子由表面物质挥发而来,最终将飘入太空。)

环形山的世界

和月球一样,水星没有大气,其环形山存在了相当长的时间。其中最大的是卡路里盆地,直径长达1,600千米,几乎可以确定这是来源于一场剧烈的撞击。实际上,在卡路里盆地的正背面是一片被称为"古怪地形"的丘陵。一些科学家认为这片区域产生于卡路里盆地诞生时的冲击波。水星上很多环形山和月球上的一样,都有一个平整的表面。有一种说法认为,这些平整的区域是因为岩浆的流动形成的,其岩浆是撞击本身带来的。环形山之间是起伏的山脉,代表着水星现存最古老的地形。这些平原在山脉间纵横交错,可能是因为水星在冷却的时候表面产生了褶皱(你可以想象当苹果干瘪时上面的褶皱)。

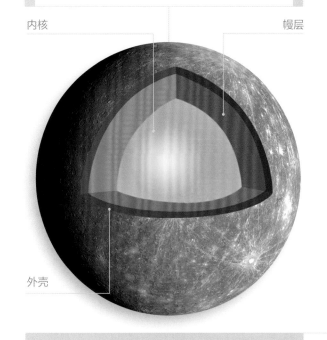

水星的剖面图呈现其结构。这颗行星有一个被500-700千米厚的幔层包裹的巨大内核。最外层是100-300千米厚的外壳。

内核　　　　　　　　　　　　　　　　幔层

外壳

水星的一半被阳光直接照射,其南极的环形山是水星的标志。和月球一样,水星也几乎没有大气层,所以其环形山不会被侵蚀,以至于部分地貌有数十亿年之久的历史。

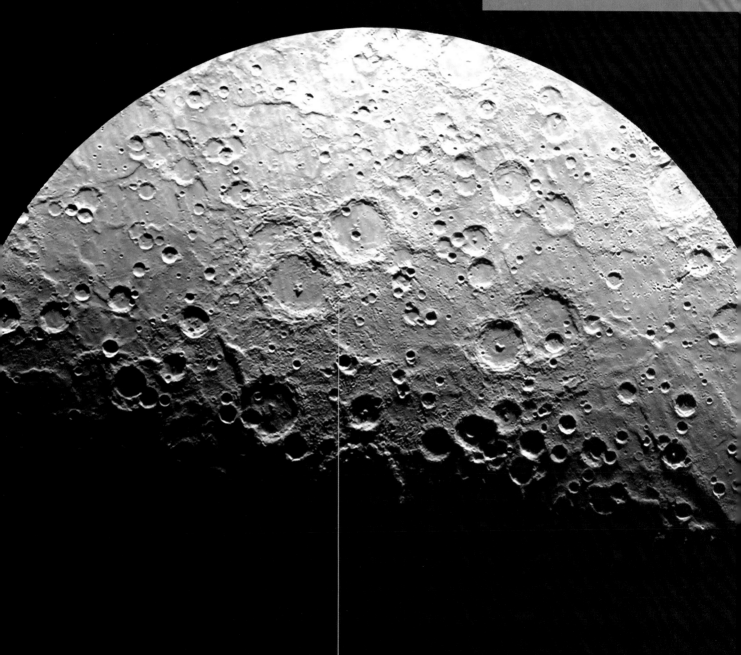

水星表面非常

古老

且曾被严重撞击过

科学家们相信，这个皱缩的过程仍在继续。2016 年，科学家们检验了信使号宇宙飞船拍摄的照片（见 71 页），发现水星表面有一个超级峡谷。峡谷深达 3 千米，宽达 400 千米，长达 966 千米，其地质环境进一步支持了"萎缩的苹果"理论。

和其他岩质行星一样，水星也是一个充满石头的世界。水星上有微小的磁场，其强度大约是地球的百分之一；可能和地球一样，水星磁场内部也有一个巨大的铁核——大家可以把它想象成一个巨大的磁铁。

实际上，基于下文介绍的探测器所收集的大量数据，科学家们认为水星有一个异常大的铁核，体积占据超过水星总体积的 42%。为了解

水星的"古怪地形"

尽管水星肉眼可见，但只有在信使号探测器发射后，我们才能看到水星的细节。水星是一个没有空气的世界，所以地貌一旦形成就不会再被侵蚀。这就意味着这颗行星的历史可以通过从未改变的地貌而得到。

目前水星上最具标志性的特征是卡路里盆地，一个直径长达 1,600 千米的环形山。形成卡路里盆地的那次撞击发生于 38 亿年前，大致就是月球因撞击而形成月海的时间。卡路里盆地是太阳系中最大的环形山之一。

这次撞击的威力可以从被抛出物形成的 1.6 千米高的边缘看出。更为有趣的是，在卡路里盆地的对侧有一片被科学家称为"古怪地形"的丘陵。这片区域就是由形成卡路里盆地的那次撞击形成的。关于这片区域的形成，目前有两种理论解释：一种理论是撞击形成的地震波经过整个水星的传递后在另外一侧聚集，将原有的地貌破坏；另一种理论是撞击抛出的物质在水星另一侧降落，就形成了我们今天看到的不规则地貌。

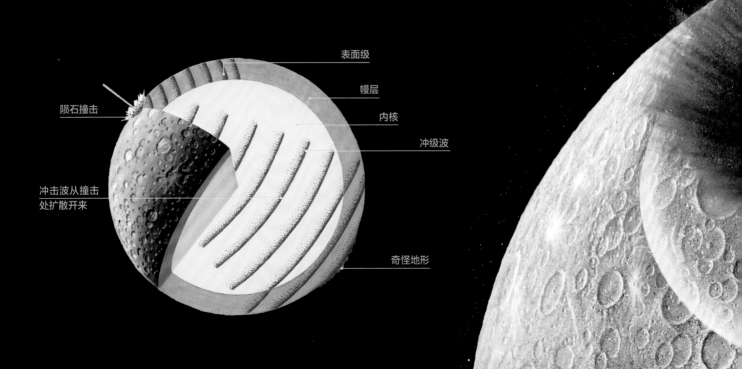

表面级

幔层

内核

冲级波

陨石撞击

冲击波从撞击
处扩散开来

奇怪地形

释这种异常的组成，于是一些新的理论诞生了。其中最流行的是，当分化过程结束之后（见88页），水星在大约 40 亿年前的晚期重轰击期被一个巨大的星子撞击。这次撞击使得水星很大一部分较轻的外壳被剥离，剩余中间部分的铁核比例增大。

一次剧烈的撞击形成了卡路里盆地

水星探测器

由于水星距离太阳过近，用地面望远镜观测水星十分困难。事实上，大部分水星细节的信息来源于两个探测器。第一个探测器——水手 10 号，它在 1974 年曾到达水星并在其燃料用尽之前三次飞掠水星。现在，这个探测器有可能在绕日旋转，当你阅读这篇文章的时候它正在做着不采集数据的飞掠。

另一个探测器是信使号探测器，2004 年发射于卡纳维拉尔角。在造访金星和地球之后，于 2008 年 1 月 14 日第一次飞掠水星。2011 年 3 月 18 日，它进入水星轨道，开始传回这颗行星表面、地貌和磁场信息细节的数据。它发出了超过 70,000 张水星表面山脉和环形山的图片。2015 年 4 月 30 日，信使号在环绕水星 4,105 次后，燃料耗尽并最终撞向水星。一个名为"比皮科伦坡"的欧洲航天局探测器预计将于 2024 年到达水星，代表着下一波对这颗行星的探索。

最后，在离开这颗行星之前，我们必须提一下它对于现代科技所做出的贡献。和其他行星一样，水星绕日轨道也是椭圆形的，其距离太阳最近的点叫作近日点。由于其他行星的引力作用，科学家们认为每次其他行星靠近的时候，水星轨道就会有微小的移动——想象一下，每次靠近太阳的时候，水星的椭圆轨道都会移动一小段距离。19 世纪末期，计算结果表明水星轨道的移动距离比用简单的引力效应计算结果更大——实际上，水星轨道大约每 100 年移动 43 角秒。1915 年，爱因斯坦发表了广义相对论。事实证明，广义相对论可以精确解释水星近日点移动的问题。所以，这颗行星成了目前最新引力理论的一个检验工具。

作为距离太阳第二近的星球，金星经常被称为地球的"孪生姐妹"。实际上，金星也是和地球质量最接近的行星——它的质量是地球质量的 85%。和水星一样，金星也只能在清晨或傍晚被我们观测到。金星的名字也来源于罗马众神。金星是罗马众神中的爱神，很多古老的文明也有相似的观点——如古巴比伦人，将这颗星命名为"Ishtar"，即希望女神。除了月球之外，金星是夜空中最明亮的天体，甚至在城市灯光下人们依然能够看到金星。或许是因为金星实在是太明显了，它也是被误认为是 UFO 天体次数最多的星球。

VENUS

金星

【 一个美丽的炼狱 】

发现者：未知

发现日期：史前

命名：罗马神话中的爱神维纳斯

质量：地球质量的 82%

体积：地球体积的 86%

平均半径：6,052 千米

表面温度：462℃

一天长度：243 个地球日（逆向）

一年长度：224.7 个地球日

卫星数目：0

光环系统：无

（底图）电脑合成的金星上的牛拉山（Gula Mons），位于金星的东半球。

（插图）金星东半球。

金星 | 西半球

在令人窒息的大气之下，金星的地形复杂多变。

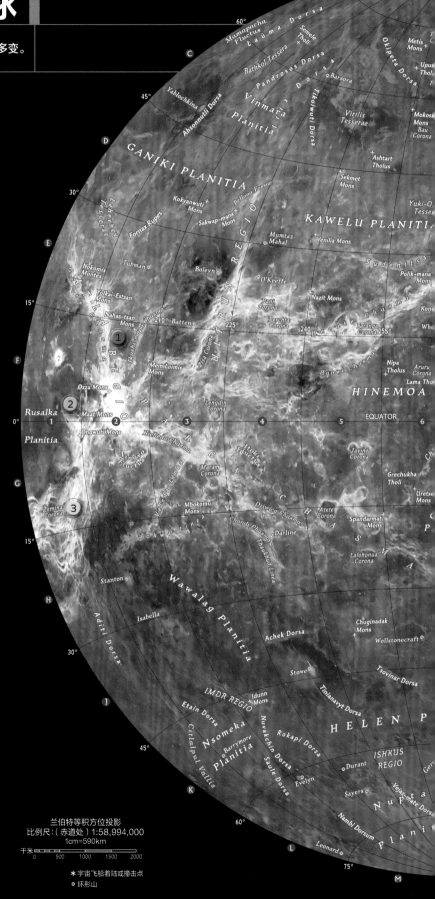

✳ 宇宙飞船着陆或撞击点
◎ 环形山

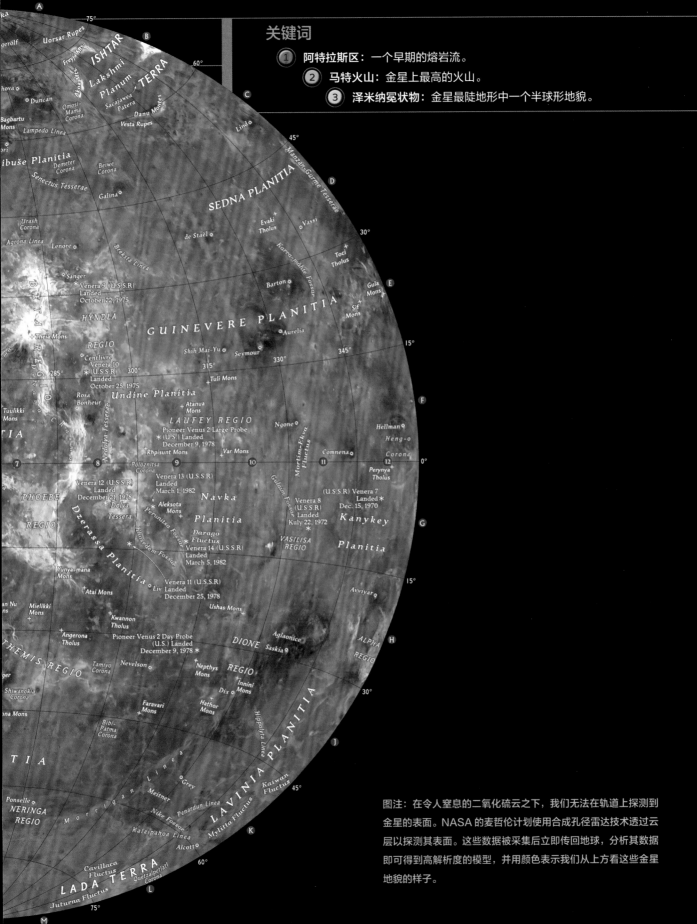

关键词

① 阿特拉斯区：一个早期的熔岩流。

② 马特火山：金星上最高的火山。

③ 泽米纳冕状物：金星最陡地形中一个半球形地貌。

金星 — 太空全书 — 75

图注：在令人窒息的二氧化硫云之下，我们无法在轨道上探测到金星的表面。NASA 的麦哲伦计划使用合成孔径雷达技术透过云层以探测其表面。这些数据被采集后立即传回地球，分析其数据即可得到高解析度的模型，并用颜色表示我们从上方看这些金星地貌的样子。

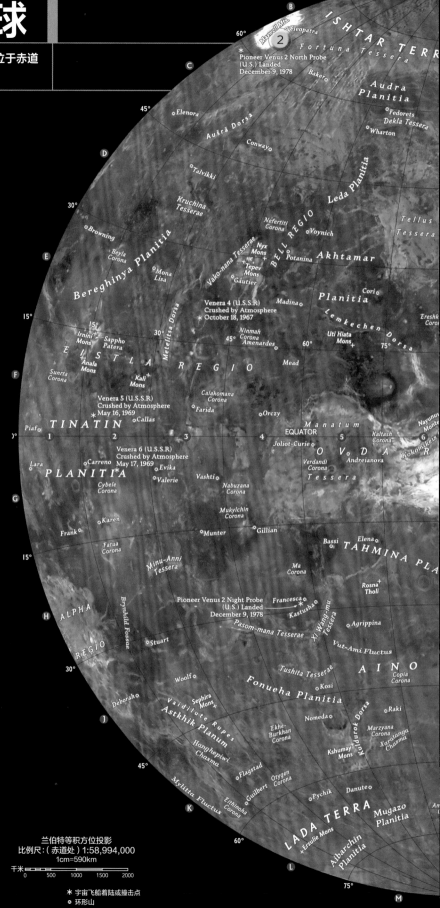

兰伯特等积方位投影
比例尺:（赤道处）1:58,994,000
1cm=590km

千米
0   500   1000   1500   2000

★ 宇宙飞船着陆或撞击点
⊙ 环形山

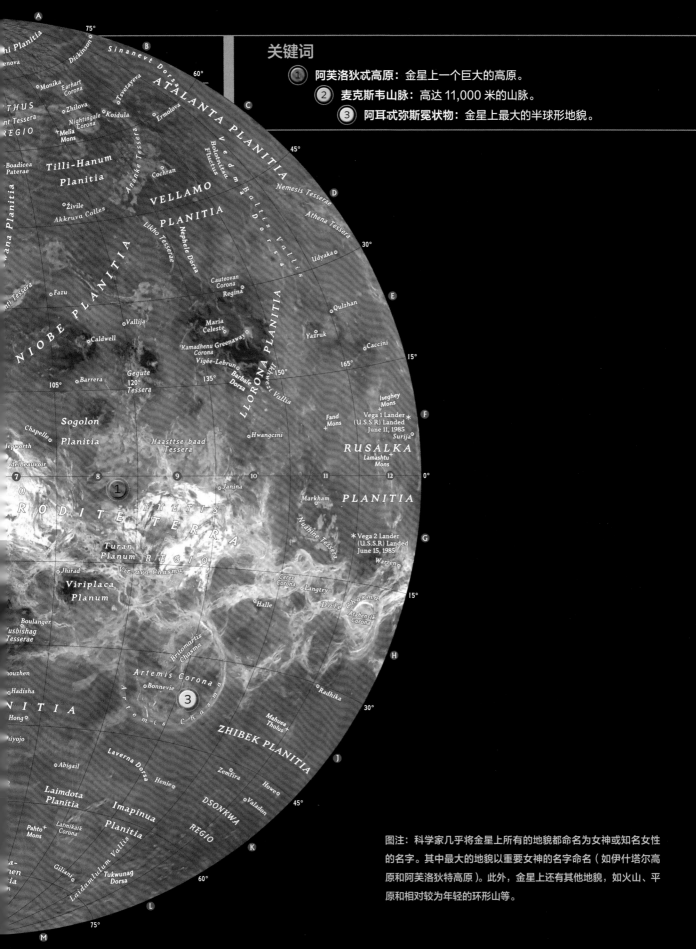

关键词

① 阿芙洛狄忒高原：金星上一个巨大的高原。

② 麦克斯韦山脉：高达 11,000 米的山脉。

③ 阿耳忒弥斯冕状物：金星上最大的半球形地貌。

图注：科学家几乎将金星上所有的地貌都命名为女神或知名女性的名字。其中最大的地貌以重要女神的名字命名（如伊什塔尔高原和阿芙洛狄特高原）。此外，金星上还有其他地貌，如火山、平原和相对较为年轻的环形山等。

金星大致用 225 天的时间绕太阳一周，但其自转却非同寻常。如果我们从太阳系的上方看，太阳系内所有行星的公转方向都是逆时针；绝大多数自转方向与公转方向相同，即从上方看自转方向同样是逆时针。在太阳系形成行星的圆盘后，这种自转方式就已经确定了。然而，金星的自转是逆向的而且金星的一"天"长达 243 个地球日，在所有行星中自转速度最慢。科学家们认为导致金星如此异常的原因是在金星形成时期的一次撞击（见 55-58 页）。

直到 20 世纪后期，除了知道其和地球相似外，天文学家对金星了解甚少。这是因为金星表面的浓云永远都遮挡着金星本身。20 世纪 60 年代，美国和苏联开始系统地向金星发射探测器，第一步环绕或飞掠金星，然后着陆并探测金星本身。1962 年水手 2 号飞掠金星，并用微波和红外线探测了这颗行星。这时我们才知道金星表面非常热，温度高达 462℃，甚至比水星还要热，尽管金星与太阳的距离大于水星。

金星探测器

1966 年苏联发射的金星 3 号在金星上撞击着陆。这次探测的目的是着陆并传回数据，但探测器降落时被金星浓密的大气烧毁。1967 年，强度更高的金星 4 号进入金星大气层并传回数据，但由于降落伞减慢了其降落速度，探测器在抵达目的地之前就耗尽了电量。1970 年，金星 7 号以更小的降落伞对抗大气压，成功降落并传回数据。后来又有一些探测器成功着陆，一般都是在被金星表面极端环境摧毁之前的一小时内传回数据。

1978 年，美国先驱者金星探测器使用雷达技术穿透云层，制作了第一张金星地图。随后美国和苏联继续对金星进行探测。1989 年，根据麦哲伦号的雷达图，人们制作了前所未有的金星三维表面图。2005 年，欧洲航天局发射了金星快车探测器，于 2006 年进入金星极轨道，此后一直传回金星戏剧性的大气活动的数据。

金星内部剖面图。核心部分主要成分为固态铁，幔层较厚，外壳较薄——大约为地壳厚度的一半。金星浓密的大气导致的温室效应使得金星成为太阳系内最热的行星。

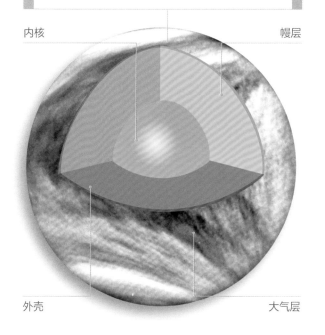

内核　　　　　　　　　　　　　　　　　　幔层

外壳　　　　　　　　　　　　　　　　　　大气层

这些图片是欧洲航天局的金星快车探测器用 24 个小时拍摄到的，呈现了一个在南极上方迅速发展的风暴或气旋（以黄点标注）。

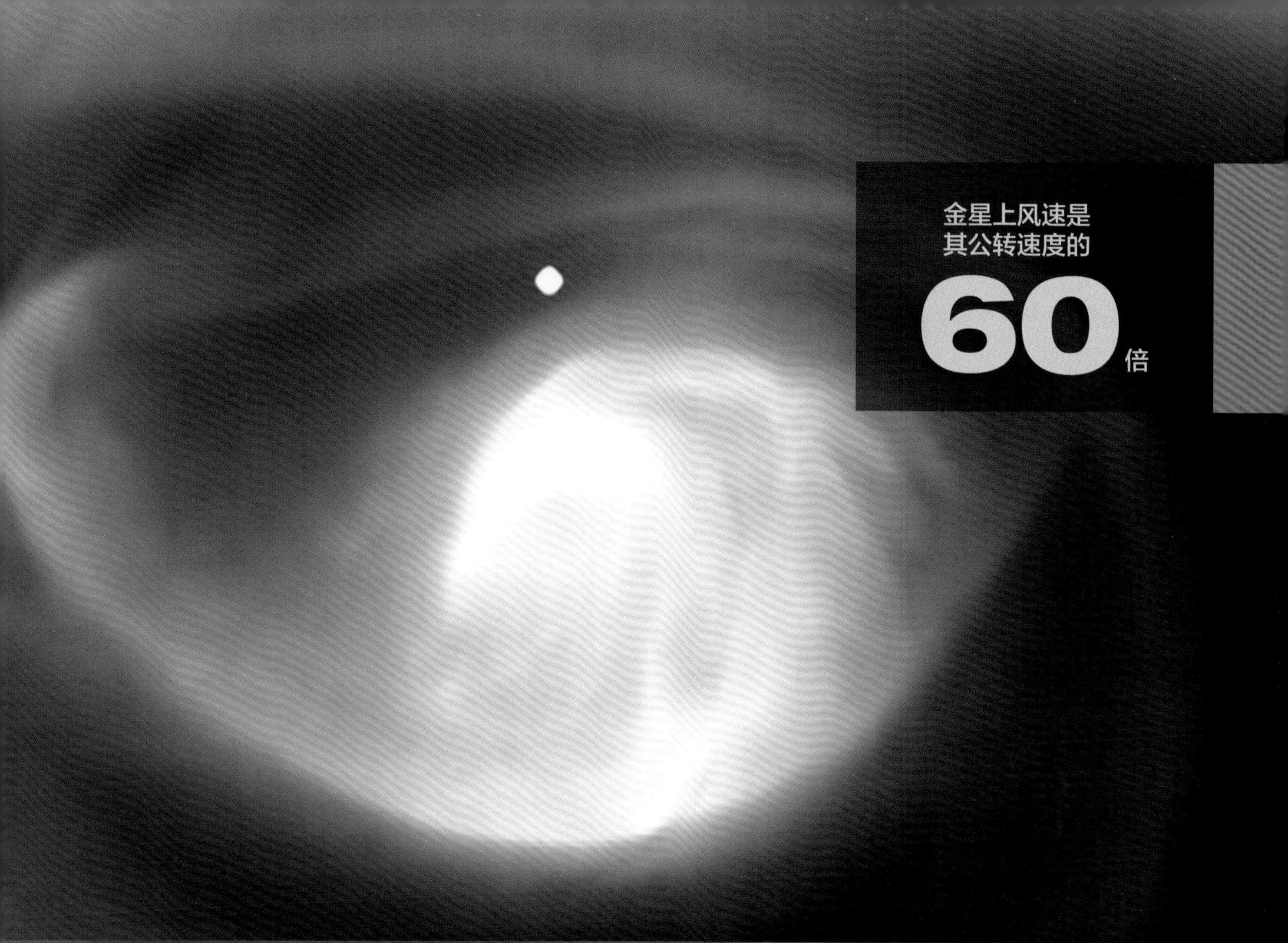

金星上风速是
其公转速度的
60倍

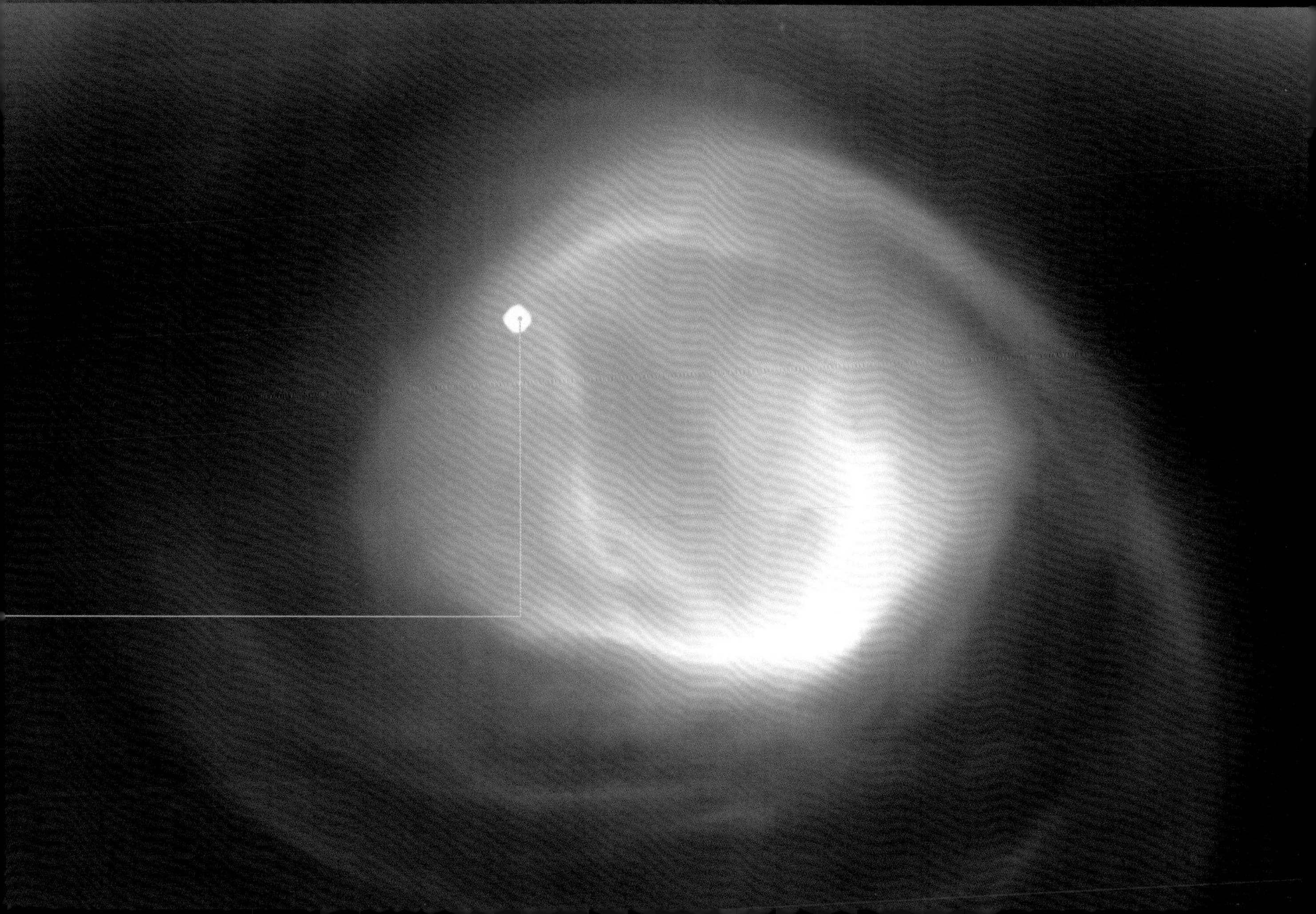

金星表面的大气重量
是地球大气重量的

90 倍

炽热，剧毒，火山林立

金星的大气几乎是纯净的二氧化碳——含量超过 95%——其余的部分为氮气，其大气压力约为地球海平面附近的 92 倍，这种压力就像在地球上 1 千米深的海平面下一样，也难怪第一个探测器会坠毁！科学家们设想金星早期曾经有海洋，但是在太阳的炙烤下，海洋蒸发殆尽。没有了海洋吸收二氧化碳，二氧化碳的浓度就像火山喷发一样上升。这个星球经历了不可控制的温室效应，最终温度升高到今天这样。

由于金星有浓密的大气，金星上各个地方的温度几乎相等。金星上的风速很低（每小时只有十几千米），但是由于大气过于浓密，在金星表面站立十分困难——想象一下"风"就像潮水而非微风一样涌来吧。

金星的云主要由二氧化硫和硫酸组成。金星高空的风力强劲，风速高达每小时几百千米，我们现在仍不知道是什么导致了风力如此强劲。金星会下硫酸雨，但穿过大气时即会蒸发殆尽，从未到达金星表面。通过与太阳带电粒子流复杂的相互作用，这些云也产生了微弱的磁场。金星极慢的转速使人们排除了金星像地球通过液态铁核形成强磁场的可能性。

据雷达地图显示，金星的地貌基本是由火山塑造的。大约 80% 的表面是光滑的平原，剩余部分是两片较高的"大陆"。金星表面有 167 座火山形成的夏威夷大岛，比地球上最大的火山还要大。

金星的平原上有星星点点的环形山，其中大部分没有被侵蚀。科学家们认为这表明了大约 5 亿年前，金星经历过一次"地形重塑"事件，岩浆流将旧的表面（包括环形山）覆盖，产生了我们现在看到的平原，并为撞击的陨石创造了一个新的表面。美国国家航空航天局计划于 2020 年左右发射两个金星探测器。VERITAS 的任务是进入环绕金星的轨道，并绘制其表面的详细地图。除此之外，它还将寻找水曾经在地表流动的证据，以及存在活火山的证据，证明金星在地质学上仍处于活跃状态。

第二个计划是达芬奇号探测器。一旦到达金星，这艘宇宙飞船将下降到大气层中，在它被地狱般的条件摧毁前，会在一个多小时内传回数据。

艺术家对金星闪电的想象图。由于金星大气主要由二氧化碳组成，大气压力巨大而且有硫酸云，金星并不像早期科幻小说描绘的那样适合人类居住。

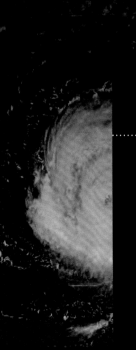

然，我们对于地球的了解比对太阳系内其他行星的了解多得多。然而如果把地球当成行星和卫星众多的太阳系内的一员，我们还有很多需要研究的地方。地球与其他世界有什么不同？有两个重要的区别：第一，地球是最大的岩质行星。就像我们将要看到的那样，地球的体积会随着其表面持续不断地移动、变化。第二，地球的轨道位于一个环绕太阳被称为"宜居带"的狭窄地带，宜居带指的是一个液态水可以长期存在于这个星球表面的地方。正因为如此，地球是我们知道太阳系内有生命存在的唯一星球。

EARTH
地球

【 海洋星球 】

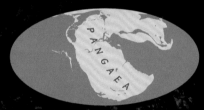

发现者：未知
发现日期：史前
命名：古英语"ERTHA"，意为"大地"

质量：5,972,190,000,000,000,000,000,000 千克
体积：1,083,206,916,846 立方千米
平均半径：6,371 千米
最低 / 最高温度：−89/59℃
一天长度：23.93 小时
一年长度：365.26 天
卫星数目：1
光环系统：无

（底图）穿过大西洋的气旋。
（左插图）2 亿年前的大陆。
（右插图）1 亿年前的大陆。

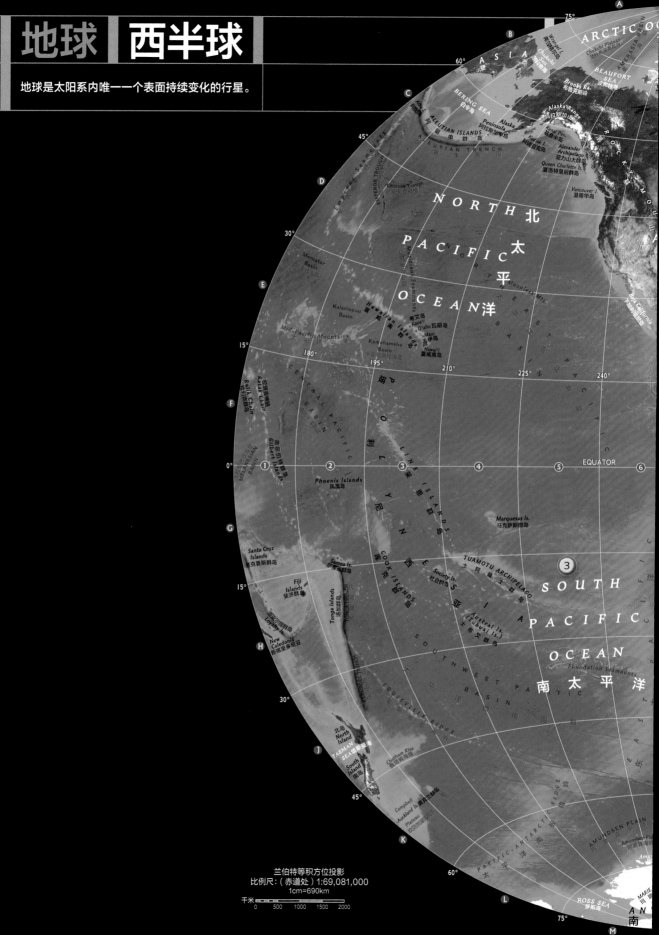

地球 | 西半球

地球是太阳系内唯一一个表面持续变化的行星。

ARCTIC OCEAN 北冰洋

ASIA 亚洲

Wrangel I. 弗兰格尔岛
Chukchi 楚科奇
Chukchi Plateau 楚科奇高原
Beaufort SEA 波弗特海
Brooks Ra. 布鲁克斯岭
Alaska Range 拉斯加山脉
Alaska 阿拉斯加
Kenai Pen. 基奈半岛
Kodiak I. 科迪亚克岛
Alexander Archipelago 亚历山大群岛
Queen Charlotte Is. 夏洛特皇后群岛
Vancouver I. 温哥华岛
ROCKY MOUNTAINS 落基山脉
Baja California 下加利福尼亚半岛

BERING SEA 白令海
ALEUTIAN ISLANDS 阿留申群岛
ALEUTIAN TRENCH 阿留申海沟

EMPEROR SEAMOUNTS 天皇海山
Chinook Trough 奇努克海槽

NORTH 北
PACIFIC 太平
OCEAN 洋

Mercator Basin 墨卡托海盆

Moonless Mts.

Kalaniopuu Basin
Hawaiian Islands 夏威夷群岛
Kauai 考艾岛
O'ahu 瓦胡岛
Maui 茂伊岛
Hawai'i 夏威夷岛
Kamehameha Basin

Mid-Pacific Mountains 中太平洋山脉

NORTHEAST PACIFIC BASIN 东北太平洋海盆

180° 195° 210° 225° 240°

EQUATOR

Marcus-Necker seamounts
Ralik Chain 拉利克群岛
Ratak Chain 拉塔克群岛

MELANESIA 美拉尼西亚
Gilbert Islands 吉尔伯特群岛

CENTRAL PACIFIC BASIN 中太平洋海盆

POLYNESIA 波利尼西亚
LINE ISLANDS 莱恩群岛

Phoenix Islands 凤凰岛

Marquesas Is. 马克萨斯群岛

Santa Cruz Islands 圣克鲁斯群岛

Samoa Is. 萨摩亚群岛

Fiji Islands 斐济群岛

Tonga Islands 汤加群岛

COOK ISLANDS 库克群岛

Society Is. 社会群岛
TUAMOTU ARCHIPELAGO 土阿莫土群岛

TAHITI

SOUTH
PACIFIC
OCEAN
南 太 平 洋

Austral Is. 南方群岛
Tubuai Is. 土布艾群岛

New Caledonia 新喀里多尼亚
Loyalty Is. 洛亚尔提群岛

SOUTHWEST PACIFIC BASIN

LOUISVILLE RIDGE

Foundation Seamounts

EAST PACIFIC RISE 东太平洋海隆

North Island 北岛
TASMAN SEA 塔斯曼海
South Island 南岛

Chatham Rise 查塔姆海隆

Campbell Plateau
Auckland Is. 奥克兰群岛

PACIFIC-ANTARCTIC RIDGE 太平洋-南极海岭

AMUNDSEN PLAIN

ROSS SEA 罗斯海

MARIE

ANTARCTICA 南极洲

45° 30° 15° 0° 15° 30° 45° 60° 75°

兰伯特等积方位投影
比例尺:(赤道处)1:69,081,000
1cm=690km

千米
0   500   1000   1500   2000

关键词

① 安第斯山脉：由构造板块俯冲产生。

② 冰岛：大西洋中脊的最北端。

③ 太平洋：地球独有地貌——海洋之一。

图注：卫星地图为我们提供了地球上湖泊、山脉、沙漠和森林的细节，展示了地球的每一个角落。我们把视角转向从海洋深处窥视，用全球海底地形数据创建一个无法从表面看到的海洋地壳作为代表。

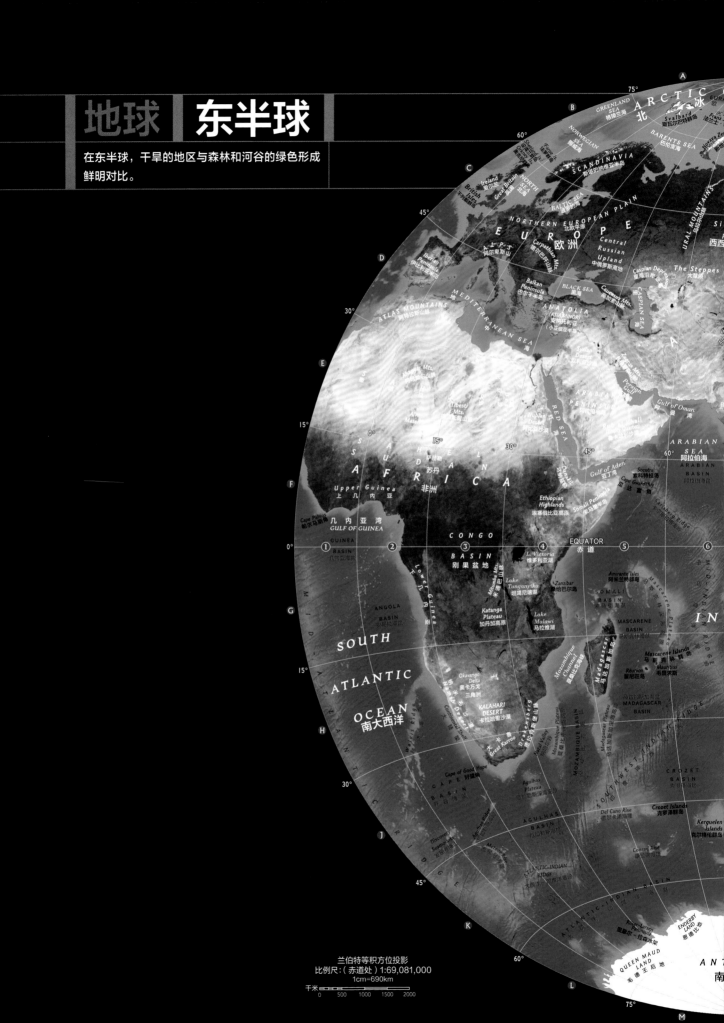

地球 | 东半球

在东半球，干旱的地区与森林和河谷的绿色形成
鲜明对比。

关键词

① **挑战者号海渊：** 地球上的最低点，位于海平面下 10,971 米。

② **喜马拉雅山脉：** 地球上最高的山脉。

③ **南极洲：** 最冷的大陆，最大的荒漠。

图注：尽管人类文明用政治疆界来划分领土并将大陆划分为大洲，但地球本身并无此界限。海洋占据了世界总面积的 2/3。陆地的边界代表着现在的海平面高度，但大陆本身在海平面以下以山谷和山脊连接。

在地球形成的最初5亿年时间里（可能会有出入），地球扫清了其轨道附近的碎片。如果有人站在那时的地球表面，他（她）一定会感觉到周围巨大星子的猛烈撞击。科学家们将这个时期称为大撞击时期（注意，这与晚期重轰击期不同，大撞击发生于太阳系形成早期）。每一次撞击都为新形成的行星注入能量，这种能量最终以热的形式表现。最终，地球的每一部分都熔化成液体或者被加热变软到可以自由流动，科学家们仍然对细节有争议。不过，不可否认的一个事实是早期对于行星的加热完成了行星物质的分化过程。密度大的物质，如铁，从表面沉入地球的核心，而密度小的物质则浮在上面，形成了地幔和地壳。就像沙拉酱放置了过长时间一样，地球上的物质也通过自身的重力分成两层。

地球的分化过程产生了我们赖以生存的磁场。密度较大的铁、镍沉入核心，核心的压力足以将这些原子压成固体。在核心的上方，其温度和压力只能使物质以液态形式存在。流动的液体金属核最终造就了行星的磁场。

沸腾的地球

刚刚诞生的地球内部有两个热源：大撞击时期留下的余热和岩石中放射性元素的衰变。就像炉子上面的一壶水一样，行星的内部需要将热量传递到表面并辐射出去。也就像那壶水一样，地球"沸腾"了。数亿年前，地幔中的岩石启动了一次循环，热的物质从一个地方上升，冷却并在另一个地方下沉。随着沸腾的持续，在分化过程中已经上升到地球表面之下的较轻的物质被带走，就像溪流上的叶子一样。在最上方是我们称之为"坚实地面"的最轻物质的集合，就像木筏上的人一样在上方漂动。

描述这颗行星内部运作最好的方式，就是想象一壶沸水上面漂着的一层薄油。这壶热水将这层油打碎，创造出一种纵横交错的图案。同样，沸腾的地幔也将这颗行星的表面打成被我们称为板块的碎块。

板块构造论基于地球的表面随着地幔中岩石的运动而移动的板块构成（构造一词的英文为"tectonics"，与建筑"architect"在希腊文中同源，指建造的过程）。一些板块承载大陆，另外一些不承载大陆，但由于地球内部持续不断地沸腾，这些板块上所有的东西随着板块移动并重构了这

地球的剖面图显示地球的中心有一个铁－镍内核，外面是由相同物质构成的液态层。这两层被较厚的地幔和外层的地壳覆盖。

内核　　　　　　　　　　　　　　　　　　外壳

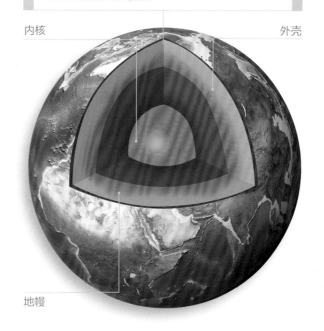

地幔

夏威夷大岛上的一次火山喷发将很多不同的物质带向地球表面，部分被抛向大气层，大气（图中不可见）和红色炽热的岩浆流向海洋。

地球有

12

个主要板块

个星球的表面。比如，曾经有过一个时期，所有的大陆像巨大的项链一样集中在赤道附近，这片聚集在一起的大陆被称为盘古大陆，而其他行星并非如此运转。水星和火星（我们的月球也一样）足够小，在很久之前热量已经散失殆尽，现在已经完全凝固。而对于金星来说，虽然火山的活动是金星的一个标志，但金星依然过小，无法完成板块构造。

宜居带

地球被天文学家称为恰好最宜居住的行星——不冷不热、温度极为精确地落在宜居区域。在过去的 40 亿年中，太阳的亮度提高了三分之一（见 223 页），在这个过程中，地球总是能够把气温调节到水的凝固点和沸点之间。这也就意味着液态水能够一直在其表面存在。就像我们在83 页中看到的那样，液态水的存在被认为是进化出生命的必要前提。假如地球比现在距离太阳更近，或许地球会沿着金星一样的轨迹发展，失控的温室效应会将生命扼杀在摇篮中。假如地球比现在距离太阳更远，或许地球会冻成一个冰球，生命也将不复存在。

每一个恒星的周围都有一个窄带，在这个窄带内行星表面温度在水的凝固点和沸点之间。这个窄带被称为恒星的宜居带（Continuously Habitable Zone，缩写为 CHZ）。地球就在宜居带内，这也就是地球上能够诞生生命的原因。

生命的存在改变了整个星球。比如在地球上，大气层内活跃氧气的增加就是生命新陈代谢的结果，许多生命的演生过程打破了岩石，创造出泥土。天文学家们正在其他恒星宜居带上类似于地球的行星上寻找生命的标志。

地球的第一次测量

和我们在小学时学到的内容不同，古人早就知道地球是圆的，到了哥伦布航海的时代，人类已经知道这件事情达千年之久了。实际上，在公元前 240 年左右，古希腊昔兰尼地理学家，著名的亚历山大图书馆馆长埃拉托色尼就已经完成了第一次地球半径的测量。他知道在夏至的正午，太阳光穿过赛伊尼（今阿斯旺）的一口井，代表太阳直射。与此同时他测量了由亚历山大市已知高度的一根柱子投下的影子。通过这些测量和一些几何知识，他得出了亚历山大和赛伊尼之间的距离是地球周长的 1/50。他们仍无法确定两个城市之间的距离是一个永远的未解之谜，但他首次报道了地球的周长——252,000 个赛跑场的长度。

不过问题在于，古代有很多赛跑场的标准长度，就像现在有英里（1 英里 =5,280 英尺）和海里（1 海里 =6,076 英尺）一样。所有的体育场都是 180 米左右——足球场的 2 倍，埃拉托色尼最可能的测量结果为地球的周长是 47,000 千米，现代测量结果显示地球的周长接近40,000 千米。他可能同样用了这个数据去测量地球和太阳之间的距离。

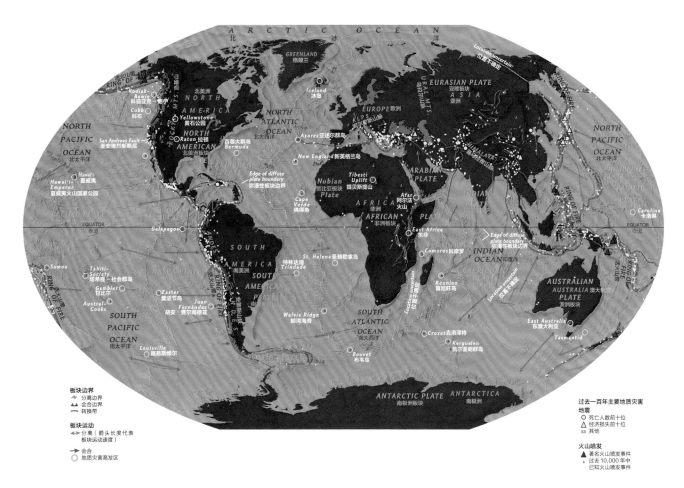

地图显示了地球的板块。由于地幔的缓慢搅动，板块开始移动，地球内部放射性元素的衰变带来的能量驱动了这种搅动。太阳系所有的行星中，只有地球的地貌因运动而不断变化。

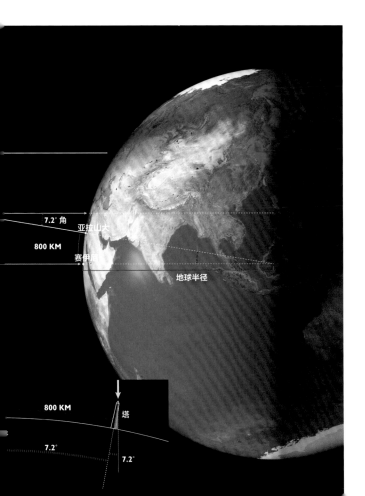

月球，我们从孩童时代就十分熟悉，是夜空中最亮的天体。它每 27 天多绕地球转一圈同时自转一周，这就意味着它保持一面对着地球，用天文学术语来说，月球已经被地月之间复杂引力和潮汐锁定。我们会看到在太阳系的卫星中，这种现象十分普遍。这种复杂的引力作用使得月球以每个世纪 4 厘米的速度远离地球。

EARTH'S MOON

月球

【 我们稳定的邻居 】

发现者：未知

发现日期：史前

命名：古英语"MONTH"，意为"月"

与地球距离：384,400 千米

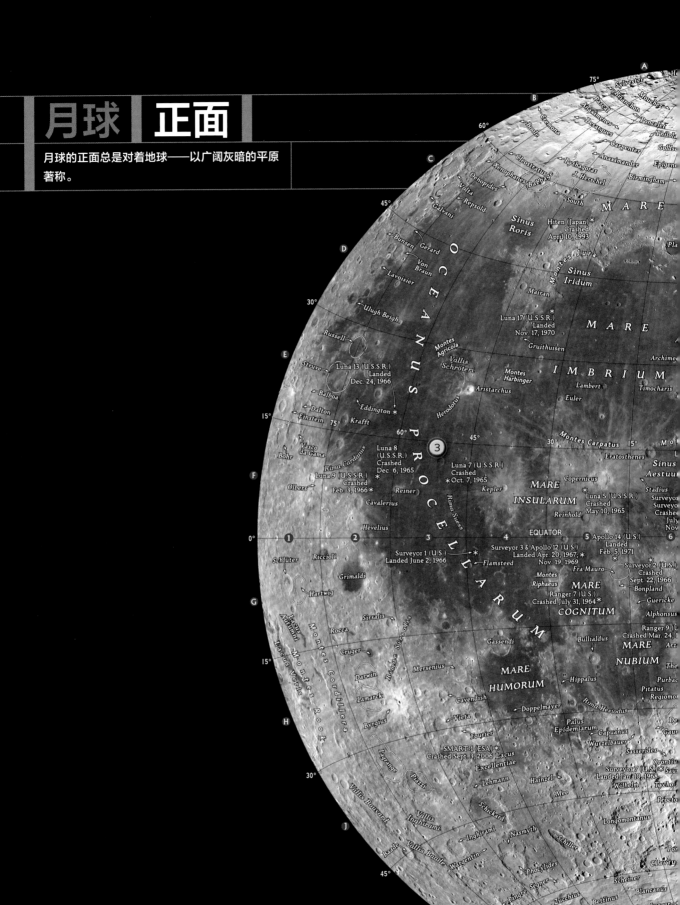

月球 | 正面

月球的正面总是对着地球——以广阔灰暗的平原著称。

兰伯特等积方位投影
比例尺：1:18,825,000
1cm=188km

千米 0 250 500

* 宇宙飞船降落或撞击点

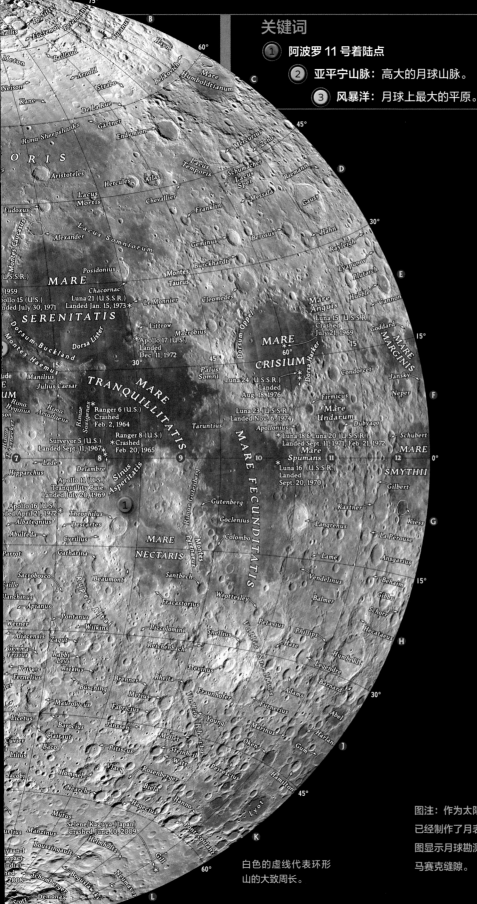

关键词

1 阿波罗 11 号着陆点

2 亚平宁山脉：高大的月球山脉。

3 风暴洋：月球上最大的平原。

De Sitter
Euctemon Petermann
thalis
Meton
Baillaud
Arnold Strabo
Kane
De La Rue
Nelson
Endymion
Rima Sheepshanks Gärtner
Mare Humboldtianum
Hayn
Cusanus
Berkovich

Aristoteles Hercules Atlas
Lacus Temporis Mercurius Zeno
Lacus Spei Schumacher
Eudoxus Mortis Chevallier Mossala
Franklin
Geminus Berosus
Alexander Montes Caucasus
Posidonius Burckhardt Hahn
Lacus Somniorum
1959 MARE Chacornac Montes Taurus Rayleigh
pollo 15 (U.S.) Luna 21 (U.S.S.R.) Le Monnier Lyapunov
nded July 30, 1971 Landed Jan. 15, 1973 Cleomedes Plutarch
Mare Hubble
SERENITATIS Littrow Anguis Cannon
Dorsum Buckland Apollo 17 (U.S.) Dorsa Lister Macrobius Luna 15 (U.S.S.R.)
Montes Haemus Landed Oppel Crashed
Dec. 11, 1972 MARE July 21, 1969
Palus Dorsa Harker Goddard MARE
Manilius Somni MARGINIS
Julius Caesar TRANQUILLITATIS CRISIUM 75° MARGINIS
Rima Condorcet
Rima Hyginus Ranger 6 (U.S.) Luna 24 (U.S.S.R.) Firmicus Jansky
Ariadaeus Rimae Crashed Landed Mare Neper
son Sosigenes Feb. 2, 1964 Aug. 18, 1976 Undarum
Taruntius Luna 23 (U.S.S.R.) Dubyago
Ranger 8 (U.S.) Landed Nov. 6, 1974 Schubert
Surveyor 5 (U.S.) Crashed Apollonius MARE
Landed Sept. 11, 1967 Feb. 20, 1965 Luna 18 & Luna 20 (U.S.S.R.)
Landed Sept. 11, 1971; Feb. 21, 1972
7 8 9 Lade 10 Mare 11 SMYTHII 12
Hipparchus Delambre Spumans
Apollo 11 (U.S.) Luna 16 (U.S.S.R.)
Tranquility Base MARE Landed
Landed July 20, 1969 Sinus Sept. 20, 1970 Gilbert
Asperitatis
Apollo 16 (U.S.) FECUNDITATIS
nded April 21, 1972 Theophilus Kästner
Albategnius Descartes Gutenberg Langrenus Kiess
Abulfeda Cyrillus Goclenius La Pérouse
Parrot Catharina MARE Colombo
Sacrobosco NECTARIS Lamé Ansgarius
Beaumont Lamé Behaim
anchinus Santbech
Apianus Fracastorius Vendelinus Gibbs
Werner Wilkins Wrottesley Balmer Schorr
Aliacensis Zagut Piccolomini Petavius Hecataeus
Gemma Rabbi Snellius Hase Phillips Humb. Nit.
Frisius Levi Reichenbach
Kaiser Rheita Stevinus Adams Legendre
Fernelius Brenner Fraunhofer Barnard
Büsching Metius Young Marinus Abel Harlan
Maurolycus Fabricius Furnerius
Licetus Barocius Janssen Oken Gum
Cuvier Clairaut Mallet Peirescius Hamilton
Lilius Baco Steinheil Watt
Hommel Pitiscus Vlacq
Nearch Rosenberger Lyot
Mutus Biela
Manzinus Hagecius Hanno
Selene/Kaguya (Japan) Neumayer
urtius Crashed June 10, 2009
Boussingault Helmholtz
ayaan-1
Impact Gill
India) Boguslawsky
2008 Schomberger
Scott Demonax
Amundsen

白色的虚线代表环形
山的大致周长。

图注：作为太阳系内离我们最近的邻居，早在古代人们就
已经制作了月表地图，月球是我们了解最多的伙伴。地形
图显示月球勘测轨道飞行器拍摄的数千张照片的衔接处有
马赛克缝隙。

月球 | 背面

月球的背面总是背对着地球，在太空时代之前，人类从未看到。

Nansen
Milankovi
Schwarzschild
Scoresl
Schjellerup
Gamow
Avogadr
Oberth
Yama
D'Alember
Slipher
Chernyshev
Ley
Langevin
Von Neumann
Champollion
Appleton
Nusl
Shay
Trum

Belkovich
Compton
Yablochkov
Volterra
Von Békésy
De Moraes
Millikan
Pawsey
Campbell
Wiener

Fabry
Harkhebi
Cantor
H. G. Wells
Bridgman
Catena Kurchatov
Kurchatov

Vestine
Szilard
Kidinnu
Van Maanen
Belyaev

Maxwell
Richardson
Harriot
MARE MOSCOVIENSE
Komarov
Buys-Ballot

Joliot
Lomonosov
Espin
Seyfert
Gavrilov
Siedentopf
Konstantinov
Anderson

Edison
Artamonov
Florensky
Polzunov

Deutsch
Meggers
Olcott
Vernadskiy

Al-Biruni
Dziewulski

Popov
Fleming
Meshcherskiy
Kohlschütter
Spencer Jones

Ibn Yunus
Ginzel
Hertz
Kostinskiy
Vetchinkin
St. John
Papaleksi

Dreyer
Lobachevskiy
Guyot
Mandel'shtam
Vashier
Lunar Orbiter 1 (U.S.) Crashed Oct. 29, 1966

Moiseev
Ostwald
Mendeleev
Schuster

Erro
Al-Khwarizmi
Ibn Firnas
Green

Firsov
Lunar Orbiter 2 (U.S.) Crashed Oct. 11, 1967*
King

Saenger
Babcock
Abul Wáfa
Gregory
Hartmann
Schliemann
Vening Meinesz

Wyld
Saha
Buisson
Bečvář
Pannekoek
Stratton

Einthoven
Prager
Dellinger
Chaplygin

Hirayama
Vesalius
Love
Lane
Marconi
Beijerinck

Langemak
Perepelkin
Keeler
Heaviside

Meitner
Chauvenet

Pasteur
Khvolson
Danjon
Shirakatsi
Aitk

Backlund
Kondratyuk
Tsiolkovskiy
Pirquet
Isaev
Gagarin
Cyrano
Vertregt

Hilbert
Formi
Levi-Civita
Paracelsus

Curie
Sklodowska
Waterman
Barbier
Sierpinski
Zelinskiy

Titius
Alden
Neujmin
Pavlov
O'Day
MARE Thomson

Lacus Solitudinis
Scaliger
Schaeberle
Subbotin
Lampland
Seidel
INGENII
Obruchev

Donner
Milne
Jules Verne
Lundmark

Parkhurst
Bolyai
Eötvos
Ramsay
Roche
Koch
Oresme

Rosseland
Carver
Pauli
Crocco
Garavito

Van der Waals
Jenner
Lamb
Lebedev
Tseraskiy
Hopmann
Poincaré

MARE AUSTRALE
Kozyrev
Casegrain
Planck
Lyman
Min

Anuchin
Kugler
Jeans
Priestley
Champollion
Prandtl
Sikorsky

Vallis Schrödinger
Chamberlin
Vallis Planck
Schrödinger
Halo
Gans

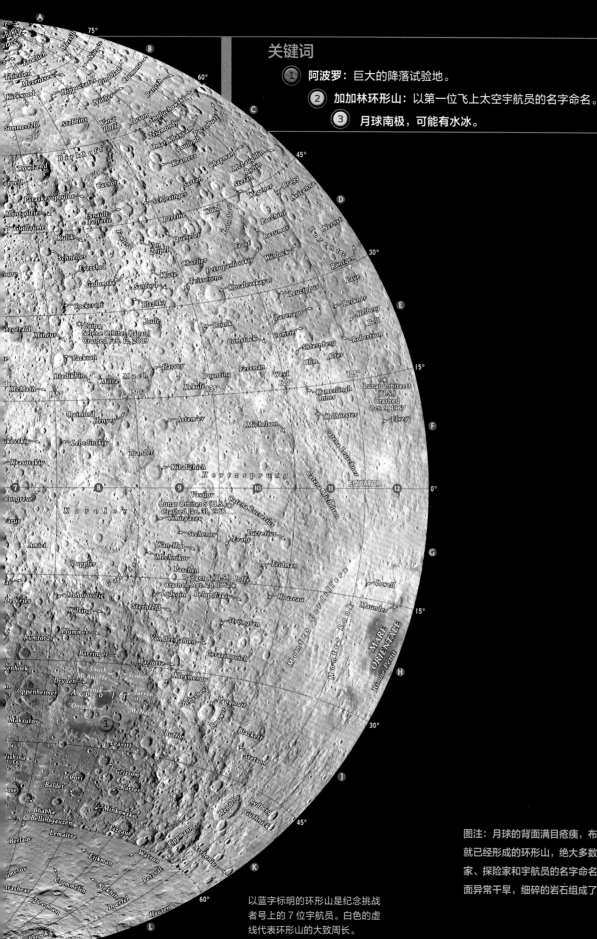

关键词

① 阿波罗：巨大的降落试验地。

② 加加林环形山：以第一位飞上太空宇航员的名字命名。

③ 月球南极，可能有水冰。

图注：月球的背面满目疮痍，布满了亿万年前就已经形成的环形山，绝大多数环形山以科学家、探险家和宇航员的名字命名。月球整个表面异常干旱，细碎的岩石组成了风化层。

以蓝字标明的环形山是纪念挑战者号上的 7 位宇航员。白色的虚线代表环形山的大致周长。

人们对月球的科学研究有很长的历史。古希腊、中国和古印度的天文学家都认识到月光是月亮反射太阳光而来的，而亚里士多德认为月球位于地球和天球之间。公元 2 世纪天文学家克罗狄斯·托勒密延伸了古希腊天文学家的工作，估算了地月距离和月球的体积，与现代测量结果只有百分之几的差距。

1609 年，伽利略用他新制的望远镜获得的信息制作了一张月表地图，显示了山脉、平原和环形山。月球和地球有相似的地形地貌，这件事情使人们开始质疑旧的日心说理论，因为旧的理论认为月球是一个平坦光滑的球面。而在地球上从未看到的月球背面是苏联的月球 3 号首次绘制出来的，美国和苏联的无人探测器都是在这一年登陆月球表面。

一小步

"冷战"激起的太空竞赛导致了 1969 年人类第一次踏上月球，当尼尔·阿姆斯特朗从阿波罗 11 号的梯子上走下去的时候，说出了他那句著名的话："这是一个人的一小步，人类一大步。"从科学的角度看，在 6 次登月的过程中，最重要的是宇航员们带回了 380 千克用于科研的月球土壤，其中一些可以追溯到太阳系最初诞生的时候。在前言中，曾经造访月球的 12 位宇航员之一的巴兹·奥尔德林给出了阿波罗计划的详细历史。

在 1972 年阿波罗计划结束之后，只有无人探测器抵达月球。除了美国之外，欧洲航天局、印度、日本和中国在过去几十年间都曾经对月球进行过探索。

月球的结构

我们现在知道月球和地球一样，都诞生于 45 亿年前。科学家们曾经对形成过程争论许久。一个基本的问题就是月球的密度明显比地球密度小，是因为月球的铁核非常小。是什么原因使得同样形成于行星云的地球和月亮最终差异如此之大？

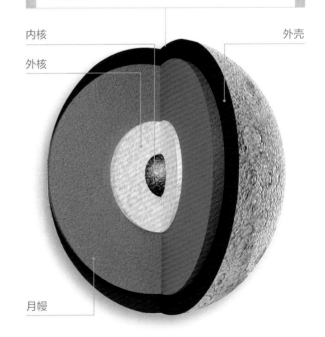

月球的剖面图。月球有一个被厚厚的幔包裹的铁质的体积较小的内核，外面是布满岩石的死气沉沉的世界。因为月球没有大气，所以环形山一旦形成，永不消失。

内核　　　　　　　　　　　　　　　　外壳

外核

月幔

阿波罗 17 号宇航员将美国国旗插到月球上。月球车被开往着陆点附近以收集地质样品。我们了解到大多数关于月球形成的信息都是通过对这些地质样品的研究得到的。大家看到的脚印至今仍在。

目前公认的理论是在地球形成的初期（分化之后），地球和一个火星大小的天体（分化过程同样已经完成）发生碰撞。这次碰撞剥离了地球一大块低密度的地幔和一些喷射出来的物质，和一些其他天体一起绕着地球旋转。这时，类似于构造岩质行星的吸积过程开始起作用，月球就是这些环绕的天体形成的。虽然月球只是太阳系内第五大卫星，但月球是与它的行星关系最密切的。它的半径是地球的 1/4，而质量是地球的 1/81。

地球密度最大的部分（铁质地核）并没有对月球的组成做出贡献，这就能够解释为什么地球和月球密度差距如此之大。年轻的月球和地球一样经历了分化的过程（见第 88 页），所以内部同样有一个铁质内核，但由于上述原因导致内核比地球的小得多。月球的正面（地球上能够看到的一面）的主要地貌是占据 1/3 的广阔黑暗的平原（背面没有多种多样的地貌）。这些平原被称为月海，因为早期的天文学家认为它们是海洋。月球上有大量的岩浆流出，规模最大的一次要追溯到 30-35 亿年前。月球表面较亮的部分通常被认为是高原，它们较为古老，大致形成于 44 亿年前，代表着月球冷却时第一批结晶的岩石。月海和高原一起组成了我们熟悉的、在晴朗的夜晚看得到的"玉兔"。

月面

环形山是千百万年来板块运动撞击的结果，点缀着月球的表面。月球没有大气，凝固的世界中没有地质活动，环形山一旦形成便永远存在。于是今天，在月球上便有了成百上千座环形山。

时间与潮汐

每个人都知道潮汐形成的原因是月球的引力在拉海水。但是关于潮汐，有两件稍微复杂一些的事情。一件事情就是一天有两次潮汐而不是一次，另一件事就是潮涨发生于月球位于地平线上而非恰好位于头顶，所以潮汐并不是月球吸引朝向月球那一面的海水那样简单。因为在这种情况下，潮汐每天只会发生一次而且潮涨应该发生在月球恰好位于头顶的时候。

我们知道月球围绕着地球旋转，但实际上，月球和地球共同围绕着地月之间的一个点，我们称之为质量中心。当地球围绕着质量中心旋转的时候，转动引发的离心力引起了第二次潮涨，这与第一次由于月球重力引起的潮涨正好相反。这就是为什么每天会有两次潮汐。

潮涨发生在月球在地平线附近而非恰好位于头顶，是因为地球上的海洋相对较浅——平均深度只有 5 千米。这就意味着地球转动的过程中，潮涨不可能一直保持在月球下面，而是会落后。如果海洋有 97 千米深，潮涨会延后 12 个小时，在月球位于头顶之时发生。

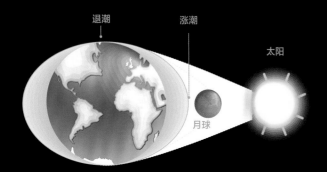

退潮　　　涨潮

太阳

月球

事实上，能够引起月球表面变化的唯一原因是新的陨石撞击。小的撞击破坏了表面的岩石，产生了小的玻璃状的碎片，并接合在一起（你可以想象一下潮湿的糯米）。这种叫作月壤的物质，除了陡峭的表面，在月球上随处可见。它在古老的高原上约10-20米厚，而在月海中约3-5米厚。

因为人们经常设想在月球建立临时基地甚至殖民月球，曾有一段时间，月球上有没有水的问题催生了很多科幻小说。在月球上寻找水最好的地点是月球极地的陨石坑，因为这些地方从来没有暴露在太阳下。2009年，印度第一次月球探索，月球一号探测器找到了月球表面水反射的太阳光。几周之后，美国月球陨坑观测和遥感卫星（LCROSS）投射了一个皮卡车大小的撞击器，从撞击碎片可以看出上面有足够的水来填充一个小型蓄水池。

在离开月球之前，我们不得不澄清几个关于月球的误解：

● 没有显著的证据表明，满月之夜进入精神病房的人比其他时候更多。

● 没有证据表明月球的背面有外星人的UFO。

● 地平线附近的月亮更大是一种视觉错觉。读者可以自己核实一下，当月亮出现在地平线附近的时候记录月亮大小，几个小时之后月亮升高后再对比一下。你会发现两种情况下月亮大小相差无几。

退潮，芬迪湾

火星——距离太阳第四远的行星，是除了地球之外被探索得最多的行星。在科幻小说中，有关火星的描述比其他任何星球都要多。在英文中，火星（Mars）一词代表战神。火星的表面总是呈现红色，因为表面布满了氧化铁（铁锈的主要成分）。火星比地球小，其半径是地球的一半，质量是地球的11%。因为质量较小，火星在很久以前就失去了大气层，现在只有一层主要成分为二氧化碳的稀薄大气。火星表面的大气压大致相当于地球海拔35千米处的大气压力。

MARS

火星

【 红色荒漠 】

发现者：未知
发现日期：史前
命名：Mars，古罗马战神

质量：地球质量的 11%
体积：地球体积的 15%
平均半径：3,390 千米
最低温度 / 最高温度：−87℃ /−5℃
一天长度：1.03 个地球日
一年长度：1.88 个地球年
卫星数目：2
光环系统：无

（底图）好奇号探测器拍摄的火星景观照片合成图
（插图）冰云在火星上空飘荡。

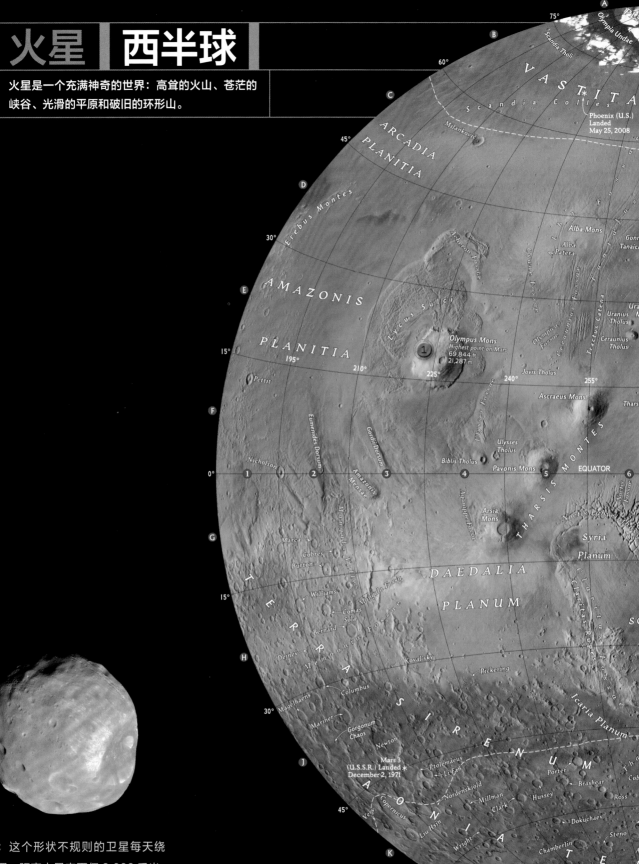

火星 | 西半球

火星是一个充满神奇的世界：高耸的火山、苍茫的峡谷、光滑的平原和破旧的环形山。

火卫一：这个形状不规则的卫星每天绕火星三周，距离火星表面仅 6,000 千米。这个卫星的最长轴只有 28.6 千米。

兰伯特等积方位投影
比例尺：1:36,718,000
1cm=367km

千米
0   250   500   750   1000

* 宇宙飞船降落或撞击点

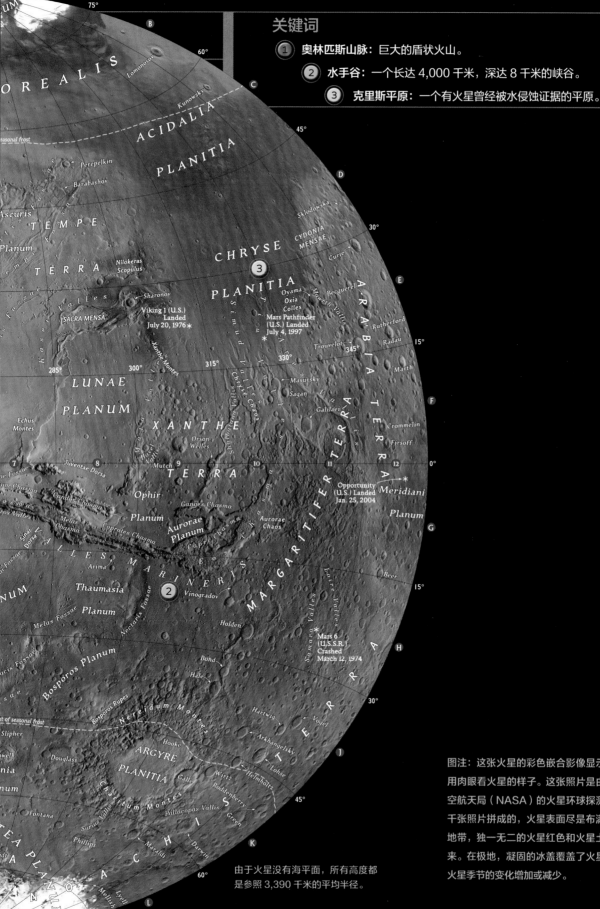

关键词

① **奥林匹斯山脉：** 巨大的盾状火山。

② **水手谷：** 一个长达 4,000 千米，深达 8 千米的峡谷。

③ **克里斯平原：** 一个有火星曾经被水侵蚀证据的平原。

由于火星没有海平面，所有高度都是参照 3,390 千米的平均半径。

图注： 这张火星的彩色嵌合影像显示了从轨道上用肉眼看火星的样子。这张照片是由美国国家航空航天局（NASA）的火星环球探测器传回的数千张照片拼成的，火星表面尽是布满岩石的荒凉地带，独一无二的火星红色和火星土壤被标记出来。在极地，凝固的冰盖覆盖了火星的表面，随火星季节的变化增加或减少。

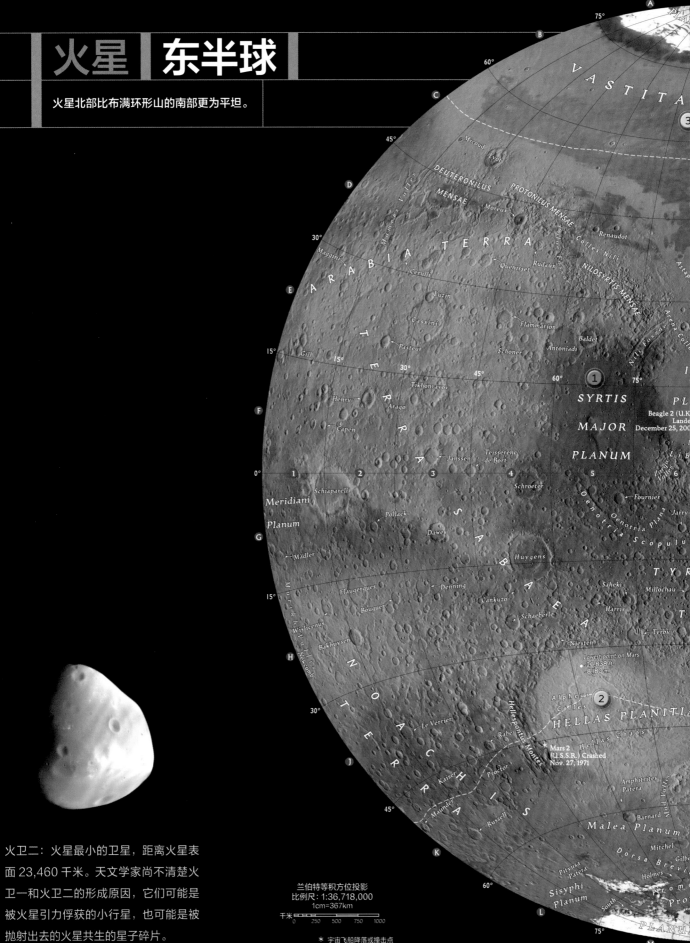

火星 | 东半球

火星北部比布满环形山的南部更为平坦。

火卫二：火星最小的卫星，距离火星表面 23,460 千米。天文学家尚不清楚火卫一和火卫二的形成原因，它们可能是被火星引力俘获的小行星，也可能是被抛射出去的火星共生的星子碎片。

兰伯特等积方位投影
比例尺：1:36,718,000
1cm=367km

千米
0 250 500 750 1000

＊ 宇宙飞船降落或撞击点

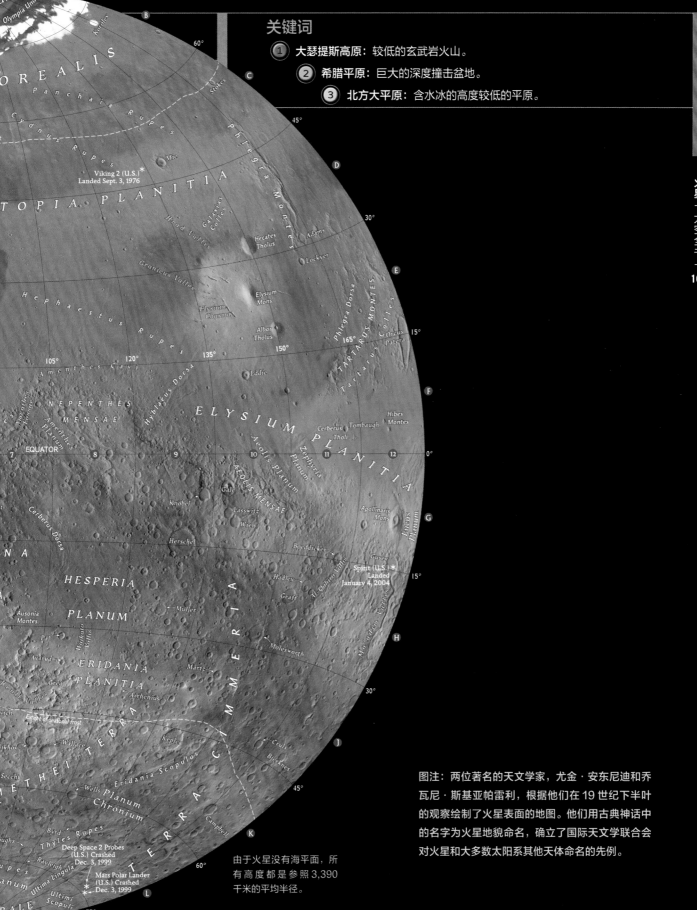

关键词

① 大瑟提斯高原：较低的玄武岩火山。

② 希腊平原：巨大的深度撞击盆地。

③ 北方大平原：含水冰的高度较低的平原。

图注：两位著名的天文学家，尤金·安东尼迪和乔瓦尼·斯基亚帕雷利，根据他们在 19 世纪下半叶的观察绘制了火星表面的地图。他们用古典神话中的名字为火星地貌命名，确立了国际天文学联合会对火星和大多数太阳系其他天体命名的先例。

由于火星没有海平面，所有高度都是参照 3,390 千米的平均半径。

火星的自转轴倾角与地球几乎相同，所以这颗红色的行星和地球一样都有四季变化。然而火星上的一年大致相当于地球上的两年，所以每个季节长度也是地球上季节长度的 2 倍。和地球一样，火星的半球进入冬季之后，其极地是没有阳光的，但在火星的极地，空气中大量的二氧化碳凝固成固态二氧化碳厚壁，即地球上的干冰。当太阳照射极地干冰层的时候，干冰立即消失。干冰下面是水冰组成的极冠。火星北半球极冠的水冰比地球上格陵兰岛上的一半略少。

火星的北半球由岩浆流构成，相对平坦，而南半球有古老的陨石撞击坑。现有的理论认为，火星曾经有遍布南北半球的海洋——可能是海水蒸发后，由于火星质量过小，已经逸散到宇宙空间。科学家们认为，火星最新形成的海洋在北半球。如果我们移步南半球，在我们进入布满环形山的南半球之前，先要经过一个过渡地带（一位科学家认为这是海滩地带）。

山峰和山谷

火星表面很多显著的地貌只有在宇宙飞船传回的数据中可以看到，与地球上的某些地貌有些相似。有两件事情特别值得关注：火星上的死火山奥林匹斯山脉是太阳系内已发现的最大火山，奥林匹斯山脉高达 27 千米，大致是珠穆朗玛峰的 3 倍高；水手峡谷是一个大约 4,000 千米长、7 千米深的峡谷（美国的大峡谷大约为 450 千米长，2 千米深）。

火星上的水

1877 年，意大利天文学家乔范尼·夏帕雷利制作了第一张火星细节地图。他用望远镜看到了火星表面的条纹，将其称为"通道"，但在翻译成

英文的时候译成了"运河"，使得人们认为火星上有生命存在。美国天文学家帕西瓦尔·洛厄尔继承了夏帕雷利的工作，他的《火星——生命的栖息地》(*Mars as the Abode of Life*) 将火星宜居的观念带入公众视野。洛厄尔不但声称看到了运河而且报道了他们如何根据季节填水或排水。

这种看似美丽实际上并不正确的理论在当时传播开来并流行了一段时间。火星是已经灭亡的文化栖息地，地球是繁荣文化的栖息地，而炎热潮湿的金星则代表着未来。我们现在知道洛厄尔的"运河"实际上是一种错觉，而他的结论是基于人们看到随机组合图片时产生的错觉（可以想象一下罗尔沙赫氏测验）。

火星剖面图。和月球一样，火星也没有地质活动。火星有一个主要由铁构成的固态内核和一个幔层。火星的外壳平均厚 50 千米，比地球的地壳更厚。

内核 外壳

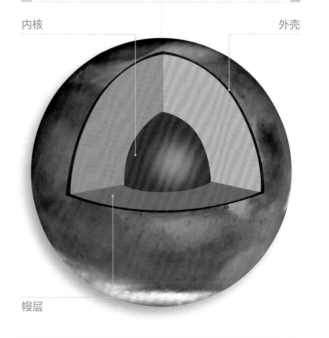

幔层

人们第一次发现火星表面曾经有水流动的证据是人们发现火星南部高地上有沟壑，就像地球上的运河一样。

现代火星探索始于 1964 年水手 4 号飞掠火星和 1971 年水手 9 号获得详细数据。令科学家们最感到惊奇的是宇宙飞船传回了火星的峡谷照片。火星的峡谷就像地球上普通的河流一样。这是我们认为火星表面曾经存在液态水的第一个确凿证据，现在这一观点已经被科学界普遍承认。

公众眼中关于火星探索最大的事件是 1976 年的海盗 1 号和海盗 2 号。火星表面的图片一度成了初期互联网上的大事件，在世界的各大报纸杂志上也可以看到。

1996 年发射的火星全球探勘者号是火星探索史上的一次重要事件。在十年环绕火星飞行的过程中，宇宙飞船描绘了一张火星表面的细节图。1997 年，第一个机器人索杰纳登陆火星。这是它第一次在其他行星表面漫游，工程师还为它开发了利用气袋缓冲降落后放气使火星车移动的技术。在一个月的探索之后，索杰纳传回了三批数据，为未来火星探测器的长期任务开了先河。

现代的探索

在 21 世纪，探索火星的探测器组成了一支舰队。除了 NASA 的计划，欧洲航天局，俄罗斯、中国和芬兰的计划也正在或即将实施。最为引人注目的是在 2004 年精神号和机遇号两辆火星车登陆火星。这两辆火星车探索了火星的岩石和矿物，确认了曾经有一段时间火星表面有液态水流过。

我们本以为两辆火星车只能工作几个月，但它们竟工作了 6 年之久——这令建造它们的工程师们也感到十分惊异。科学家们将火星车能够工作如此长的时间与火星表面的沙尘和风暴使得太阳能板表面能够没有沙粒，可以容许火星车全功率工作联系在了一起。2010 年，精神号陷入深沙，在耗费了很长一段时间将它从深沙中解放出来后，精神号成了一个静止的观测站。与此同时，机遇号已经在火星表面行走了至少 20 千米。

再一次的火星探索是在 2011 年，火星科学实验室发射。一个名为好奇号的甲虫车大小的火星车，携带了 6 个国家的科学仪器。好奇号于 2012 年登陆火星，登陆地点被称为布莱伯利登陆点，以纪念科幻作家雷·布莱伯利。该遗址位于一个大型火山口的中间，预计该火山口的地质情况将提供有关地球历史的重要信息。2013 年，月球车开始了长达一年的跋涉，到达了一个被称为夏普山的地质构造，路程约 8 千米。好奇号沿着它的路径和山上的岩石取样，发现了火星表面曾经存在过水的更有利的证据。

与此同时，火星侦察轨道飞行器作为这颗红色行星周围轨道上许多空间飞行器中的一个，也报告了液态水可能依然会周期性到达表面的证据。

火星上的脸

1976

我们或许也需要着手处理一下超市收银员们从小道消息了解到的火星计划的唯一结果——火星上的脸。1976 年 7 月 25 日，海盗 1 号宇宙飞船围绕火星公转，拍摄它的姐妹飞船海盗 2 号的可能着陆点。在这颗行星北半球的"海岸带"，即北部平原与南部环形山的某地，一张低分辨率的照片显示了一张脸正凝视着飞船，四面环绕着埃及式的金字塔。控制中心的科学家笑了——澄清了这是一个错觉——但是 NASA 一些好事的公务员认为将这张照片传播出去是一个吸引公众对火星探测注意力的一个绝好方案。

于是，笔者猜测，过了几年之后，火星上的脸成了边缘科学的典型代表。比如，我可以想到小报消息头条公开宣布那张脸是摇滚巨星埃维斯·普里斯利。

不过到了 1998 年火星环球探测器再次造访火星并传回了清晰度更高的照片（光线也不同）。就像预期的那样，这张脸消失了，随后几个任务也得出了相同的结论。尽管这近乎一场闹剧，但火星上的脸已经成为"洛厄尔运河"一类的。那些一厢情愿关于这颗红色星球的幻想

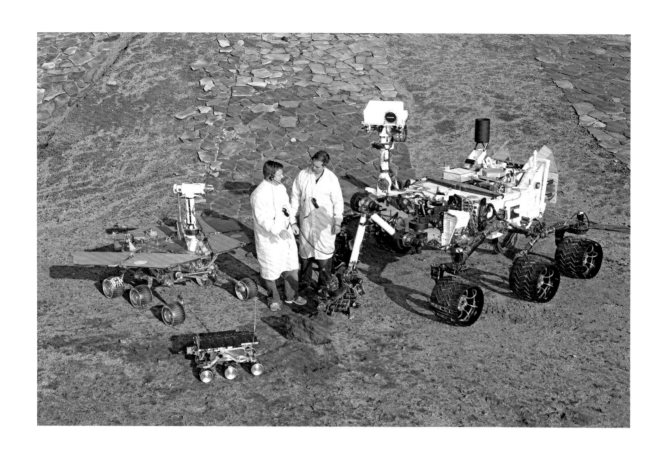

好奇号在火星表面巡弋的艺术想象图。好奇号发射于
2011 年，是 NASA 迄今为止最先进的火星车，其主要任
务是确定火星现在及过去是否曾经有过适宜生命存在的条
件。好奇号并不直接搜寻生命的痕迹，而是搜寻火星表面
与生命相关的化学和矿物学线索。

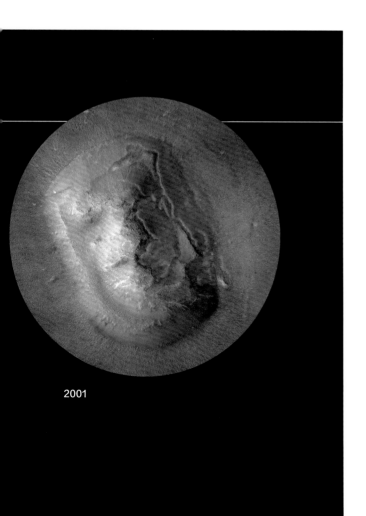

2001

探测器在行驶轨迹上看到的线条随着季节的变化
而变暗或变亮。一种能够解释这种现象的理论是，
这些线条代表着水进入表面——盐溶于水会降低
水分的凝固点，就像撒在结冰人行道上的盐让冰
融化一样。如果是这样的话，那么它表明火星表
面下可能存在液态水。最近的研究表明，这些线
条可能是由流动的沙子和泥土而不是水造成的。

NASA 的下一个火星探测器将于 2020 年发射，届时将推出一个改进版的好奇号，以寻找火星上现存生命的证据。

殖民与改造

虽然火星是太阳系中最接近地球的行星，然而火星的表面仍然不适合人类居住。首先，火星上的大气非常稀薄，几乎不含氧气。此外，火星上的大气压非常低，暴露在外的液体（如肺部的液体）在体温下即会沸腾。因此，任何冒险登陆火星的人都需要穿上压力服并提供氧气，就像高空飞行员所穿的那样。

此外，火星没有磁场，故与地球不同，火星对宇宙射线没有防护。这意味着人类想要长时间呆在火星上，必须有防护罩才能降低辐射暴露。

在这本书的前言中，阿波罗宇航员巴兹·奥尔德林为如何殖民火星制定了一个详细的计划。这显然是我们探索太阳系的下一步。

那些考虑到火星上长期生存的人设想在火星表面（或者是地下）建造由屏蔽的圆顶组成的殖民地。事实上，20 世纪 90 年代在亚利桑那州进行了一项建造这样一个建筑的实验。一个巨大的叫做生物圈 2 号的温室式建筑，目的是为了探索维持一个完全封闭的生态系统的可能性，这种结构是殖民火星所需要的。1994 年，8 名勇敢的"生

位于亚利桑那州图森市北部的生物圈 2 号是作为火星殖民地的原型建造的。1994 年，8 名"生物宇航员"在里面呆了一年，探索人类在这样一个结构中生存的可能性。

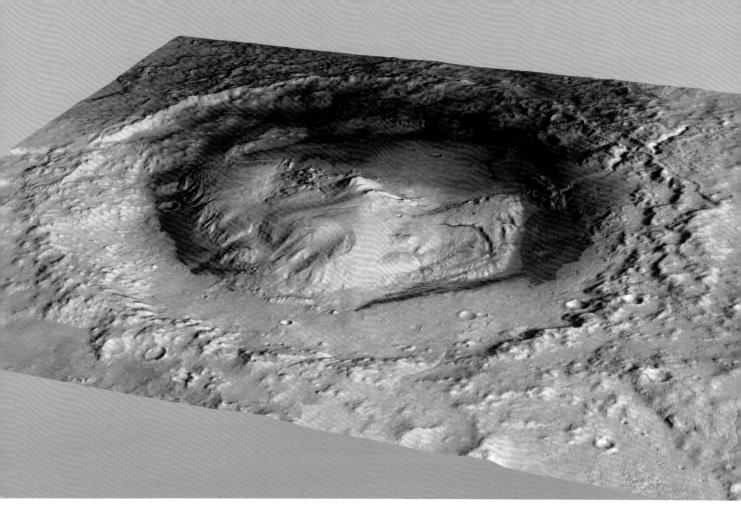

物宇航员"在生物圈 2 号内呆了一整年，作为一种"概念验证"的行动。

好奇号正在探索的盖尔环形山的合成照片。中心的山峰被称为夏普山，它包含了 30 多亿年前撞击形成火山口后沉积的地质记录。

　　顺便说一句，这个结构之所以被命名为"生物圈 2 号"，是因为在设计者的心目中，地球是"生物圈 1 号"。

　　人类在火星上殖民的另一个更大范围的策略是改变火星以使它更适合人类的存在，这一过程被称为外星环境地球化。一些计划包括将氨或甲烷等气体引入火星大气，以触发温室效应并提高表面温度。一旦开始，这样的过程会蒸发火星两极大量的冷冻二氧化碳（干冰），加剧温室效应。其他计划还包括大规模的工程项目，比如拆除火

星的卫星，将产生的暗物质散布在表面以增加太阳光的吸收，或者在太空中建造大型反射镜，将太阳光直接照射到火星上。目前，外星环境地球化在很大程度上仍然是理论上的设想而非认真的工程设计。

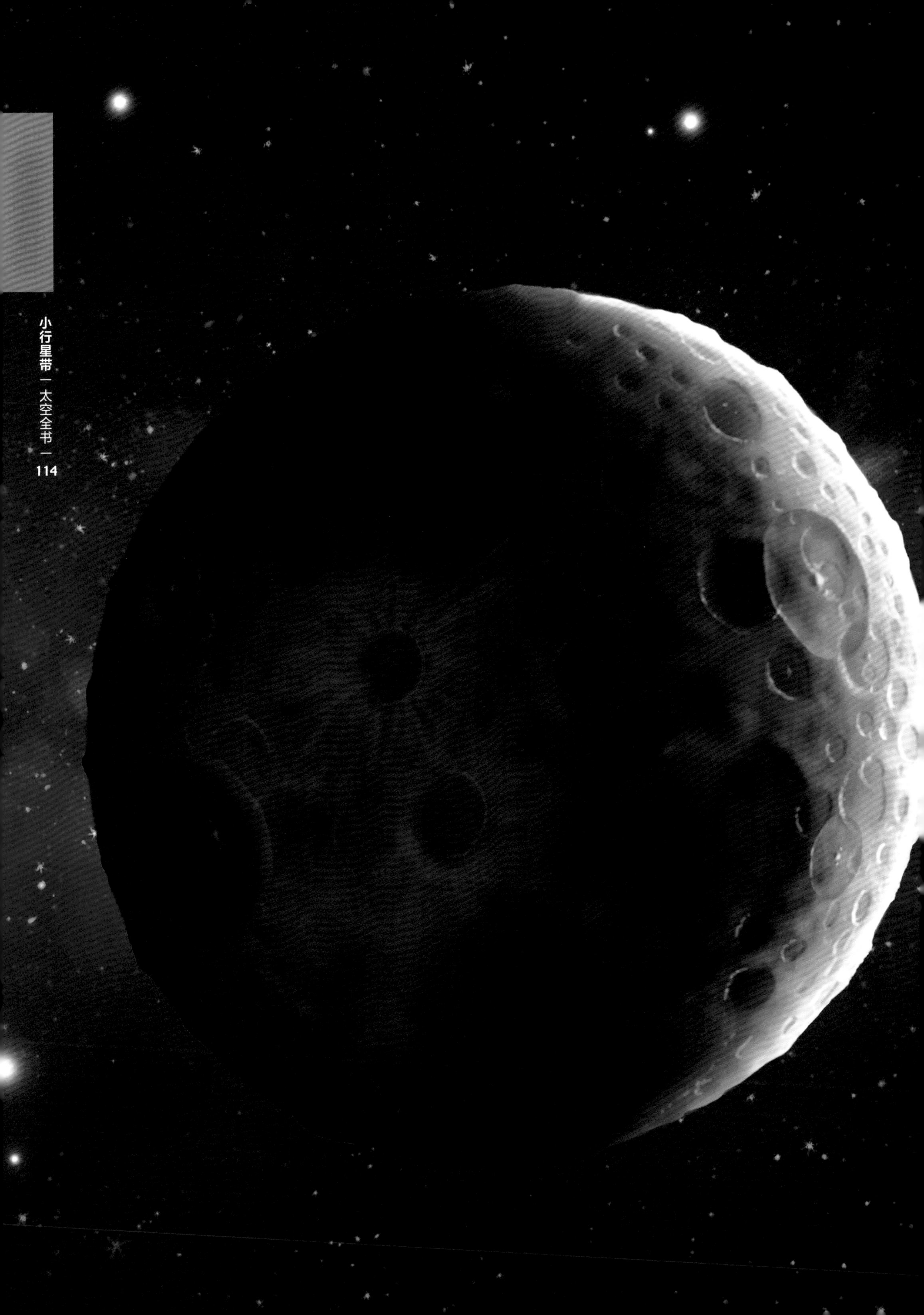

将太阳系内类地行星和类木行星分成两个区域的是一条环带，即小行星带。在我们开始介绍小行星带之前，必须澄清两个误解：首先，小行星带几乎是完全空旷的，而不是大家在电影中看到的那样是一个拥挤的、布满石块的地方。宇宙飞船可以不用考虑小行星的影响飞越小行星带。事实上，太空旅行中遇到小行星的概率已经被证实大约是十亿分之一。其次，小行星带并不是一颗行星发生爆炸的结果——它只有一颗行星碎片的很小一部分质量。行星爆炸的理论在19世纪风行一时，灵感可能来自于氪星——想象中超人的故乡。

ASTEROID BELT
小行星带

【 太阳系初期的剩余物质 】

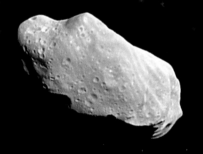

发现者：朱塞普·皮亚齐
发现日期：1801年1月1日
命名：希腊文"STARLIKE"，意为"星形"

主要位置：距离太阳2.1-3.3 AU
数量：570,000以上
最大小行星直径：
谷神星：950千米
灶神星：580千米
智神星：540千米
健神星：430千米
目前发现的近地小行星数目：8,484

（底图）艺术家笔下最大小行星谷神星。
（插图）小行星艾达和它的卫星艾克太。

第一颗小行星谷神星被发现于1801年。由于当时的望远镜拍到了一张点状的小行星照片，这个模糊的类似于恒星的光点就有了它们的名字（小行星英文"asteroid"由希腊文"starlike"而来）。第一颗小行星谷神星就这样毫无意外地被发现了，它是小行星带中最大的，直径大约950千米。谷神星是小行星带中唯一一颗可以通过重力使自身成为球形的天体——它各个部分的引力将其塑造成这个形状——它集中了小行星带大约1/3的质量。准确地说，它是一颗矮行星（见第202-203页）。其余小行星带上所有天体都是不规则形状的。现已证实有超过100万颗小行星直径超过1千米。

不是所有小行星都在小行星带中。一些小行星的轨道使得它们进入到火星和地球轨道的内侧——这提高了它们与其他行星发生碰撞的可能性。

小行星带的形成

在太阳系形成的时候，星子聚集过程（见第56-57页）同样在小行星带发生，与内太阳系类似。如果没有木星，现在小行星带的位置应该形成一颗行星。一种理论认为由于大行星引力的作用使得距离较近的星子加速，所以它们要么被木星的引力影响而脱离小行星带，要么互相碰撞而碎裂。无论如何，在木星的影响下，行星无法在这里形成。

事实上，计算模型显示，原初小行星带中的大部分物质在太阳系形成初期的500万年即被抛射出去，其余部分在晚期重轰击期被驱逐出太阳系。在早期，星子中的矿物受到撞击所带来的热量、放射性核素的衰变和与地球结构形成时相同的分化作用的影响（见第88页）。研究这些古老的天体能够为太阳系的形成提供一丝线索。

目标：地球

6,500万年前平静的一天，恐龙正在进行它们的日常生活时，一块直径约12千米大的岩石从天空疾驰而过。这颗携带着成千上万倍核武器能量的小行星撞向墨西哥尤卡坦半岛，撞击出了一个直径长达180千米、深达数千米的撞击坑。这次撞击和撞击抛射出来的陨石碎片导致了一系列事件的发生并消灭了地球上2/3的动植物，包括恐龙在内。这是一次大规模的灭绝事件。这次恐龙和其他物种的灭绝只是我们星球历史上发生过的很多事件之一。

更近一些的事情是在1908年，一块直径数十米的岩石从天而降，在西伯利亚的通古斯河上空发生爆炸。这场冲击估计有千倍于"二战"时期原子弹的能量，将附近距爆炸中心长达70千米的树林夷为平地。

这两件事情凸显了一个重要的事实：地球是太阳系的一部分，偶尔出现的小行星撞击事件提醒了我们这件事情。当你看流星的时候可以验证这一点——那是鹅卵石大小的陨石正在空气中燃烧。

事实上，类似于导致恐龙灭绝的小行星撞击事件预计大约1亿年发生一次，而小规模撞击发生频率更高——直径1千米的小行星每7万年撞击一次，而直径140米的小行星每3万年撞击一次。"通古斯大爆炸"级别的事件大约几个世纪发生一次。直径5-10米的陨石大约一年能够进入地球大气层一次，但通常在高空即会爆炸，危害很小（如果有的话）。

2005年，人们开始认识到这些撞击所带来的危险，美国国会指示NASA在2020年前将地球附近90%的可探测小行星、彗星和其他潜在危险物体编目造册（不过由于资金短缺这一计划可能不会如期完成）。搜寻危险小行星的一个重要部分是NASA的小行星大挑战计划，其目标是找到所有对人类构成威胁的小行星。这是我们的一项重大任务，例如，我们只登记了10%的直径小于300米的小行星和1%的直径小于100米的小行星。

小行星的探索

从1972年开始，很多探测器——如先驱者号、旅行者号和尤利西斯号探测器——已经成功飞越小行星带，但无一试图拍摄沿途遇到的小行星。从那时开始，我们从飞往其他目标的宇宙飞船上获得了大量图片——如去往木星途中的伽利略号，去往土星途中的卡西尼号。近地小行星会合点（Near Earth Asteroid Rendezvous，缩写为NEAR）在2000年进入了近地小行星爱神星的轨道。2010年，日本隼鸟号探测器经过了为期7年、长达50亿千米的飞行，登陆丝川小行星后返回。尽管飞船进入地球大气层时被烧毁，带回小行星样品的样品返回包却在澳大利亚安全着陆。分析结果表明，该小行星确实可以追溯到太阳系形成早期。

2007年，NASA发射黎明号并于2011年进入灶神星轨道，在2015年继续造访谷神星。还有一些其他的任务计划。2016年，NASA发射了欧西里斯号探测器。ARM号则计划于2020年左右发射（编注：ARM项目全称为Asteroid Redirect Mission，又叫小行星重定向任务。美国政府已于2017年初宣布计划取消"小行星重定向任务"，目前进入"有序收尾"阶段，项目研发的一些关键技术将为其他应用保留）。

译注：本书统一按照标准译名规范将crater译为"环形山"，但由于环形山有多种成因，不仅包括流星撞击形成的撞击坑（impact crater），也可能是其他地质活动形成的圆形塌陷地貌，如火山口（volcanic crater），故正文部分只在强调撞击成因时译为撞击坑，其他情况依然按照标准译名规范译为环形山。

撞击地球

谷神星

小行星带 — 太空全书 —

118

在 1801 年被意大利牧师、天文学家朱塞佩·皮亚兹发现。谷神星是火星和木星之间小行星带中最大的天体。2006 年，它被重新分类为矮行星。

西半球

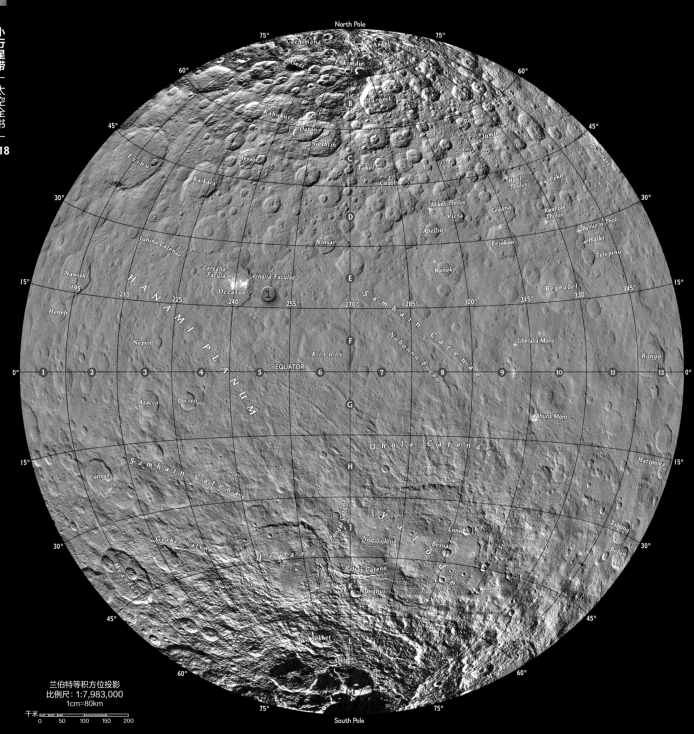

North Pole

75° 60° 45° 30° 15° 75° 60° 45° 30° 15°

Cachimana
Mlezi
Enkimdu
Jarovit
Datan
Kahukura
Geshtin
Messor
Takel
Kaikara
Cozobi
Ezinu
Mikeli Tholus
Hosil Tholus
Peko
Victa
Abellio
Sedana
Kwanzaa Tholus
Ninsar
Fejokoo
Aymuray Tholi
Halki
Telepinu
Nawish
Cerealia Facula
Vinalia Faculae
Kaneki
Begbalel
195°
Occator
Samhain Catenae
Heneb
210° 225° 240° 255° 270° 285° 300° 315° 330° 345°
Junina Catenae
HANAMI PLANUM
Nabanna Fossa
Liberalia Mons
Rongo
Nepen
Kirnis
EQUATOR
1 2 3 4 5 6 7 8 9 10 11 12
Azacca
Lociyo
Ahuna Mons
Uhola Catenae
Hatipowa
Consus
Samhain Catenae
Y a l o d e
Gerber Catena
Pongal Catena
Lonopua
Tibong
Mondamin
Nar Sulcus
Besua
Belun
Urvara
Baltay Catena
Nunghui
Sekhet
Atis
South Pole

45° 30° 15° 45° 30° 15°
60° 60°
75° 75°

兰伯特等积方位投影
比例尺：1:7,983,000
1cm=80km

千米
0 50 100 150 200

① 欧卡托环形山：含有浅色沉积物质，宽达 92 km 的环形山。

② 水手谷：文迪米亚平原，一个布满撞击坑的崎岖平原。

③ 克万环形山：以霍皮玉米萌芽命名的大环形山。

东半球

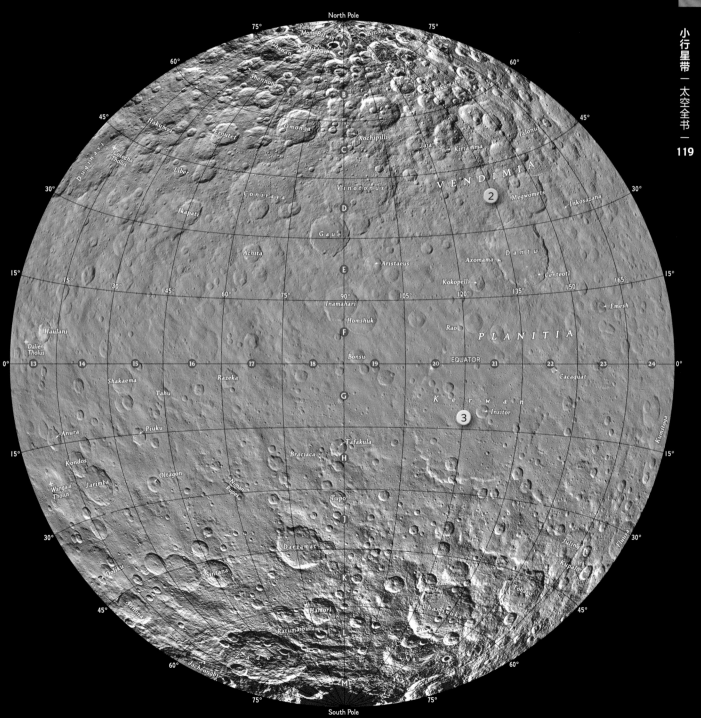

图注：NASA的黎明号为绘制谷神星地图提供了数据。在进入谷神星轨道之前，它用了10年多的时间探测了灶神星。谷神星显示出了近期地质活动的迹象。

带外行星

海王星

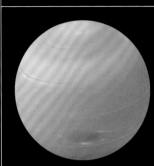

至太阳的平均距离：4,495,100,000 千米
近日距离：4,444,450,000 千米
远日距离：4,545,670,000 千米
公转周期：163.84 年
平均公转速度：5.4 千米 / 秒
平均温度：-200℃
自转周期：16.1 小时
赤道直径：49,528 千米
质量（地球质量为 1）：17.1
密度：1.64 克 / 立方厘米
表面重力（地球表面重力为 1）：1.12
已知卫星：14 颗
最大的卫星：海卫一

天王星

至太阳的平均距离：2,872,500,000 千米
近日距离：2,741,300,000 千米
远日距离：3,003,620,000 千米
公转周期：83.81 年
平均公转速度：6.8 千米 / 秒
平均温度：-195℃
自转周期：17.2 小时
赤道直径：51,118 千米
质量（地球质量为 1）：14.5
密度：1.27 克 / 立方厘米
表面重力（地球表面重力为 1）：0.89
已知卫星：27 颗
最大的卫星：天卫三，天卫四，天卫二，天卫一

280°
290°
300°
310°
320°
330°
340°
350°
360°
0°
10°
20°
30°

降交点 Descending Node

冥王星（矮行星）
Pluto (dwarf planet)
January 2019 2019年1月

土星
SATURN
2019年1月 January 2019

远日点 Aphelion
2.99个天文单位 2.99 AU

近日点 Perihelion
4.95个天文单位 4.95 AU

ASTEROID
小行星带 BELT

近日点
9.04个天文单位

海王星
NEPTUNE
January 2019
2019年1月

远日点
Aphelion
20.08 AU
20.08个天文单位

天王星
URANUS
January 2019
2019年1月

春分点
Vernal Equinox

IO AU (1,496,000,000
10个天文单位

20 AU (2,992,000,000
20个天文单位

0.8°

近日点
Perihelion
29.71 AU
29.71个天文单位

30 AU (4,488,000,000 km)
30个天文单位

40个天文单位

40 AU (5,984,000,000 km)

80°

90°

带外行星中的木星和土星已经被研究得十分透彻。伽利略号探测器让我们更加了解了木星的卫星，并揭示了木星这颗太阳系中最大行星的特征。于2017年结束任务的卡西尼－惠更斯号探测器回传了土星及其卫星的数据，并对土卫六格外关注。目前仅有旅行者号拜访过的其他那些带外行星，仍有许多未解之谜。

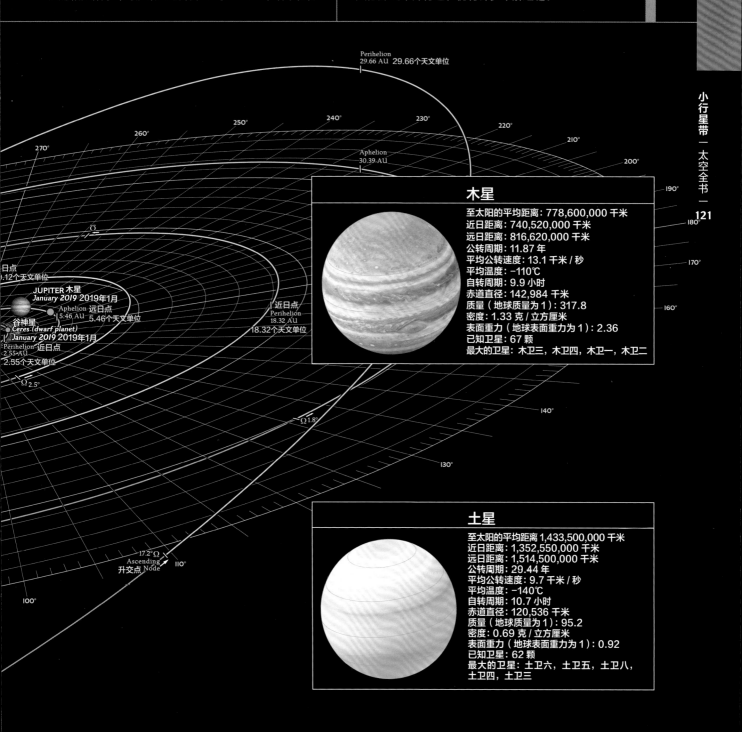

Perihelion
29.66 AU 29.66个天文单位

270°
260°
250°
240°
230°
220°
210°
200°
190°
180°
170°
160°

Aphelion
30.39 AU

日点
.12个天文单位

JUPITER 木星
January 2019 2019年1月
Aphelion 远日点
5.46 AU 5.46个天文单位

谷神星
Ceres (dwarf planet)
January 2019 2019年1月
Perihelion 近日点
2.55 AU
2.55个天文单位

Ω 2.5°

近日点
Perihelion
18.32 AU
18.32个天文单位

Ω 1.8°

140°
130°

17.2° Ω
Ascending
升交点 Node
110°
100°

木星

至太阳的平均距离：778,600,000 千米
近日距离：740,520,000 千米
远日距离：816,620,000 千米
公转周期：11.87 年
平均公转速度：13.1 千米／秒
平均温度：−110℃
自转周期：9.9 小时
赤道直径：142,984 千米
质量（地球质量为1）：317.8
密度：1.33 克／立方厘米
表面重力（地球表面重力为1）：2.36
已知卫星：67 颗
最大的卫星：木卫三，木卫四，木卫一，木卫二

土星

至太阳的平均距离 1,433,500,000 千米
近日距离：1,352,550,000 千米
远日距离：1,514,500,000 千米
公转周期：29.44 年
平均公转速度：9.7 千米／秒
平均温度：−140℃
自转周期：10.7 小时
赤道直径：120,536 千米
质量（地球质量为1）：95.2
密度：0.69 克／立方厘米
表面重力（地球表面重力为1）：0.92
已知卫星：62 颗
最大的卫星：土卫六，土卫五，土卫八，土卫四，土卫三

图注：四颗带外行星和矮行星冥王星的特征是距离远，公转周期长。庞大的木星是最大的巨行星，亦是首颗带外行星，距离太阳5个天文单位以外；冥王星轨道最遥远处距离太阳超过48个天文单位。木星以其巨大质量将小行星带维持在其轨道以内，并且会俘获一些来访的彗星。气态巨行星不像带内行星，它们拥有许多天然卫星，总共超过160颗。

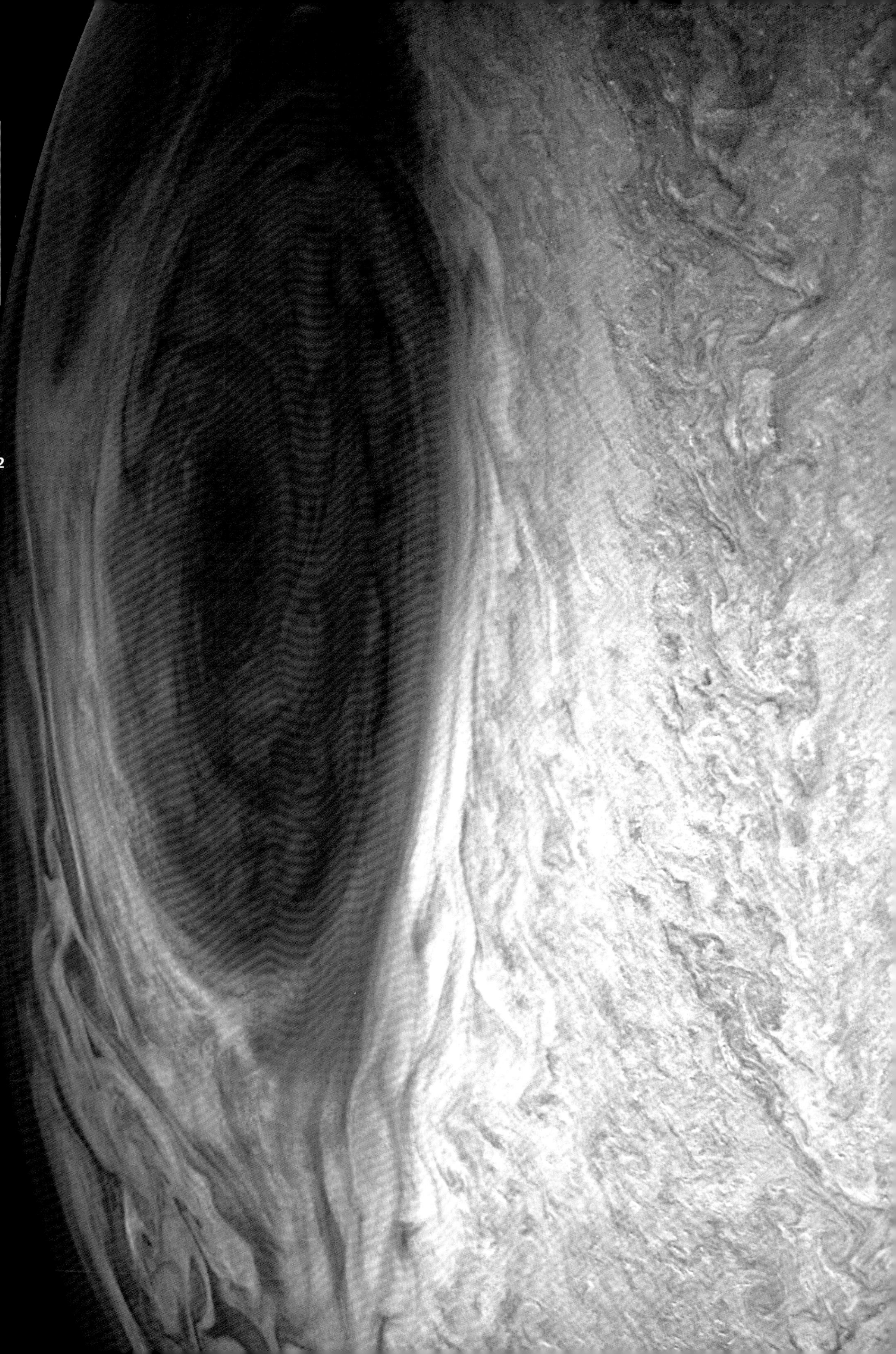

木星是太阳系第五颗行星，亦是最大的一颗行星：木星的质量是其他行星质量总和的两倍半还多。从望远镜中观察，木星非常漂亮，有着色彩斑斓的条纹，还有一群环绕其周围的小卫星。木星作为第一颗气态巨行星，展现了一些带外行星异乎寻常的特性。首先，木星没有真正的"表面"，在木星的大气中降落，就像是陷在了一杯奶昔之中，随着周围环境从气态变化为液态，再变化到泥泞的状态，密度也在逐渐增加。我们不会遇到任何我们可以称之为固体表面的事物，也许只有抵达接近木星的中心，我们才会遇到。

JUPITER
木星

【 气态巨行星之王 】

发现者：未知
发现日期：史前时期
名称含义：罗马神话中众神之神

质量：地球质量的 317.82 倍
体积：地球体积的 1,321.34 倍
平均半径：69,911 千米
有效温度：−148℃
自转周期：9.92 小时
公转周期：11.86 个地球年
卫星数目：67（52 颗已被命名）
行星环：有

（底图）大红斑的图像使用 NASA 朱诺探测器的数据。
（插图）木星和木卫二的影子。

木星

木星不像带内行星，它没有遍布环形山、山峦或者峡谷的岩质表面。木星复杂而汹涌的大气层时刻变化着。

一些赭褐色色调和温暖的暗条通常是在大气层中一些低压气体下沉的区域形成。暗条和亮带碰撞之处，形成大量湍流区域，从而产生了木星大气中高速而剧烈的风暴系统。

木星的磁层行星周围的磁场与地球的相似，但强度却是地球的两万多倍。它从太阳风中捕获带电粒子，形成辽阔而强烈的辐射带。木星磁层的影响类似于地球的范艾伦带，但要强大得多，任何无保护措施的飞船会迅速受到具有破坏性的辐射。

75°

60°

North Polar Region
北极圈

45°

North North Temperate Zone
北温带亮带北区

North North Temperate Belt
北温带暗条北区

30°

North Temperate Zone
北温带亮带

North Temperate Belt
北温带暗条

North Tropical Zone
北热带亮带

15°

North Tropical Belt
北热带暗条

0°   EQUATOR   *Equatorial Zone*
      赤道   赤道亮带

15°

South Tropical Belt
南热带暗条

South Tropical Zone
南热带亮带

South Temperate Belt
南温带暗条

South Temperate Zone
南温带亮带

30°

White Oval   *South South Temperate Belt*   *White Oval*
白斑   南温带暗条南区   白斑

45°

South South Temperate Zone
南温带亮带南区

South Polar Region
南极圈

60°

75°

正投影
比例尺：（赤道处）1:721,657,000
1cm=7216km

千米
0   5000   10000   15000   20000

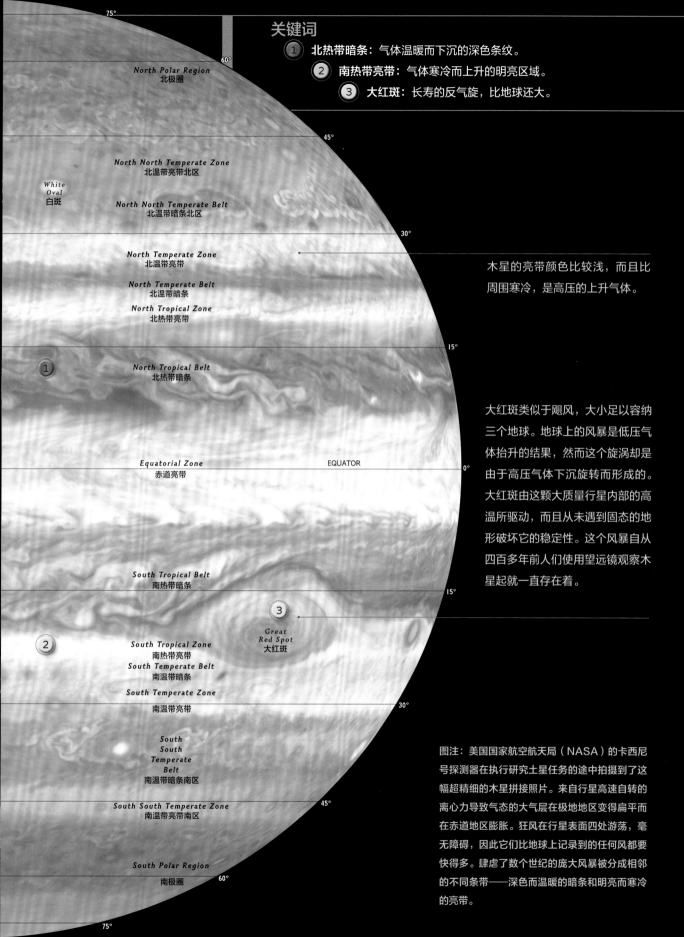

关键词

① **北热带暗条：** 气体温暖而下沉的深色条纹。

② **南热带亮带：** 气体寒冷而上升的明亮区域。

③ **大红斑：** 长寿的反气旋，比地球还大。

North Polar Region
北极圈

North North Temperate Zone
北温带亮带北区

White Oval
白斑

North North Temperate Belt
北温带暗条北区

North Temperate Zone
北温带亮带

North Temperate Belt
北温带暗条

North Tropical Zone
北热带亮带

North Tropical Belt
北热带暗条

Equatorial Zone
赤道亮带

EQUATOR

South Tropical Belt
南热带暗条

South Tropical Zone
南热带亮带

South Temperate Belt
南温带暗条

South Temperate Zone
南温带亮带

Great Red Spot
大红斑

South South Temperate Belt
南温带暗条南区

South South Temperate Zone
南温带亮带南区

South Polar Region
南极圈

木星的亮带颜色比较浅，而且比周围寒冷，是高压的上升气体。

大红斑类似于飓风，大小足以容纳三个地球。地球上的风暴是低压气体抬升的结果，然而这个旋涡却是由于高压气体下沉旋转而形成的。大红斑由这颗大质量行星内部的高温所驱动，而且从未遇到固态的地形破坏它的稳定性。这个风暴自从四百多年前人们使用望远镜观察木星起就一直存在着。

图注：美国国家航空航天局（NASA）的卡西尼号探测器在执行研究土星任务的途中拍摄到了这幅超精细的木星拼接照片。来自行星高速自转的离心力导致气态的大气层在极地地区变得扁平而在赤道地区膨胀。狂风在行星表面四处游荡，毫无障碍，因此它们比地球上记录到的任何风都要快得多。肆虐了数个世纪的庞大风暴被分成相邻的不同条带——深色而温暖的暗条和明亮而寒冷的亮带。

气态行星的第二个特点是：处于巨大行星内部的如此高压之下，行星内部的物质可以被迫变成一种异乎寻常的形式。这意味着气态巨行星的内部结构是我们未曾见过的。温度亦然：从木星云层顶端最低 -148℃ 的低温，到木星核心大约 24,000℃ 的高温——比太阳表面还要炽热。

金属的海洋

重力测量表明木星可能会有非常小的岩质核心，大概是地球质量的 20-40 倍。核心周围是一层被称作金属氢的奇异物质。我们通常认为氢是

气态的，或者在非常低的温度下，是通常意义上的液态。木星核心的压力如此之大，以至于原子被迫变成一种具有金属性的流体状态（若你想象不出金属的流体状态，请类比于水银）。金属氢在地球上极其罕见，却是木星举足轻重的组成部分。金属氢壳层外面是通常意义上的液态氢：氢原子由于行星内部巨大的压力而被迫聚集在一起。氢的这两种状态并没有明确的过渡，没有我们可以谓之为表面的分界层。

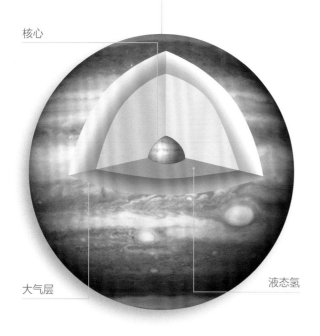

我们用现有的观点绘制的木星剖视图。木星是不同寻常的，因为它岩质的核心被一层金属氢所包围，在地球上不存在天然的这种物质。它是由于木星内部的超高压力而存在于此的。

核心

大气层　　　　　　　　　　　　　　　　液态氢

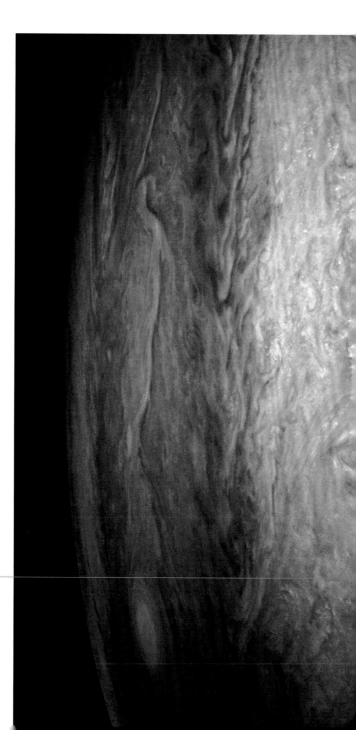

大红斑边缘的图像，凸显了木星大气中的湍流，基于朱诺号的数据。

暗条和亮带

我们通常看到的"木星"是木星大气层的外部。行星的最外层几乎全部由氢和氦构成（比重分别为75%和24%）。色彩斑斓的条带是由距顶端50千米处相当复杂的云系结构形成的。木星的大气有两类云层：一类是从木星大气深层涌升的物质混合着下层物质，当遇到太阳紫外线的照射时会改变颜色，这就是我们所看见的深色条带或所谓的暗条。另外一类是明亮条带，我们称之为亮带，它是上升的氨冰晶云，视野上遮住了深色的低层。偶然可见的最深层则呈现蓝色。

一般我们会认为，在地球上，不同纬度盛行风的风向不同——例如热带地区的风自东向西，高纬度地区的风则是自西向东。木星上亦是如此。然而木星高速的自转（自转周期大约10小时）和巨大的尺寸产生了比地球更多的反转条带，这和我们上面讨论过的复杂的云系动力学共同揭示了为何我们观察这颗行星会有如此色彩斑

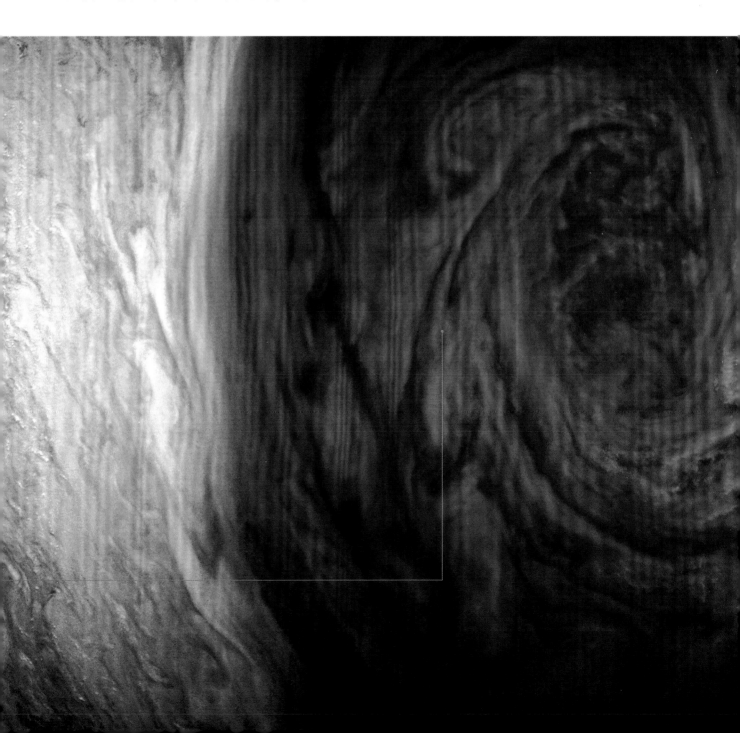

斓的条带。

契合其行星之王的角色,木星拥有非常强烈的磁场,是地球磁场强度的 2 万倍。木星的磁场很可能由金属核心的运动形成。强磁场让太阳释放的带电粒子偏转,产生了弓形激波。四颗最大卫星的轨道处在这个磁场的保护区域。

也许木星最引人注目的特征是大红斑——南半球的一个巨大风暴。大红斑最早发现于 1665 年,在 1831 年由天文学家素描记录下来。大红斑非常庞大,大到整个地球都完全可以放进去。

一些理论学家认为它可能是这个行星上的一处永久特征。有意思的是,在 20 世纪末,天文学家观测到木星上一处兴许是相似的却更小的风暴,被称作小红斑。

拜访木星

木星在夜空中非常明亮。伽利略在 1610 年首次使用望远镜观测这颗行星,亦是首次记录这颗行星拥有卫星。许多探测器都会在抵达目的地前飞掠木星。旅行者号在 1979 年发现,木星正

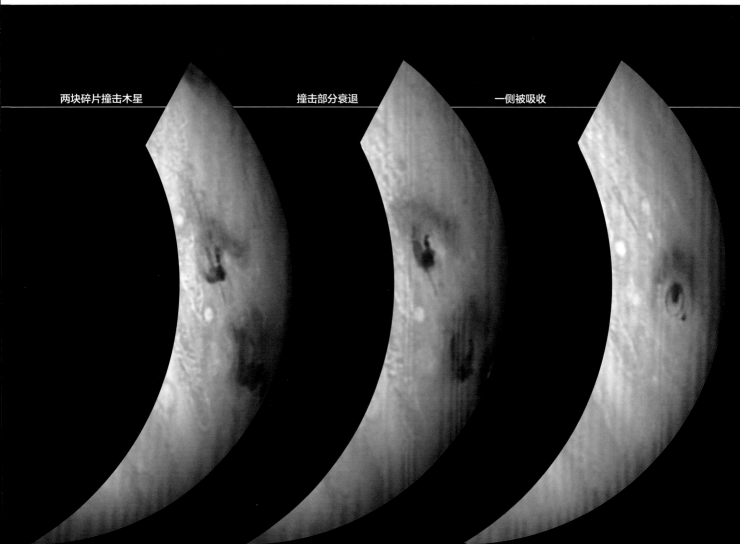

两块碎片撞击木星　　　　撞击部分衰退　　　　一侧被吸收

如所有的类木行星一样，也拥有行星环系。木星的三个环似乎是临近卫星喷出的尘埃形成的。

与木星相关的主要探测器是伽利略号，发射于 1989 年，在 1995 年进入木星轨道，之后在 1995 年释放了一个探测器进入木星大气。探测器在木星大气中下降，并且在它被表面〔译注：取气压 1 巴处作为起算高度（相当于地球的海平面）〕以下 153 千米处的大气压力摧毁之前上传了几乎整整一个小时的数据。7 年里，环绕木星的伽利略号探测器采集了木星及其卫星的大量珍贵数据。2003 年，探测器通过精准撞向木星大气而结束了使命，这是为了避免污染其卫星木卫二，因为科学家相信在那里可能会发现生命。

2011 年 8 月，NASA 发射了最新的木星探测器——朱诺号于 2016 年 7 月进入绕木轨道。在长达 20 个月的任务中，它将环绕这颗巨行星 37 次。最终，为了避免污染木星的卫星，它将俯冲进木星的大气层（NASA 称之为"脱离轨道"）（译注：朱诺号任务延长至 2021 年 7 月 30 日，预计环绕 35 次）。

木星遭受重创

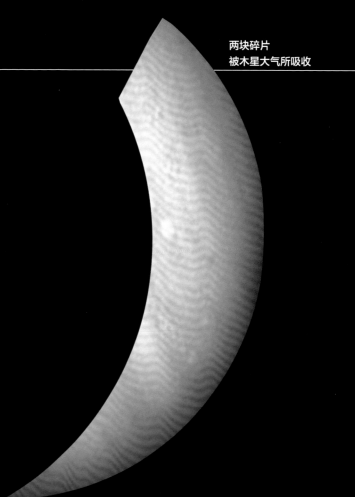

两块碎片
被木星大气所吸收

天文学史上最壮观的事件之一发生在 1994 年 7 月。舒梅克－列维彗星撞击木星（习惯上将彗星以发现者命名），让地球上观测到这一宇宙奇观的人们大饱眼福。

这颗彗星于 1993 年在环绕木星的轨道上首次被发现。计算表明它在一年前就已被行星的引力场捕获并且破裂成碎片。随着碎片将要撞击木星的可能性越来越大，所有天文学家可用的天文设备——无论地基的还是空间的——都指向了这一颗巨行星，期望撞击能够掀起木星的大气层，让科学家们有机会一窥木星的外部云层之下有些什么。

7 月 16 日之后的六天，观测者观察到了不少于 21 次撞击。伽利略号探测器（见上）近距离观察到了发生在行星另一面的实际的碰撞，哈勃太空望远镜（详见第 303 页侧栏）则拍摄到了壮观的图像。最初的撞击产生了火球，掀起的木星大气的高度可达地球半径。撞击之后科学家观察到了硫等元素，但是与预期相反的是几乎没有观测到水。科学家仍然在研究碰撞时的数据，完善他们关于太阳系最大行星的理论。

木星拥有至少 67 颗卫星，多数卫星是不规则的岩块，一些直径只有几千米。这些卫星的共同点是它们都是被俘获的小行星。事实上，只有八颗木星的卫星符合卫星应有的典型形象：形状呈球体并在行星的赤道面上围绕其公转。其中四颗小卫星的轨道距离木星非常近，这四颗内侧的卫星或许是木星环尘埃的来源。在我们来看，最重要的木星卫星是另外的四颗，即伽利略卫星。

JUPITER'S MOONS

木星的卫星

【 海洋世界，火山世界，岩石世界 】

发现者：前四颗卫星（即"伽利略卫星"）由伽利略·伽利雷发现
发现时间：公元 1610 年 1 月
名称含义：朱庇特的情人们和后代们

最大的卫星及其半径：
木卫三：2,631 千米
木卫四：2,410 千米
木卫一：1,822 千米
木卫二：1,561 千米
木卫六：85 千米
木卫五：83 千米
木卫十四：49 千米

（底图）木卫一布满火山的表面。
（插图）木卫一、木卫二、木卫三、木卫四。

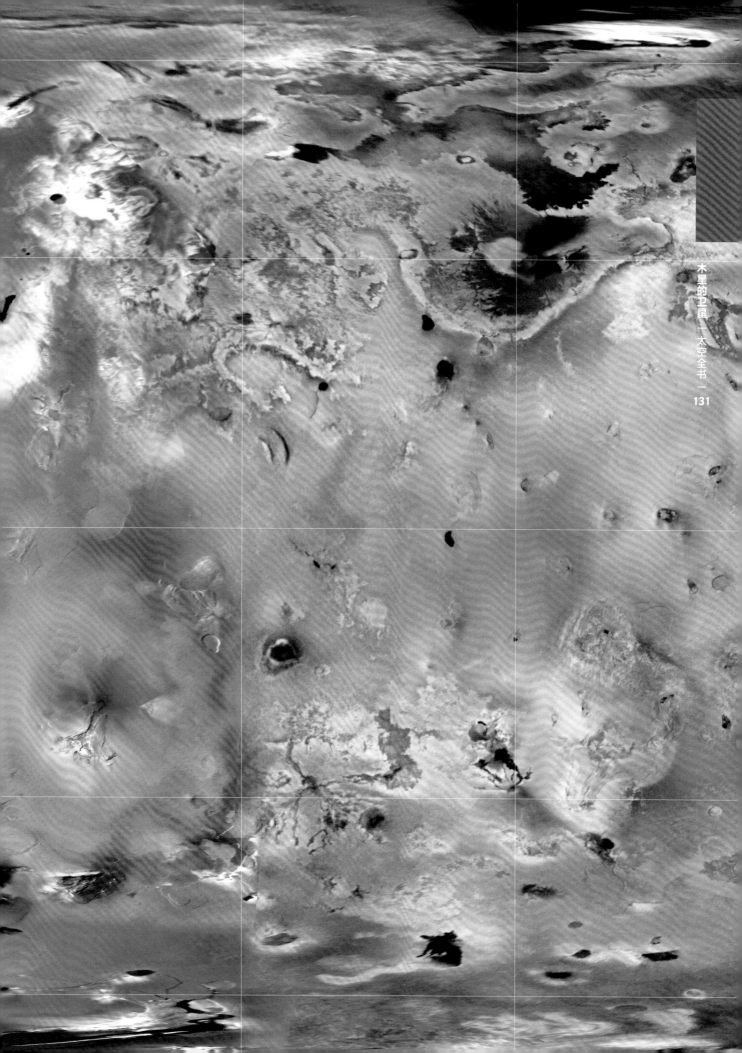

木星的卫星 ▏木卫一

在木星强大的引力和其他伽利略卫星的挤压推拉之下，潮汐加热使得木卫一成为太阳系中火山最活跃的天体。

西半球

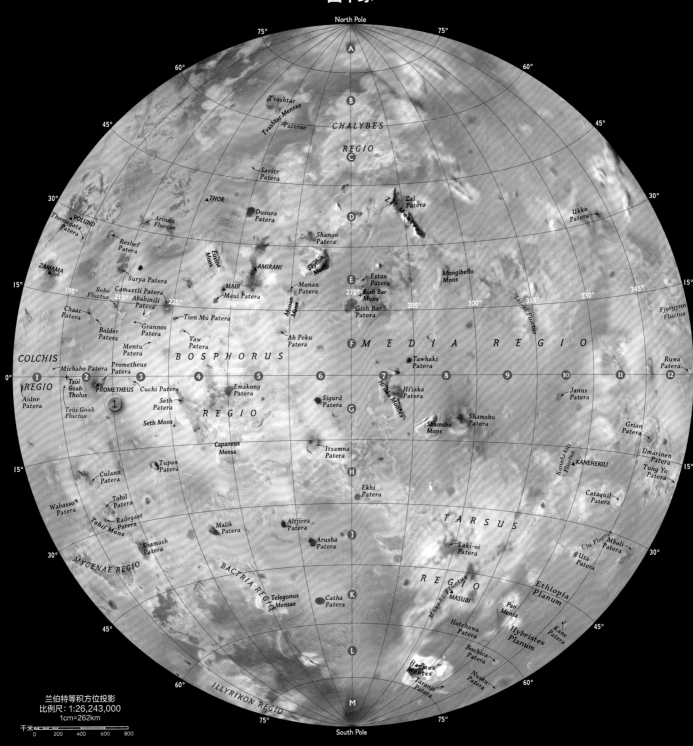

兰伯特等积方位投影
比例尺：1:26,243,000
1cm=262km

千米
0 200 400 600 800

关键词

① 普罗米修斯火山口：大而活跃的火山。

② 洛基火山口：火山洼地。

③ 马夫伊科火山口：硫化物致使木卫一的表面呈橙色。

东半球

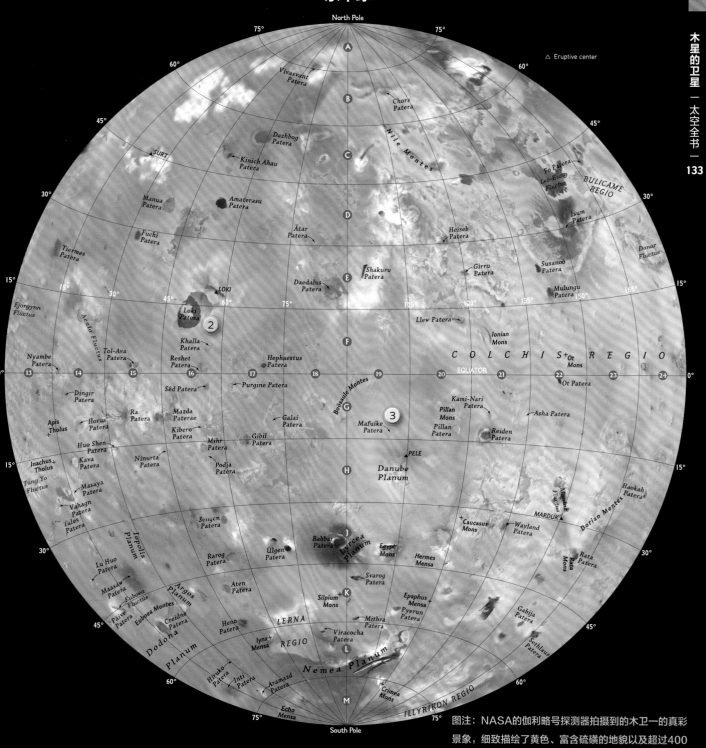

图注：NASA的伽利略号探测器拍摄到的木卫一的真彩景象，细致描绘了黄色、富含硫磺的地貌以及超过400座活火山。它们是以神话中火神、雷神或者太阳神的名字来命名的。

木星的卫星 | 木卫二

科学家们认为，木星以及其他卫星的潮汐力作用产生的热量，足以让木卫二冰面之下存在液态水。

西半球

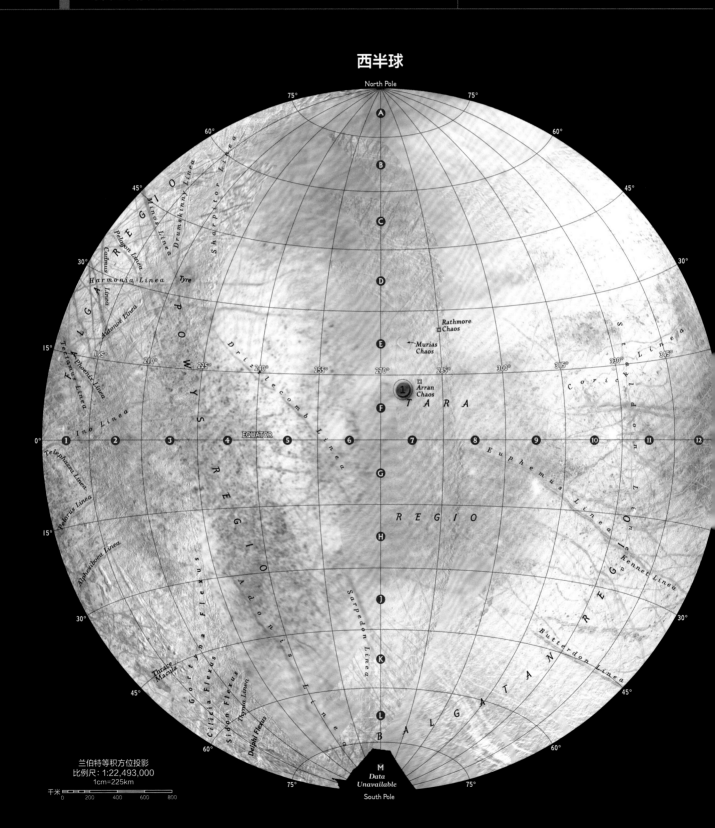

兰伯特等积方位投影
比例尺：1:22,493,000
1cm=225km

千米
0 200 400 600 800

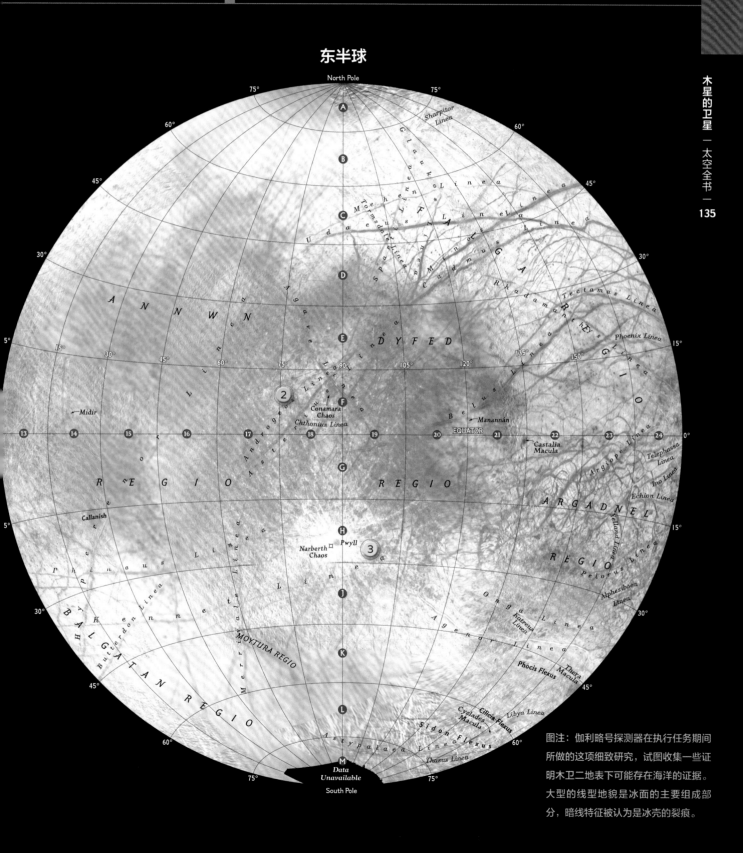

东半球

图注：伽利略号探测器在执行任务期间所做的这项细致研究，试图收集一些证明木卫二地表下可能存在海洋的证据。大型的线型地貌是冰面的主要组成部分，暗线特征被认为是冰壳的裂痕。

木星的卫星 | 木卫三

木卫三是木星的第三颗卫星，也是太阳系中最大的卫星，水星都相形见绌。

西半球

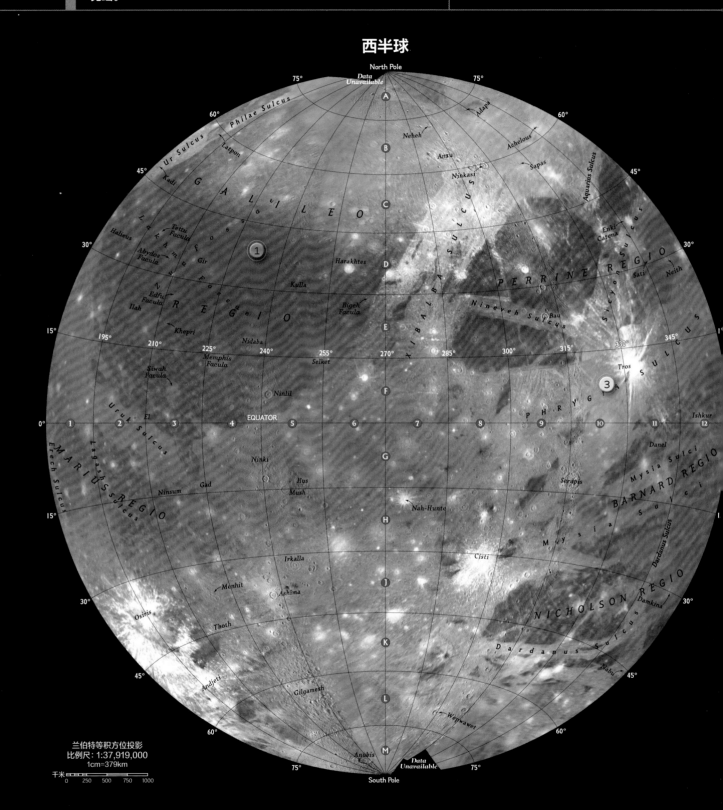

North Pole
Data Unavailable

兰伯特等积方位投影
比例尺 1:37,919,000
1cm=379km

千米
0　250　500　750　1000

South Pole
Data Unavailable

关键词

① **伽利略区：** 覆盖木卫三表面 40% 平坦而含冰的区域。

② **修女沟槽：** 覆盖木卫三表面 60% 槽形或褶皱的区域。

③ **特罗斯环形山：** 一处撞击坑，木卫三表面的撞击坑都很浅，可能是因为柔软的冰质表面。

东半球

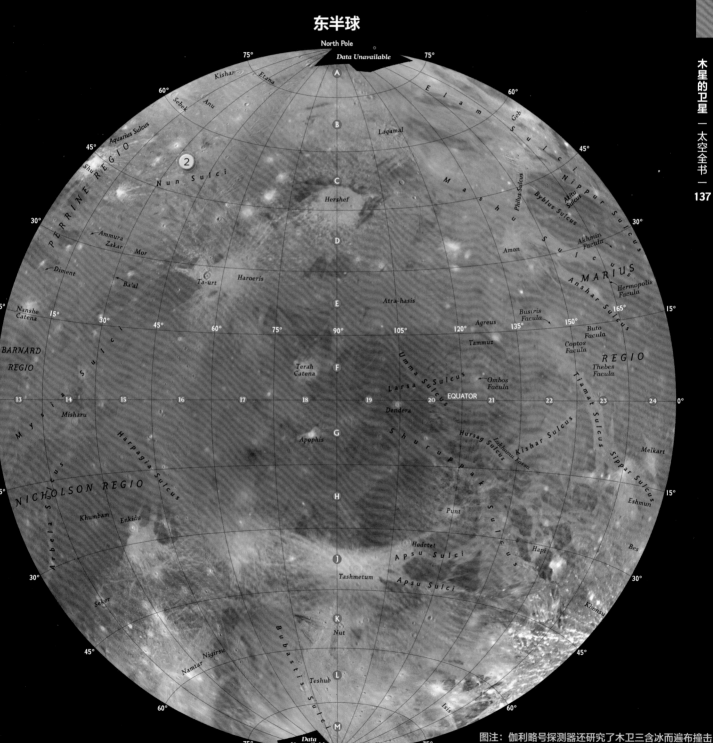

图注：伽利略号探测器还研究了木卫三含冰而遍布撞击坑的表面，本页这幅图描绘了用肉眼观看木卫三时它将呈现的样子。科学家们利用那些居住在从美索不达米亚到黎凡特也就是肥沃新月地带的古人的神话故事，来命名这颗卫星的地貌特征。

木星的卫星 | 木卫四

木卫四是太阳系中第三大卫星，亦是遭受
陨石撞击最严重的卫星。

西半球

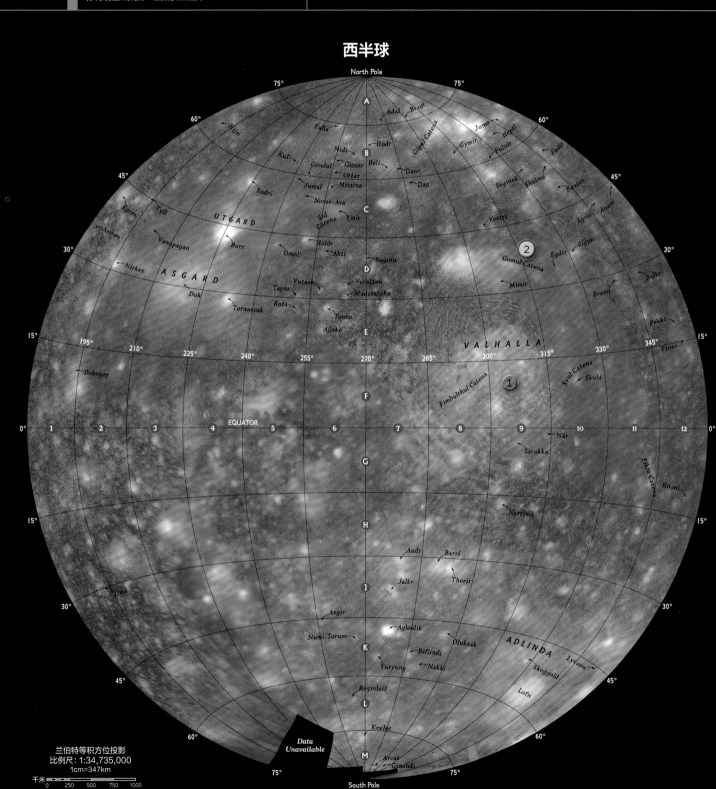

North Pole

Adal Bragi
Fulla
Hj:ai
Kul' Nidi Hödr
Göndul Gunnr Beli
Ottar
Sudri Jumal Mitsina Danr
Norov-Ava Dag
Egras Tyll UTGARD Sid Ymir
Catena
Azrvyn Vanapagan Burr Höldr
Nirkes ASGARD Omol' Ahti
Doh Vutash Reginn
Tapio Veralden
Tornarsuk Rota Maderatcha
Tontu
Ajleke

Gippal Catena Jumo
Gymir Fulnir Hepti
Seyinek Sholmo Fadir
Vestri Agrol Anarr
Sigyn
Gomul Catena Egdir
Mimir Brami
Pekko
Balkr

VALHALLA Finnr

Debegey
Fimbulthul Catena Syol Catena
Skuld

EQUATOR När

Sarakka
Fikin Catena
Högni

Nerrivik

Audr Barri
Ilma Jalkr Thorir

Aegir
Agloolik
Numi-Torum Oluksak ADLINDA
Biflindi Lycaon
Yuryung Nakki Skeggold

Reginleif Lofn

Keelut

Data
Unavailable

Arcas
Ginandi

South Pole

兰伯特等积方位投影
比例尺: 1:34,735,000
1cm=347km

千米
0 250 500 750 1000

关键词

1. **瓦尔哈拉盆地：** 巨大的、多环的撞击盆地。
2. **高莫坑链：** 链状撞击坑，也许是同一个天体撞击而成。
3. **布兰环形山：** 辐射带明亮的撞击坑。

东半球

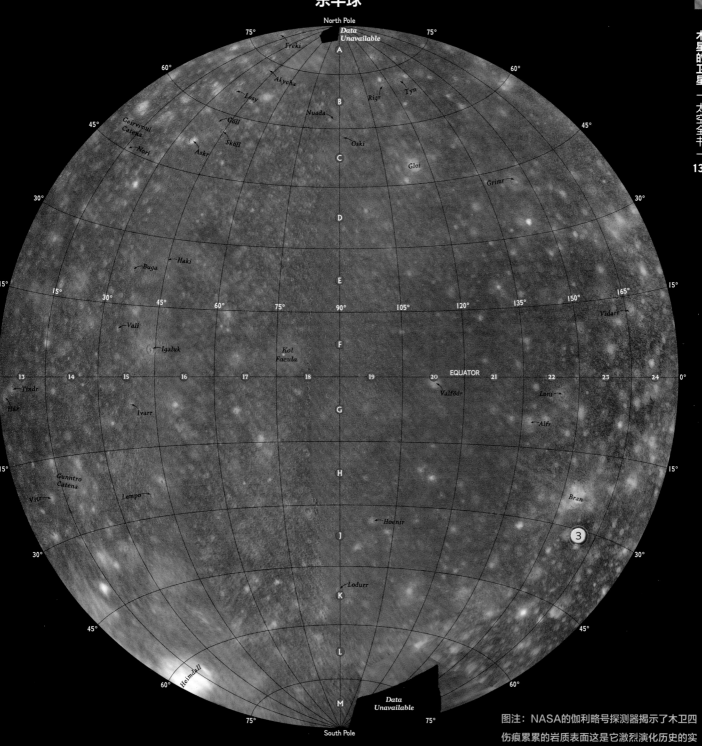

图注：NASA的伽利略号探测器揭示了木卫四伤痕累累的岩质表面这是它激烈演化历史的实证。其地形是用北欧神话中的人物和地点来命名的。

木星最大的四颗卫星被称作伽利略卫星，这是因为 1610 年伽利略将他的设备指向木星系统时，这些卫星首次出现在望远镜的视野中。它们的发现在科学史上起了重大作用：它们的存在对当时盛行的亚里士多德的宇宙观是一种巨大的冲击。亚里士多德认为每个实物都有试图向宇宙中心（在他的体系中是地球）移动的内在性质。当一位 17 世纪的哲学家观察到苹果下落，他会将下落归因于苹果趋向于宇宙中心的内在性质。但现在出现了伽利略卫星，甘愿完全环绕木星而运动，远离所谓的宇宙中心。也许地球并不如古人所认为的那样，在大尺度体系中占据着重要地位。

无论如何，如今我们观察到的这些卫星，是存在于我们太阳系这个世界多样性的体现。每一颗卫星都是独一无二的，也各有各的故事。事实

上，其中的木卫三比水星还要大，倘若它不环绕木星公转而是环绕太阳公转的话，就会被归类为单独的一颗行星。

按照惯例，木星的卫星都由神祇朱庇特的情人或者后代的名字命名（如果你了解那些神话的话，你会知道朱庇特的那些事儿给我们在列表中提供了可不止 67 个可能的名字）。对我们而言，了解一下其中两颗最有趣的卫星就足矣了，它们是木卫一和木卫二。

木卫一

看起来像一张比萨饼的木卫一，是伽利略卫星中最靠里的那颗卫星。它比月亮稍大，也是太阳系中第四大的卫星。木卫一表面色彩缤纷是因为它表面有超过 400 座活火山，喷射出多种硫化物，这些硫化物为表面染上了橙色和黄色。这些火山使得木卫一成为我们已知地质最活跃的天体。

1979 年，两艘"旅行者"号探测器飞掠木卫一时所发现火山的存在着实让科学家们感到惊讶。地球上的火山是地幔深处热能涌出的结果，一部分热量是放射性衰变产生的。木卫一实在太小而无法以这种方式产生热能。科学家们很快就意识到除了放射线以外，还可用其他途径加热这颗卫星。由于其他卫星的引力影响，木卫一的轨道并不是圆形的。因此木卫一到木星的距离在持续变化，继而这颗卫星受到木星的引力也在持续变化。这就意味着木卫一不断地被压缩扭曲，

木星的卫星木卫一的剖视图。这颗卫星拥有铁镍质的星核，以及延伸至表面的岩石质幔。在木星引力场反复挤压之下，木卫一成了太阳系中火山活动最活跃的天体。

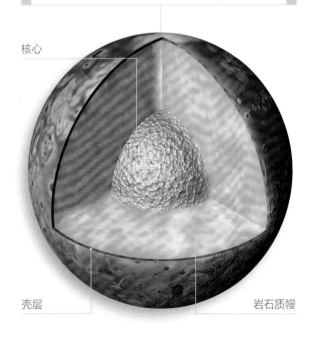

核心

壳层

岩石质幔

左图蓝色羽状物表示木卫一表面的火山喷发活动。喷发羽中的气体和粒子射离这颗卫星表面高达100千米。

木卫一拥有超过

400
座活火山

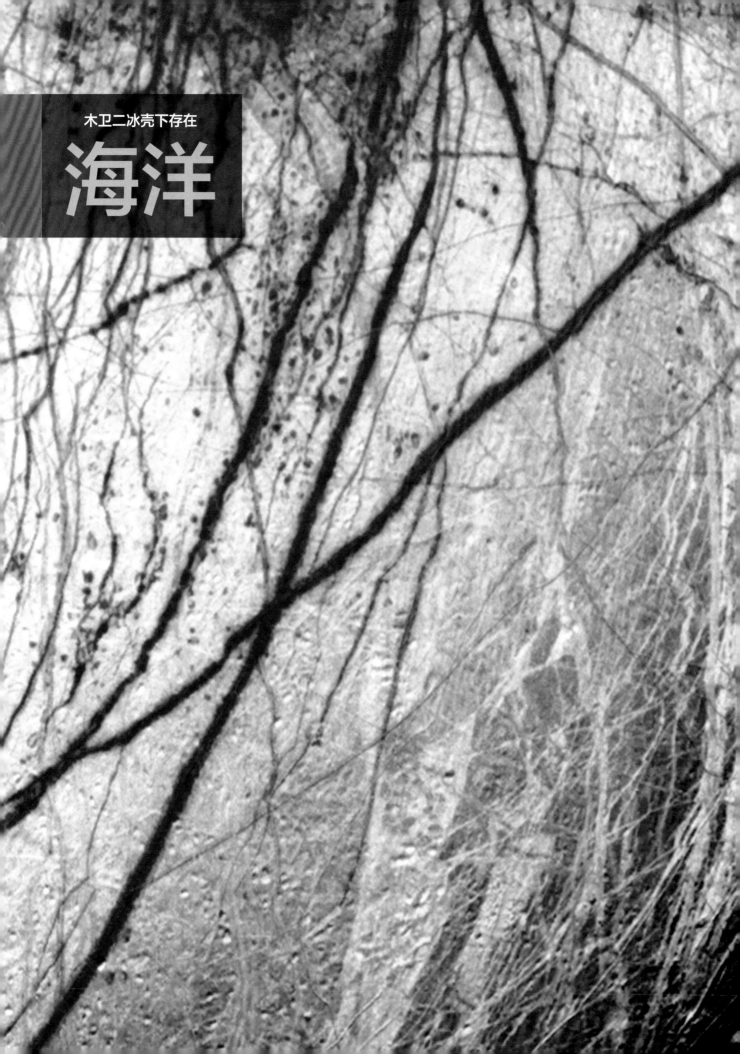

木卫二冰壳下存在

海洋

就如同一片被来回弯折的金属一样会变热，这颗卫星也会变热。木卫一大面积的火山就是我们所谓的潮汐加热造成的结果。

木卫二

关于木卫二最重要的事，也是未来空间探测的焦点之一，就是构成其表面厚厚的冰层之下，极有可能存在液态水的海洋。木卫二像木卫一一样，轨道略微椭圆，也会受到潮汐加热的作用。计算表明，即使表面温度低至 -220℃，潮汐作用所产生的热能足以在冰冻的地表下维持液态水层。

由于水可以导电，木卫二穿越木星磁场时，它改变磁场和巨行星周围大量带电粒子的效应，会立刻被伽利略号轨道探测器探测到。木卫二的一些大型撞击坑似乎包含着新近结冰而形成的平坦区域（大概是由于上涌的液态水），再加上伽利略号对卫星重力场的测量结果，种种确凿的迹象让科学家们现在相信，木卫二像地球一样拥有大量的液态水。如今的理论是在数十千米厚的冰层之下，有着可达地球上海洋水量两倍的海洋。在发现木卫二地表之下存在海洋之后，木星的许多卫星，比如木卫三和木卫四，还有土星的几颗卫星都相继发现了地表之下的海洋。

当然，这就带给我们关于生命的问题。欧洲航天局（ESA）正在进行一项名为"JUICE（木星冰月探测器）"的任务。该探测器会光顾除木卫一以外的其他伽利略卫星，计划于 2022 年发射，2030 年到达木星。这个任务会包括一个由俄罗斯太空研究院打造的木卫三着陆器。同时，NASA 也正在进行一项名为"木卫二飞越任务"的项目，将于 2020 年左右发射。顾名思义，它将多次飞掠这颗卫星。

因此有很多发射探测器到木卫二的提议。计划于 2020 年发射升空，NASA-ESA 合作推动的木卫二 - 木星系统任务（EJSM，又被称作拉普拉斯）似乎是目前探索木卫二最深度的一个计划。

木卫二内部剖面图。它是四颗伽利略卫星中最小的一颗，有着金属的核以及岩石质幔。覆盖其上的是水层（可能是液态的），最外面是冰壳。

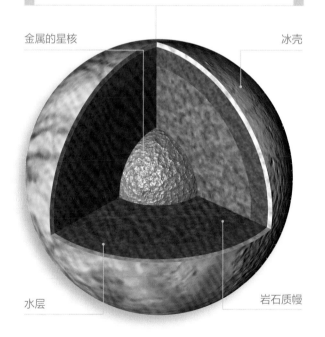

金属的星核

冰壳

水层

岩石质幔

木卫二表面的假彩色照片，表明这颗卫星表面上的冰被那些从内部涌升的物质（表示为红色）污染。蓝色为冰原。

土星是太阳系第六颗行星，亦是裸眼可见最远的行星。（译注：晴好天气下，天王星理论上也应裸眼可见。）土星是一颗结构与木星相似的气态巨行星。我们认为它有一个相当于地球 10—20 倍大小的岩质核，外面被金属氢层包围着。再往外是液态的氢氦混合物，最外层是气态的大气层。相较于木星，土星不那么醒目，尽管土星也有类似（尽管暗淡一些）的条带状云系结构。这些云似乎是由水冰、氨化合物以及氨晶体所构成，厚达数十千米。我们观察这颗行星时所见到的就是这些云。

SATURN & ITS MOONS
土星及其卫星

【 金色星球 】

发现者：未知
发现日期：史前时期
名称含义：罗马神话中农业之神

质量：地球质量的 95.16 倍
体积：地球体积的 763.59 倍
平均半径：58,232 千米
有效温度：−178℃
自转周期：10.66 小时
公转周期：29.48 个地球年
卫星数目：62（其中 53 颗已被命名）
行星环：有

（底图）卡西尼探测器最新拍摄的土星图像之一，
之后它为了防止来自地球的微生物污染土星的卫星，精准坠入土星的大气层中。
（插图）土星。

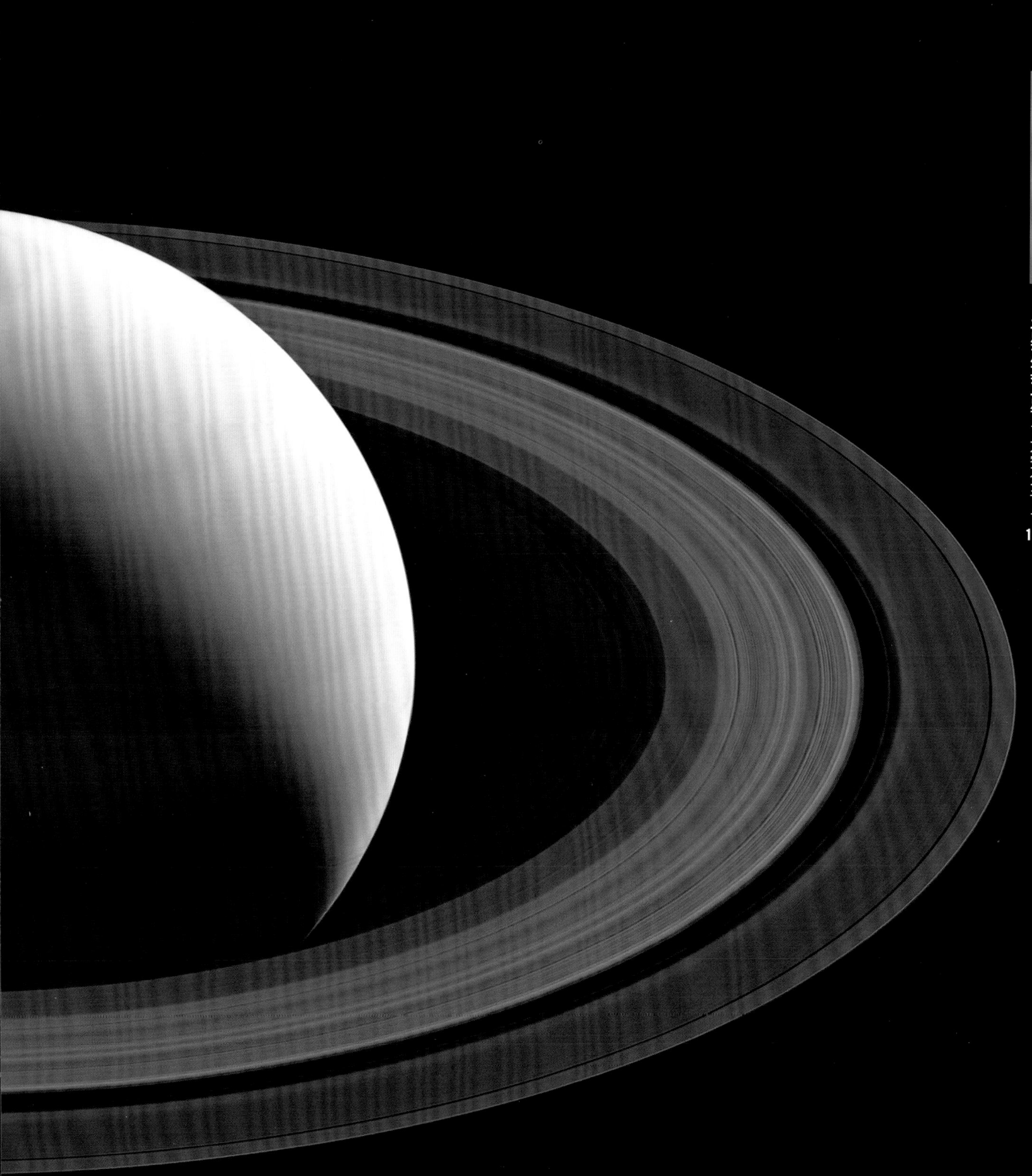

土星

土星上层大气被分为亮条和暗带。亮条和暗带中的疾风由这颗行星高速自转驱动。

由土星高速自转的速度提供能量，土星上的疾风在以地球上难以置信的速度呼啸。赤道地区测量到的最快的风速超过每小时 1,800 千米。

虽然相较木星强大的磁场要弱一些，但土星磁场的强度也比地球的磁场强许多倍。土星的磁轴和自转轴几乎完全重合，这点在太阳系中很不寻常，科学家们对此还未能做出解释。

75°

60°

North Polar Region
北极区

45°

North North Temperate Zone
北温带亮带北区

North North Temperate Belt
北温带暗条北区

30°

North Temperate Zone
北温带亮带

North Temperate Belt
北温带暗条
North Tropical Zone
北热带亮带

North Tropical Belt
北热带暗条

15°

E q u a t o r i a l
赤道亮带

EQUATOR
赤道

0°

Z o n e

15°

South Tropical Belt
南热带暗条
South Tropical Zone
南热带亮带

South Temperate Belt
南温带暗条

South Temperate Zone
南温带亮带

30°

South South Temperate Belt
南温带暗条南区

South South Temperate Zone
南温带亮带南区

45°

South Polar Region
南极区

60°

正投影
比例尺：(赤道处)1:586,895,000
1cm=5868km

千米
0   5000   10000   15000   20000

75°

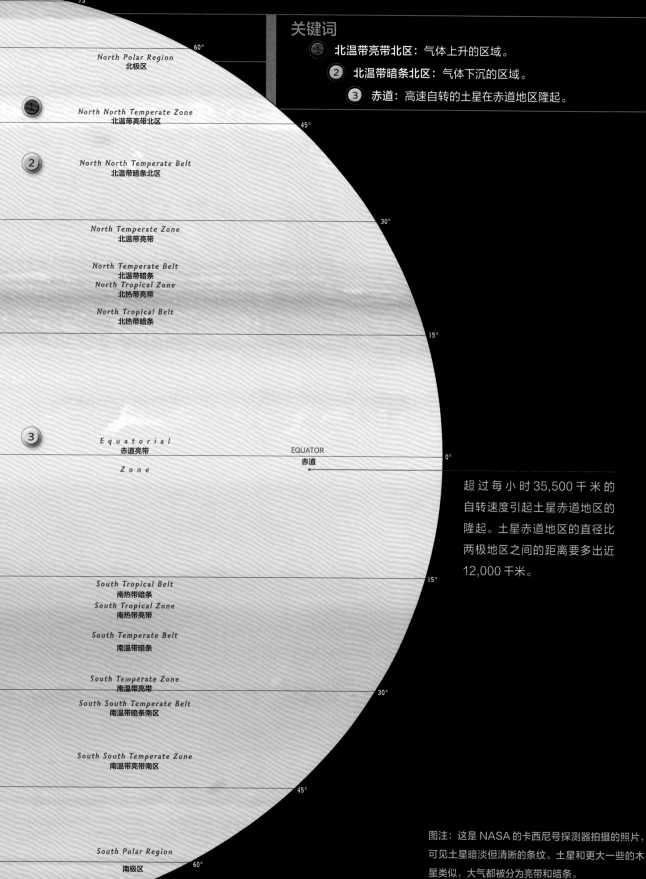

75°

60°

North Polar Region
北极区

① **North North Temperate Zone**
北温带亮带北区

45°

② **North North Temperate Belt**
北温带暗条北区

30°

North Temperate Zone
北温带亮带

North Temperate Belt
北温带暗条
North Tropical Zone
北热带亮带

North Tropical Belt
北热带暗条

15°

③ **E q u a t o r i a l**
赤道亮带

EQUATOR
赤道

0°

Z o n e

15°

South Tropical Belt
南热带暗条
South Tropical Zone
南热带亮带

South Temperate Belt
南温带暗条

South Temperate Zone
南温带亮带

30°

South South Temperate Belt
南温带暗条南区

South South Temperate Zone
南温带亮带南区

45°

South Polar Region
南极区

60°

75°

关键词
① 北温带亮带北区：气体上升的区域。
② 北温带暗条北区：气体下沉的区域。
③ 赤道：高速自转的土星在赤道地区隆起。

超过每小时35,500千米的自转速度引起土星赤道地区的隆起。土星赤道地区的直径比两极地区之间的距离要多出近12,000千米。

图注：这是 NASA 的卡西尼号探测器拍摄的照片，可见土星暗淡但清晰的条纹。土星和更大一些的木星类似，大气都被分为亮带和暗条。

土星的卫星 土卫一

小而遍布环形山的土卫一是最靠近土星的卫星。

西半球

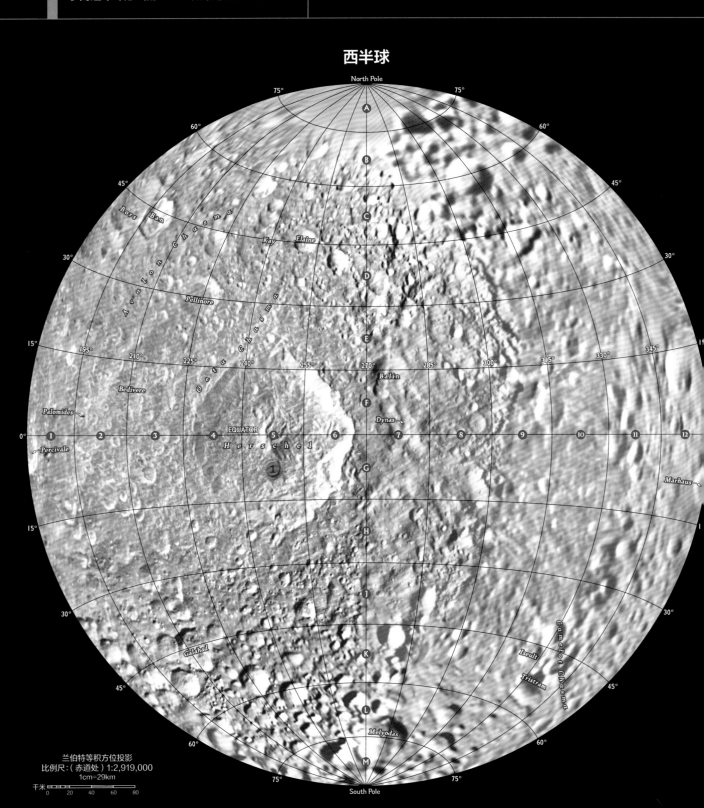

兰伯特等积方位投影
比例尺：（赤道处）1:2,919,000
1cm=29km

千米
0　20　40　60　80

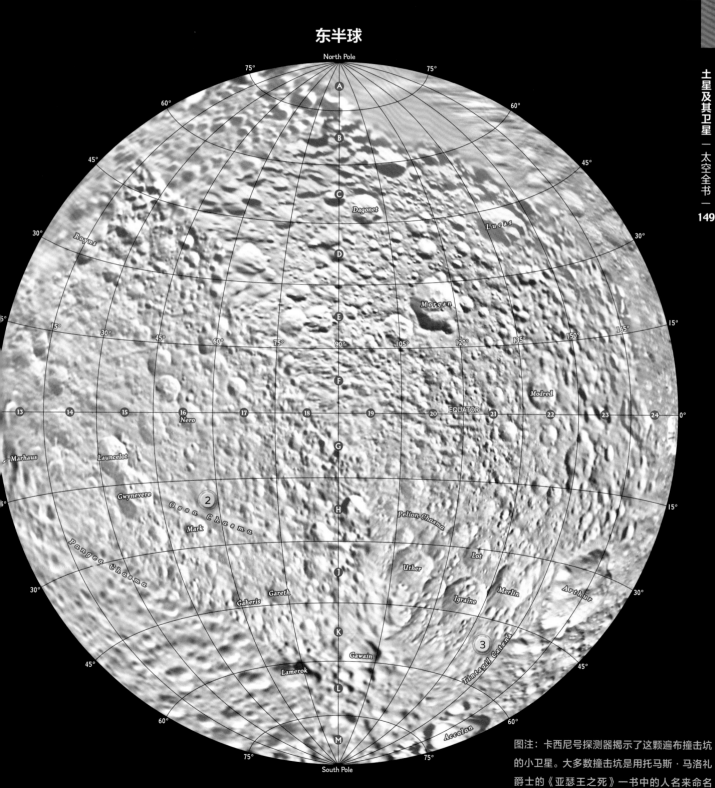

东半球

图注：卡西尼号探测器揭示了这颗遍布撞击坑的小卫星。大多数撞击坑是用托马斯·马洛礼爵士的《亚瑟王之死》一书中的人名来命名的。延伸近土卫一直径三分之一的赫歇尔环形山是以这颗卫星的发现者的名字来命名的。

土星的卫星 | 土卫二

和木星的卫星木卫二一样，含冰的土卫二的地表下也可能存在液态海洋。

西半球

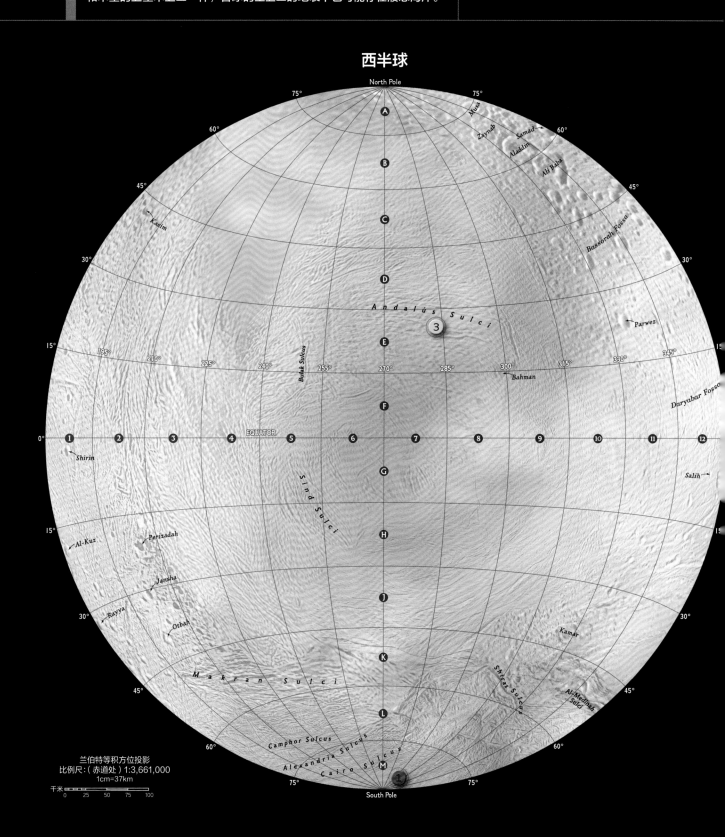

North Pole

兰伯特等积方位投影
比例尺：(赤道处) 1:3,661,000
1cm=37km

千米
0 25 50 75 100

South Pole

Muat
Zaynab
Samad
Aladdin
Ali Baba
Kasim
Bassorah Fossa
Andalús Sulci
Parwez
Bulak Sulcus
Bahman
EQUATOR
Shirin
Sind Sulci
Salih
Al-Kuz
Perizadah
Jansha
Rayya
Otbah
Kamar
Makran Sulci
Shiraz Sulci
Al-Medinah Sulci
Camphor Sulcus
Alexandria Sulcus
Cairo Sulcus
Duryabar Fossa

关键词

1. **南极**：观测到有羽状的气柱从南极喷薄而出。
2. **迪亚尔平原**：辽阔、平坦的含冰区域，使得土卫二表面有着很高的反射率。
3. **安达卢斯沟槽**：沟槽的存在意味表面发生过移动。

东半球

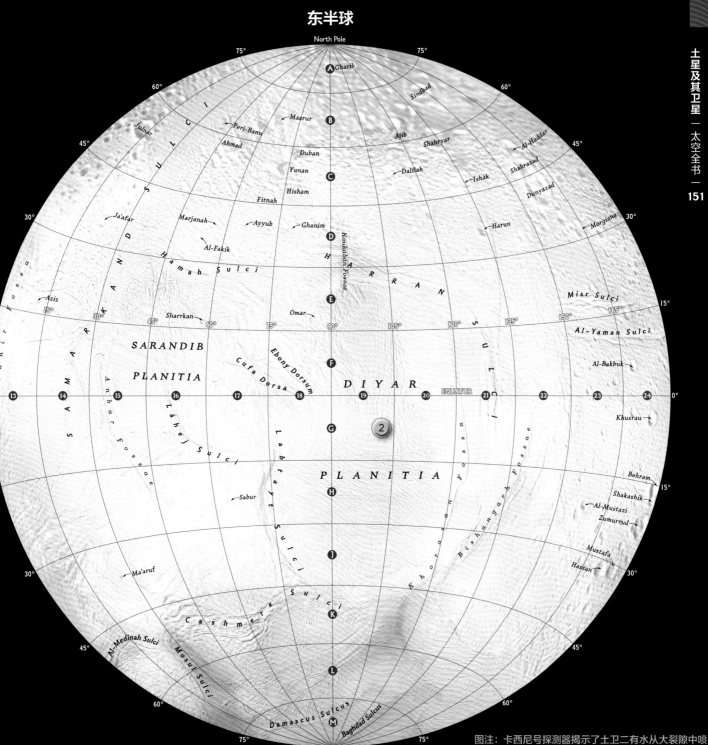

图注：卡西尼号探测器揭示了土卫二有水从大裂隙中喷出表面。这些水凝结、覆盖在土卫二上，令这颗卫星表面非常明亮。土卫二上的地貌特征以《天方夜谭》一书理查德·伯顿爵士译本中的人名或地名命名。

土星的卫星 | 土卫三

伤痕累累的小卫星土卫三主要由水冰构成。

西半球

North Pole

Ogygia Chasma

ODYSSEUS

Scheria Montes

Medon

Eupithes

Leocritus

Oenops

Antieleia

Halius

Eumaeus

Periboea

Maron

Polycaste

Mentor

Leucothea

Eurylochus

Amphinomus

Circe

Ormenus

Neleus

Hermione

Eurymachus

Laertes

ITHACA CHASMA

TELEMUS

Nestor

Aietes

Poseidon

Rhexenor

Demodocus

MELANTHIUS

South Pole

EQUATOR

兰伯特等积方位投影
比例尺：1:7,681,000
1cm=77km

千米
0   50   100   150   200

东半球

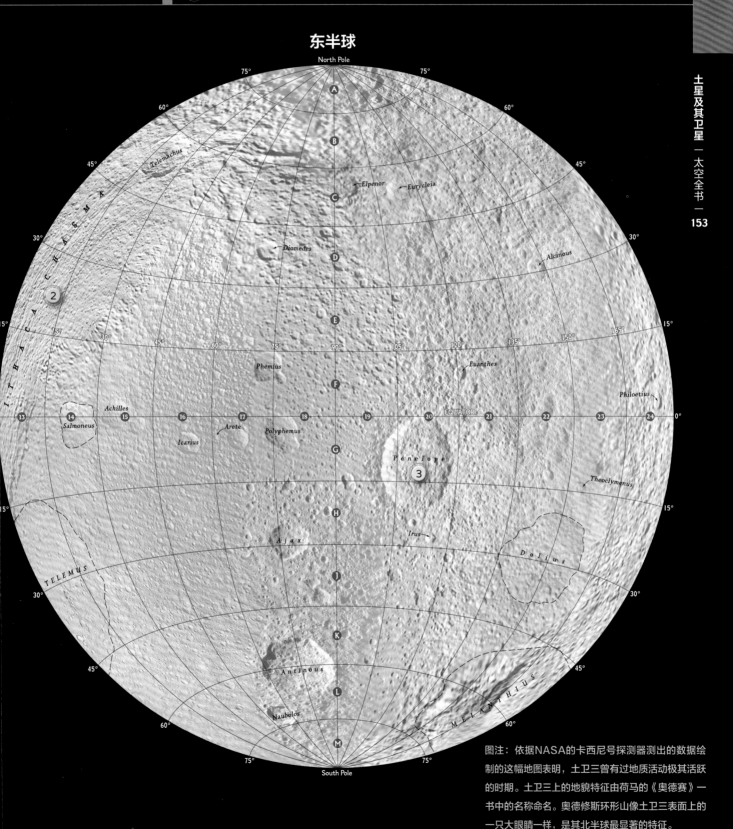

图注：依据NASA的卡西尼号探测器测出的数据绘制的这幅地图表明，土卫三曾有过地质活动极其活跃的时期。土卫三上的地貌特征由荷马的《奥德赛》一书中的名称命名。奥德修斯环形山像土卫三表面上的一只大眼睛一样，是其北半球最显著的特征。

土星的卫星 | 土卫四

土卫四体积很小，表面遍布裂隙和环形山，每2.7个地球日围绕土星公转一周。

西半球

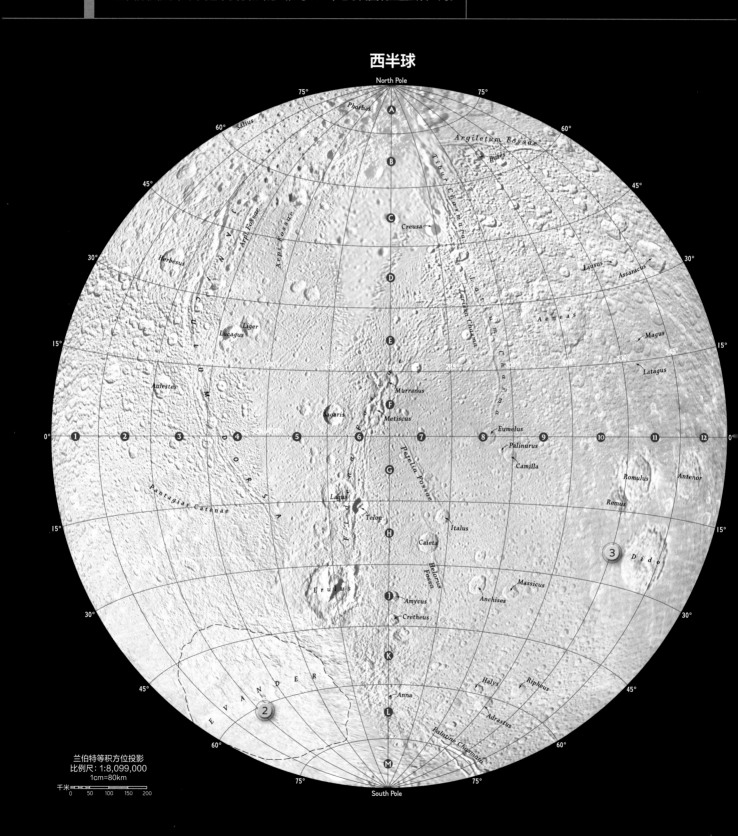

兰伯特等积方位投影
比例尺：1:8,099,000
1cm=80km

千米
0 50 100 150 200

关键词

① **帕拉蒂尼深谷**：狭长且边缘陡峭的深谷系统。

② **伊万德环形山**：土卫四表面最大的环形山。

③ **狄多环形山**：和埃涅阿斯环形山相称的主要环形山，并在其之南。

North Pole

South Pole

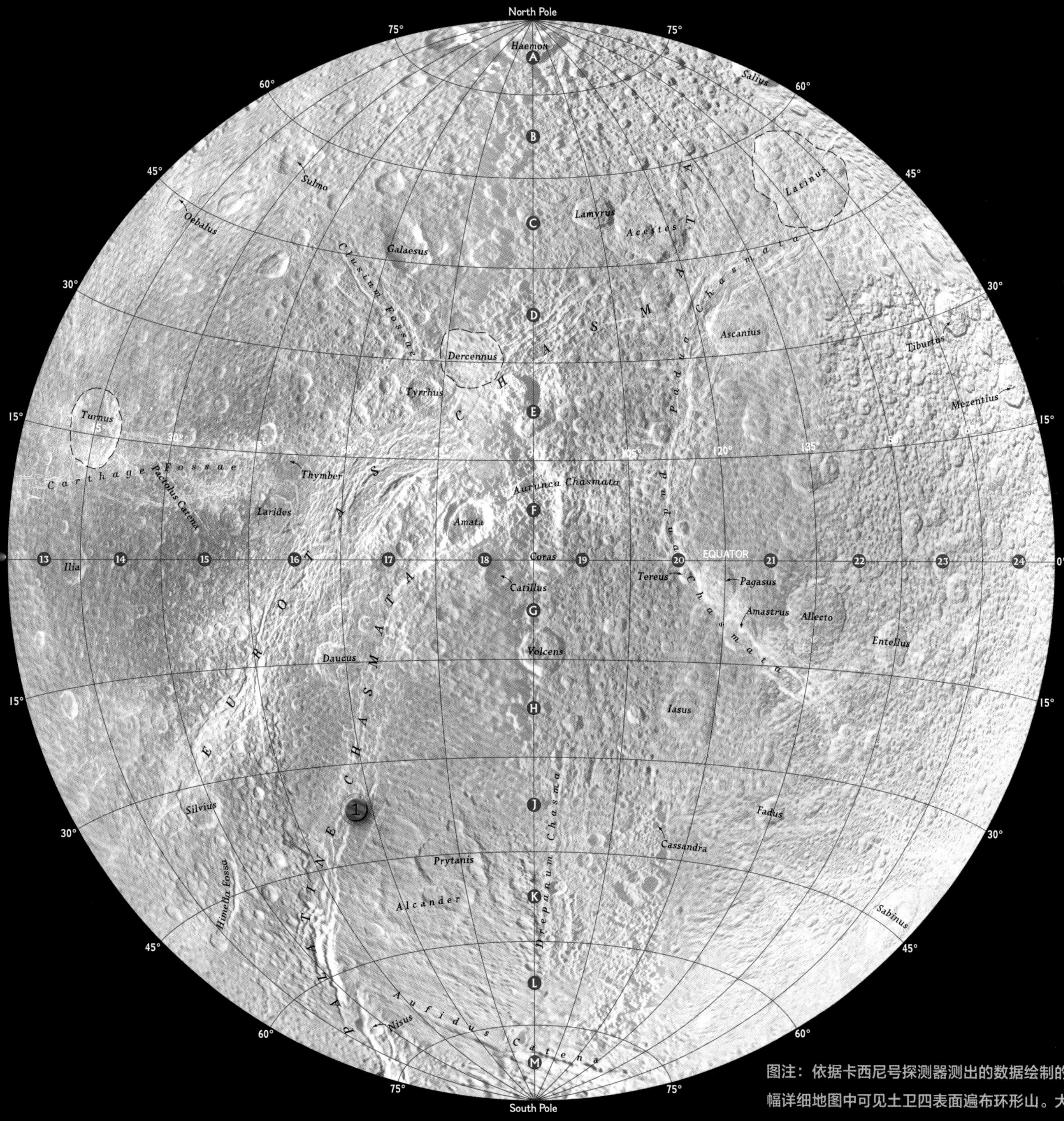

图注：依据卡西尼号探测器测出的数据绘制的这幅详细地图中可见土卫四表面遍布环形山。大型冰崖横贯整个东半球。土卫四的地貌特征由维吉尔的《埃涅阿斯纪》一书中的名称命名。

土星的卫星 | 土卫五

多冰的土卫五是土星的第二大卫星，表面布满了环形山和冰崖。

西半球

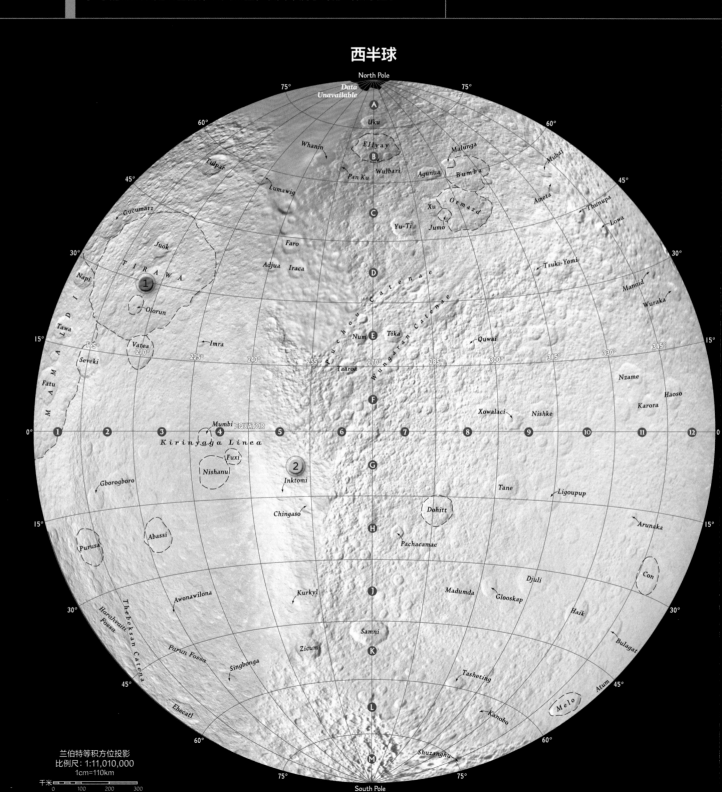

North Pole

Data Unavailable

Uku

Ellyay

Whanin

Tulpar

Pan Ku   Wulbari   Agunua   Bumba   Malunga   Mubai

Lumawig

Gucumatz   Xu   Ormazd   Ameta   Thunupa

Juok   Faro   Yu-Ti   Jumo   Lowa

Napi   Adjua   Iraca   Tsuki-Yomi   Manoid

TIRAWA   Olorun   Wuraka

Tawa   Imra   Num   Tika   Quwai

Seveki   Vatea   Taaroa

Fatu   Mumbi   EQUATOR   Nzame

Kirinyaga Linea   Xowalaci   Nishke   Haoso

Karora

Fuxi   Inktomi   Tane   Ligoupup

Nishanu

Gborogboro   Chingaso   Dohitt   Arunaka

Purusa   Abassi   Pachacamac   Con

Djuli

Awonawilona   Kurkyl   Madumda   Glooskap   Haik

Theleksan Catena   Samni   Bulagat

Harahvaiti Fossa   Zicum   Tasheting

Parun Fossa   Melo   Atum

Singbonga   Kanobo

Ehecatl   Shuzanghu

South Pole

MAMALDI

Pueshou Catenae   Wungaran Catenae

兰伯特等积方位投影
比例尺 1:11,010,000
1cm=110km

千米   0   100   200   300

关键词

① **蒂拉瓦环形山：** 大型撞击盆地。

② **因克托米环形山：** 年轻撞击盆地，有着清晰的辐射纹。

③ **亚姆希深谷：** 长的冰谷。

东半球

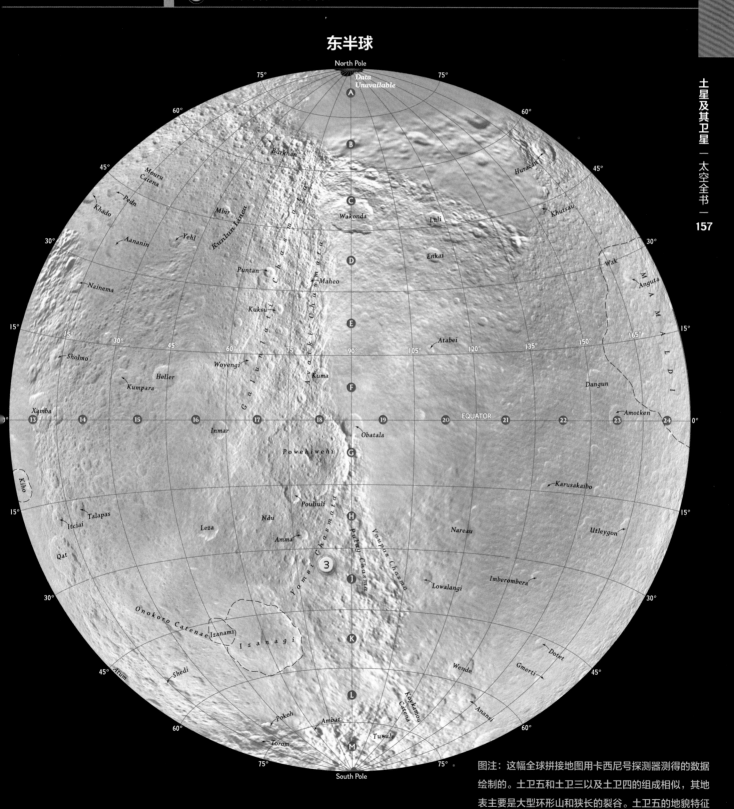

North Pole

Data Unavailable

Burkhan

Mouru Catena

Huracan

Khutsau

Pedn

Khado

Mbir

Kunlun Linea

Wakonda

Luli

Yehl

Aananin

Enkai

Wak

Nainema

Puntan

Maheo

Anguta

Kuksu

Atabei

Sholmo

Woyengi

Kuma

Dangun

Heller

Kumpara

Amotken

Xamba

Inmar

Obatala

EQUATOR

Powehiwehi

Karusakaibo

Kiho

Talapas

Poubuli

Nareau

Utleygon

Itciai

Leza

Ndu

Qat

Amma

Lowalangi

Imberombera

Onokoro Catenae (Izanami)

Izanagi

Dotet

Atum

Shedi

Wende

Gmerti

Koykamou Catena

Anansi

Pokoh

Ambat

Tuwale

Torom

South Pole

图注： 这幅全球拼接地图用卡西尼号探测器测得的数据
绘制的。土卫五和土卫三以及土卫四的组成相似，其地
表主要是大型环形山和狭长的裂谷。土卫五的地貌特征
是用世界各地创世神话中的众神的名字命名的。

土星的卫星 ｜ 土卫六

土卫六是土星最大的卫星，亦是太阳系中唯一一个拥有大气的卫星。

西半球

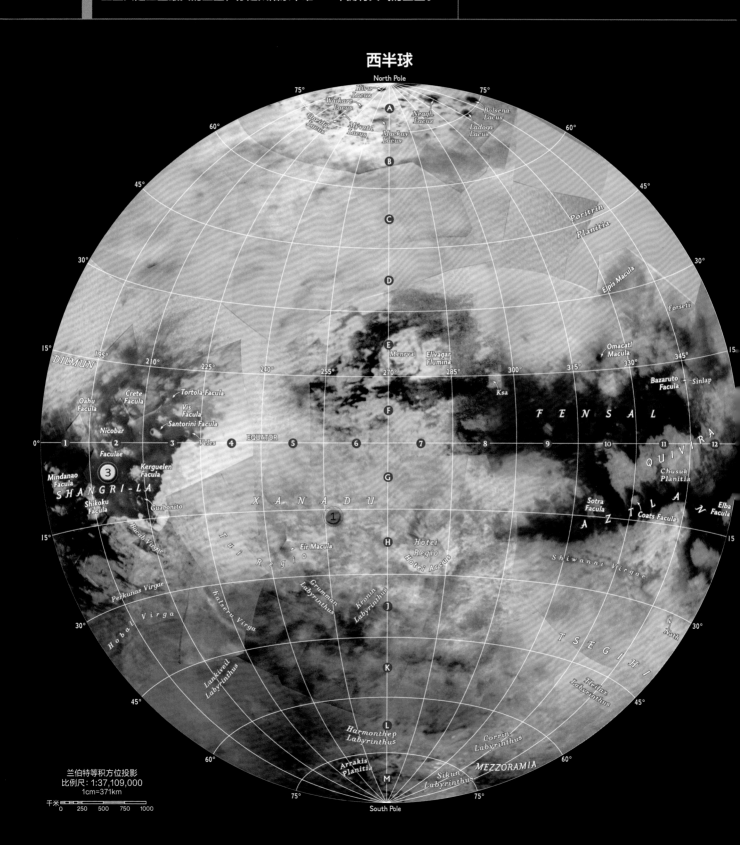

兰伯特等积方位投影
比例尺: 1:37,109,000
1cm=371km

千米 0 250 500 750 1000

东半球

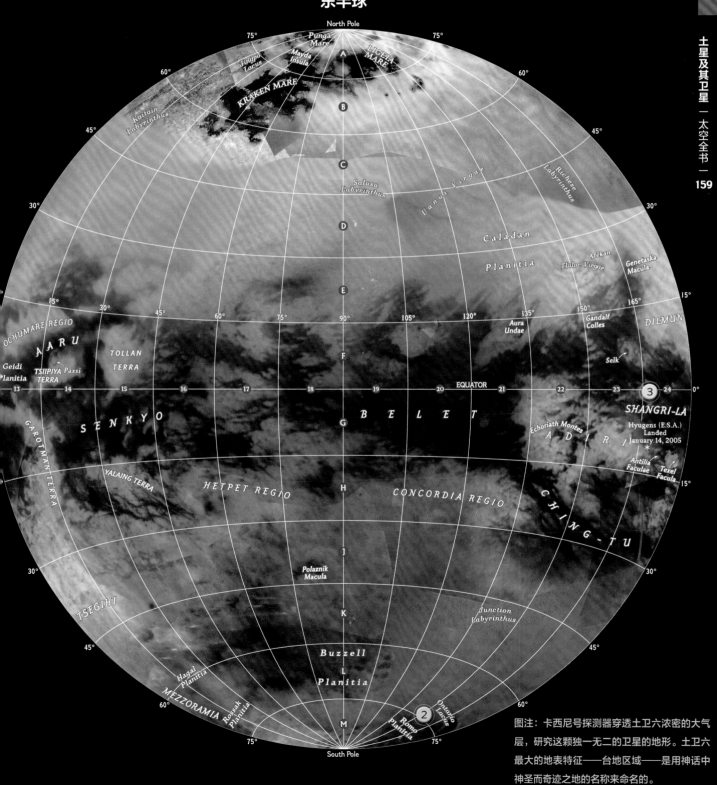

图注：卡西尼号探测器穿透土卫六浓密的大气层，研究这颗独一无二的卫星的地形。土卫六最大的地表特征——台地区域——是用神话中神圣而奇迹之地的名称命名的。

土星的卫星 | 土卫八

土卫八表面被明显分为了亮暗两种色调，这大概是由温度较高的前导半球喷发遗留的暗色物质所致。

西半球

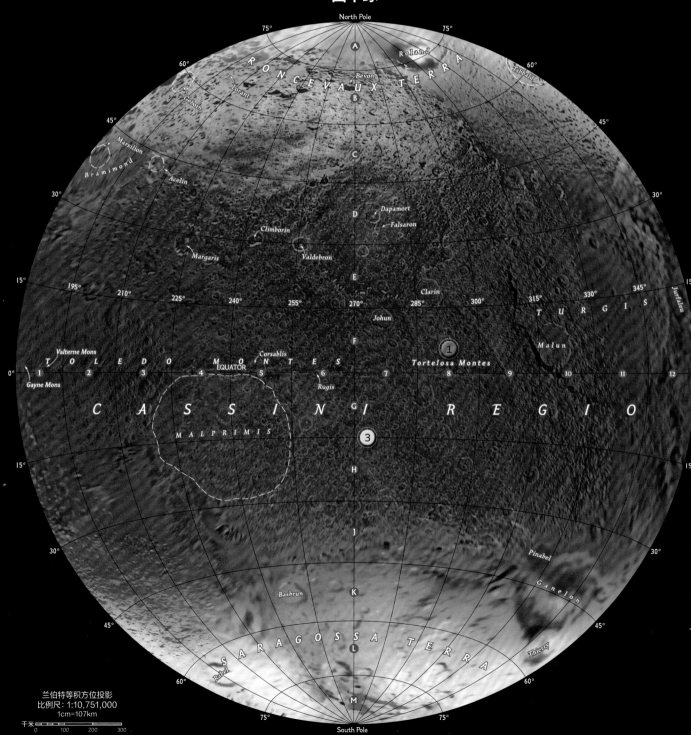

North Pole

75°　75°

60°　60°

RONCEVAUX TERRA

Roland

Tibbald

Bevon

Ilorant

Gerbin

45°　45°

Marsilion

Bramimond

Acelin

30°　30°

Dapamort

Falsaron

Climborin

Margaris

Valdebron

15°　15°

Clarin

195°　210°　225°　240°　255°　270°　285°　300°　315°　330°　345°

TURGIS

Jurfaleu

Johun

Malun

Valterne Mons

Corsablis

Tortelosa Montes

0°　TOLEDO MONTES　0°

EQUATOR

Gayne Mons　1　2　3　4　5　6　7　8　9　10　11　12

Rugis

CASSINI REGIO

15°　15°

MALPRIMIS

30°　30°

Pinabel

Ganelon

Basbrun

SARAGOSSA TERRA

45°　45°

Babel　Thierry

60°　60°

75°　75°

South Pole

兰伯特等积方位投影
比例尺：1:10,751,000
1cm=107km

千米
0　100　200　300

东半球

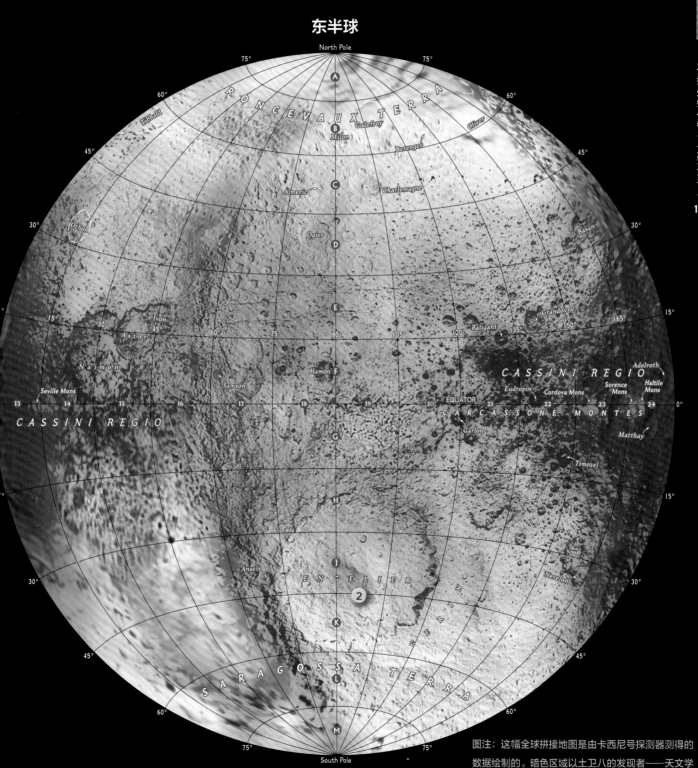

图注：这幅全球拼接地图是由卡西尼号探测器测得的数据绘制的。暗色区域以土卫八的发现者——天文学家乔凡尼·卡西尼的名字命名，其他地貌特征以《罗兰之歌》多萝西·赛耶斯译本中的名称命名。

土星的风是其大气层中的显著特征，有记录的最高风速高达每小时 1,800 千米，是太阳系中最猛烈的风之一。在这颗行星上，还引人注目地出现过一个被称为大白斑的短暂风暴系统。这一风暴在每个土星年（约 30 个地球年）土星北半球夏至前后出现。大白斑和木星的大红斑外观相似，首次于 1876 年被观测到，此后被断断续续观测到。

土星像木星一样，拥有强有力的大型磁场，因此如地球一般，土星的两极闪耀着极光，这是带电粒子沿着磁力线螺旋运动所致的。

拜访土星

科学家们除了用望远镜观测土星，还发射了不少探测器到土星。1979 年至 1982 年，先驱者号探测器和旅行者号探测器在向太阳系外行进时飞掠了这颗行星，在此过程中发现了一些新的卫星，并识别出土星环的一些新特征。此后，卡西尼号探测器于 1997 年发射升空，2004 年抵达并进入土星轨道。可以说，我们对土星及其卫星还有土星环的绝大部分深入认识都来自卡西尼号探测器。卡西尼号探测器在超长服役 13 年之后，于 2017 年，精准坠入土星的大气层，在撞击前还在回传数据。就像伽利略号坠落在木星上一样，这么做是为了避免任何来自地球的微生物污染土星的卫星。

事实上，科学家们观察土星时，很少关心这颗行星本身，他们更关注土星华丽的环系（我们将在下一部分进行探讨）以及它的卫星。土星和木星一样，拥有一个庞大的卫星家族——迄今已经发现了 62 颗卫星，其中 53 颗已有官方名称。和木星的情况类似，许多卫星都非常小，一些卫星甚至直径不足一千米。仅有 13 颗卫星直径超过

50 千米。在这些大卫星中，最为科学界所关注的两颗是土卫六和土卫二。

土卫六

土卫六于 1655 年由丹麦天文学家克里斯蒂安·惠更斯（1629-1695）发现。土卫六略大于水星，是太阳系中唯一拥有明显大气层的卫星，也可能是太阳系中唯一一个我们可以窥见与数十亿年前地球上生命诞生相关的化学物质的地方——这就是土卫六能成为科学探测的焦点的原因。

我们认为土卫六厚厚的冰层下有着岩质的核，或许还存在水和氨组成的海洋。土卫六的大气层中主要成分是氮气，由于云层的遮挡，我们无法直接窥见其表面，因此像金星一样，直到探测器造访，土卫六才肯露出它的真面目。

土星的结构剖面图，这是我们目前关于土星内部结构的最新认识。像木星一样，土星可能有一颗被金属氢所包裹的岩质核，最外层是由液态的氢和氦构成的。

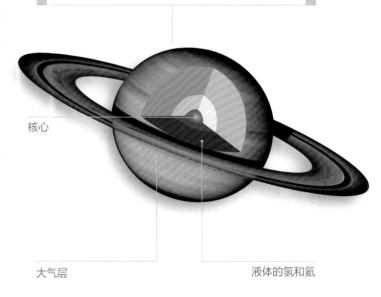

核心

大气层　　　　　　　　　　　液体的氢和氦

土卫一在土星面前只是一个小点。土卫一（在右图下方）在大片蓝色的土星北半球上方绕着土星转。图中土星上的暗带是土星环在土星表面投下的阴影。

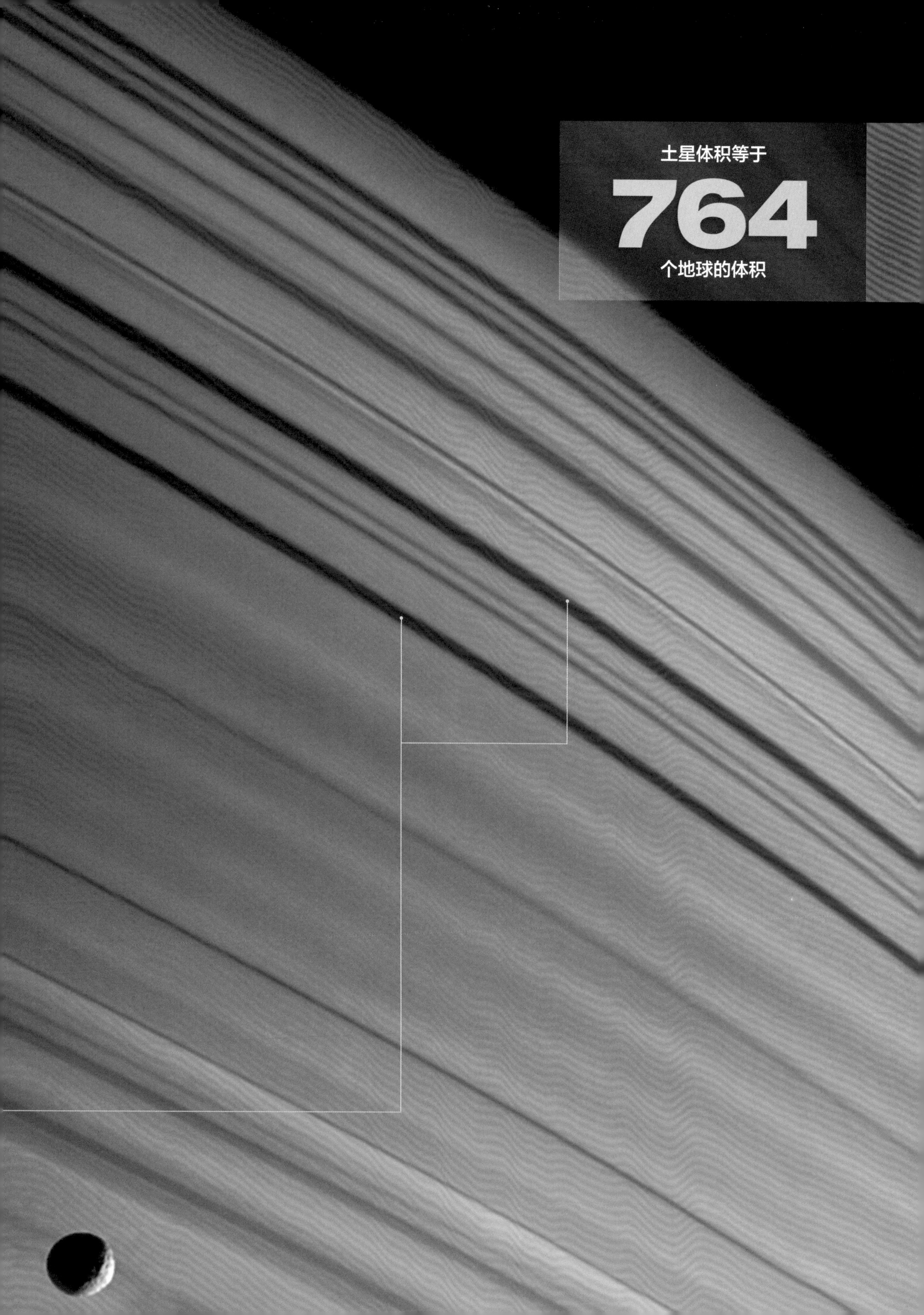
土星体积等于
764
个地球的体积

卡西尼号于 2004 年 7 月抵达土星，几个月之后向土卫六的大气层中释放了惠更斯号探测器。（最终，卡西尼号近距离飞掠土卫六超过 125 次。）通过降落伞缓冲成功软着陆之后，惠更斯号探测器传回了土卫六表面的首张图像。令人讶异的是，土卫六的表面看上去竟然和地球表面非常相似！正如一位研究人员所说："土卫六的陌生之处在于它熟悉得让人感到诡谲。"

事实上，土卫六的赤道地区覆盖着和撒哈拉沙漠一般辽阔的沙丘，还零星散落着岩质山丘，极地地区则是大型的液态湖泊，其中一个比北美五大湖之一的安大略湖稍大，于是就以后者的名称命名。

土卫六和地球的相似之处主要在于以下两点：首先，土卫六非常寒冷，其表面温度徘徊在 -180℃上下。其次，在这么低的温度下，一些我们原本熟悉的物质变成了陌生的状态。譬如，

水冰和花岗岩一样坚硬，在相对温暖惬意的地球上以气态存在的甲烷，则变成了液态。在观察土卫六的过程中，我们发现，那些熟悉的物理或化学过程，有一些陌生的物质参与其中。

举个例子，土卫六的高层云主要成分是类似甲烷或者乙烷（甲烷的同系物）的烃分子，这些分子和阳光中的紫外线反应生成了雾霾层，就像天气糟糕时的洛杉矶上空挥之不去的雾霾一样。这些烃分子所构成的"雨"降落在土卫六表面上，形成赤道地区的"沙砾"。（一位研究者将这种物质比作一堆咖啡残渣。）这些湖泊的主要成分是液态甲烷，这些甲烷就像地球上的水一样，在土卫六的大气中凝结、降雨，以形成一些似曾相识的地表特征。

科学家们关注土卫六是因为烃分子是有机分子，这正是我们认为的与地球上生命诞生有关的分子相似的物质。我们会在第 228 页看到，有机

漂浮的世界

太阳系中的行星密度千差万别，地球密度最大，土星密度最小。任何天体的密度衡量的是它里面能装多少"东西"，或者严格来说，密度就是单位体积内包含多少质量。水的密度是每立方厘米 1 克，我们通常以此为标准来衡量其他物体的密度。如果把水的密度视为 1，那么铁的密度大约是 7.9，地球的密度大约是 5.5。有趣的是，冰的密度大约是 0.92，比水的密度还要小些。这就解释了为什么冰能浮在湖泊和池塘的表面——因为任何密度比 1 小的物质都会漂浮在水上。

测量行星的密度要求我们先测量出行星的质量和体积，后者要容易一些。如果我们知道这颗行星距我们有多远，它看上去视圆面有多大，我们就可以求出它的半径。据此，我们就可以通过简单的几何学知识计算出体积。测量质量要稍稍难一点，但是如果这颗行星有卫星，我们就可以通过观测卫星的轨道计算出行星的质量。

当应用这种办法计算土星的质量时，我们就会发现，土星的体积是地球的764 倍，质量是地球的 95 倍。换算成密度大约是 0.69，比水的密度还小，甚至比太阳的密度还小。如果你能找到足够大的海洋，土星肯定能漂浮在上面！

土星

土星能漂浮在水中

水星　　地球

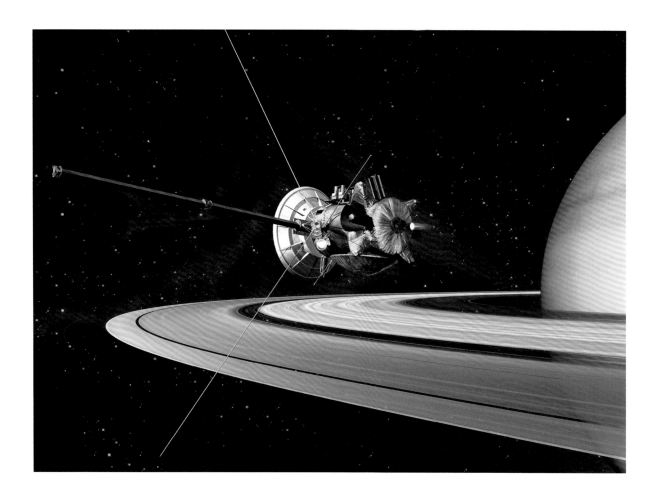

分子的产生是从无生命的物质中诞生生命的第一步。我们希望通过研究土卫六上正在进行的这些过程，来更多地了解40亿年前的地球上生命是如何诞生的。

艺术家想象中的卡西尼号探测器进入土星轨道的场景。卡西尼号探测器发射于1997年，2004年抵达土星，是有史以来最大最复杂的探测器之一。2004年12月，惠更斯号探测器被释放到土卫六的大气层中。卡西尼号探测器是由欧洲16个国家和NASA共同合作研制的探测器，其任务结束于2017年。

土卫二

土卫二是土星的第六大卫星，很早就以其水冰构成的表面为人所知。2005年，卡西尼号在这颗卫星的南极地区观测到间歇喷泉的喷发，间歇喷泉中存在着液态水。就像木星的卫星木卫一一样，土卫二也很可能被土星的潮汐力作用加热。卡西尼号多次飞掠土卫二，最近的一次飞掠距离土卫二表面不到30千米。多次的飞掠证实了这些间歇喷泉所喷发的大部分物质是水蒸气。科学家们现在相信土卫二表面下存在着和苏必利尔湖一样大的海洋。

在2017年，NASA宣布了对这些间歇喷泉喷发物质的进一步研究，表明土卫二的地下海洋和土卫二内部翻涌而上的物质存在接触，这个现象和地球海洋中的深海热泉口一样。由于生命是在地球的热泉口附近孕育的，科学家们认为生命也可能在土卫二（或其他卫星）上孕育。

土星的光环是太阳系中最华丽的，至少也是最壮观的天体结构。土星光环主要由环绕土星的大块水冰构成。在地球上，只通过小型望远镜就可以观察到它们因为反射太阳光所产生的美轮美奂的景致。和许多太阳系内的天体一样，1610 年，伽利略通过望远镜首次发现土星光环。由于他的设备在如今的标准下看起来还比较粗糙，以至于他看到的光环就像是土星两侧的小点一样。他也因此把光环错认为卫星，还一度描述土星长着"耳朵"。直到 1655 年，丹麦天文学家克里斯蒂安·惠更斯使用了改良的望远镜，才确认这两只"耳朵"就是环绕在这颗行星周围的光环。

SATURN'S RINGS
土星光环

【 晶莹的冰环 】

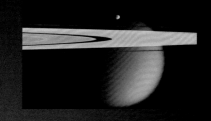

发现者：伽利略·伽利雷
发现时间：1610 年 7 月
名称含义：环和环缝依据发现时间早晚以字母表顺序和一些科学家的名字命名

最大的一些环以及这些环到土星中心的距离：
D 环：67,000-74,490 千米
C 环：74,490-91,980 千米
B 环：91,980-117,500 千米
A 环：122,050-136,770 千米
G 环：166,000-174,000 千米
E 环：180,000-480,000 千米

（底图）土星光环的假彩色照片。
（插图）土星的 A 环和 F 环横亘在土卫六和小小的土卫十一之前。

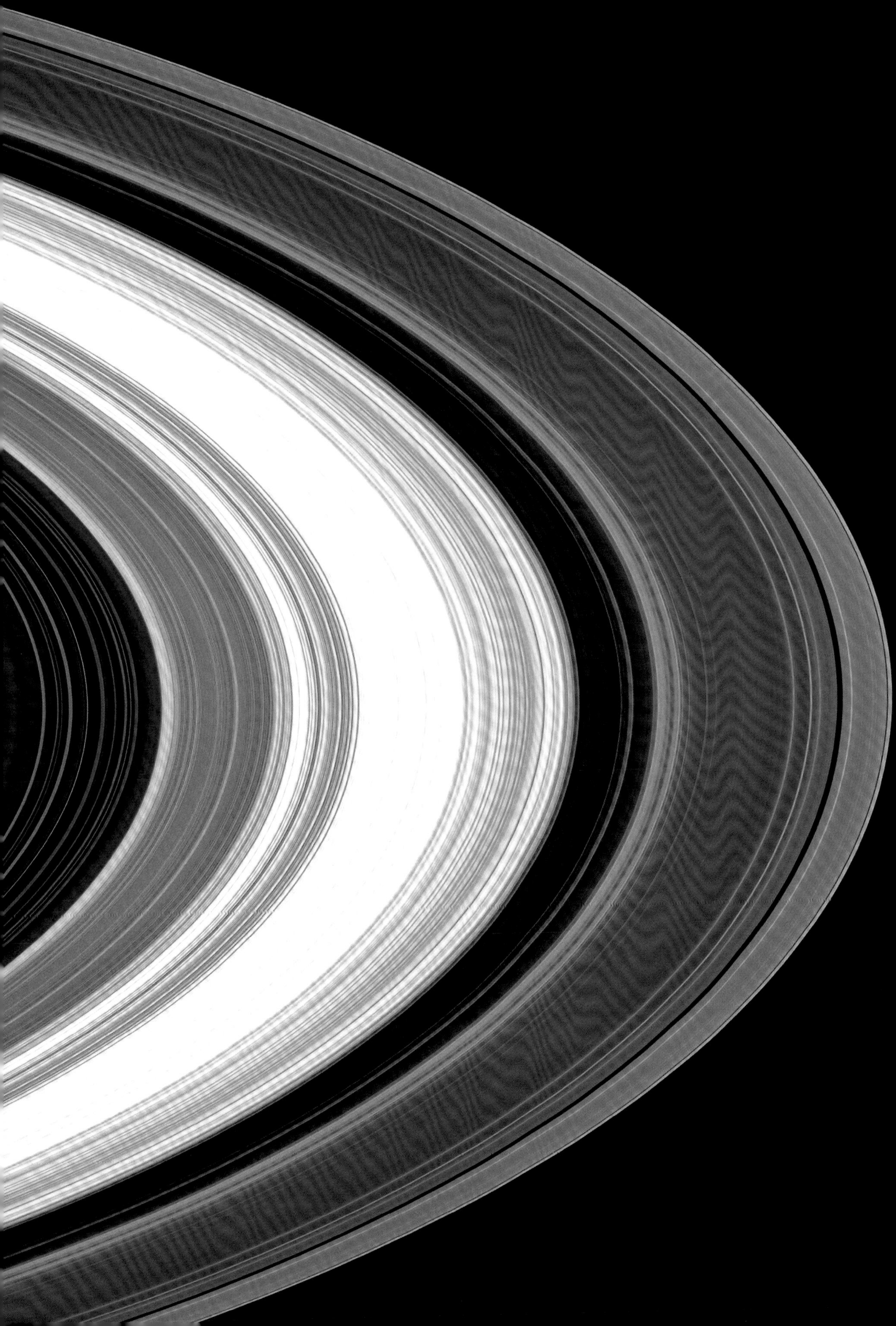

土星光环

从诸多小环到大型光环 A 环、B 环和 C 环。土星光环被许多大小不一的环缝所分开。

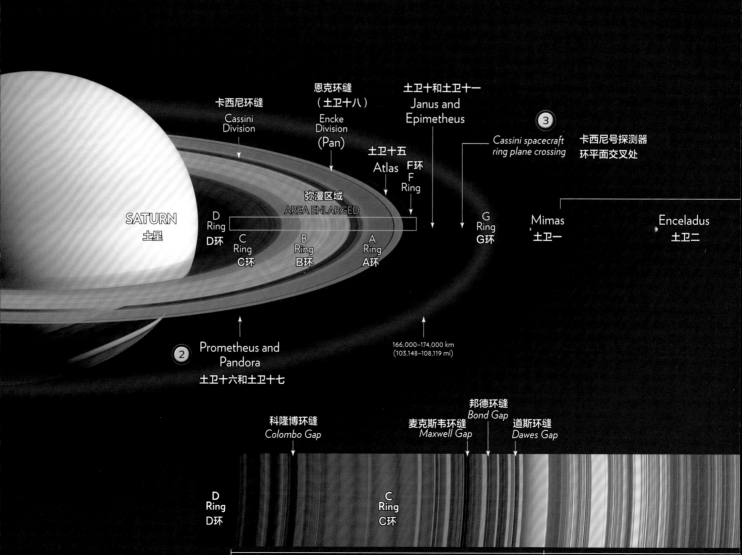

卡西尼环缝
Cassini
Division

恩克环缝
（土卫十八）
Encke
Division
(Pan)

土卫十和土卫十一
Janus and
Epimetheus

Cassini spacecraft
ring plane crossing

卡西尼号探测器
环平面交叉处

土卫十五
Atlas

F环
F
Ring

弥漫区域
AREA ENLARGED

SATURN
土星

D
Ring
D环

C
Ring
C环

B
Ring
B环

A
Ring
A环

G
Ring
G环

Mimas
土卫一

Enceladus
土卫二

② Prometheus and
Pandora
土卫十六和土卫十七

③

166.000–174,000 km
(103,148–108,119 mi)

科隆博环缝
Colombo Gap

麦克斯韦环缝
Maxwell Gap

邦德环缝
Bond Gap

道斯环缝
Dawes Gap

D
Ring
D环

C
Ring
C环

关键词

① **卡西尼环缝：** 土星环系中最大的环缝。

② **土卫十六和土卫十七：** 小的牧羊犬卫星（译注：牧羊犬卫星指清空了某个环缝的卫星。最近的研究认为，土卫十六和土卫十七二者中，只有土卫十六才是牧羊犬卫星，土卫十七其实并不是）。

③ **卡西尼号环平面交叉处：** 卡西尼号轨道器飞越过的环缝。

土卫六　　Titan
土卫七　Hyperion
土卫八　　Iapetus
土卫九　　Phoebe

E环
E Ring

土卫六方向
To Titan

180,000–480,000 km
(111,847–298,258 mi)

Tethys
土卫三

Dione
土卫四

Rhea
土卫五

杰弗里环缝 *Jeffreys Gap*
罗素环缝 *Russel Gap*　　　　　*Kuiper Gap* 柯伊伯环缝
赫歇尔环缝 *Herschel Gap*　*Laplace Gap* 拉普拉斯环缝
惠更斯坎缝 *Huygens Gap*　*Bessel Gap* 贝塞尔环缝
　　　　　　　　　　　Barnard Gap 巴纳德环缝

恩克环缝
Encke Gap

基勒环缝
Keeler Gap

B
Ring

①

Cassini
Division
卡西尼环缝

A
Ring
A环

Roche
Division
洛希环缝

F
Ring
F环

117,500 km　　　　122,050 km　　　　　136,770 km　140,224 km

尽管如今我们已经知道所有的巨行星都有环系，但土星环仍然是太阳系中最大、最完整的。这些光环自发现之日起，就一直激发着人类无尽的想象。例如，1837 年英国牧师托马斯·迪克出版的《天体风景——行星系统所呈现的奇迹，表明神之完美与众多世界》（*Celestial Scenery*）一书，不仅有着浮夸的书名，书中估计居住在土星环上的人口数量高达 8,141,963,826,080！

对这位可尊可敬的牧师来说，不幸的是，18-19 世纪的科学计算清晰地表明：土星光环不可能是固态的，像宇宙中的呼啦圈似的，也不可能是液态的。因为在这两种情况下，施加于光环的力就不可能稳定。早期的科学家就知道，光环是环绕着土星的颗粒物的集合。其实，现在我们知道，光环主要是由大小从几厘米宽的冰碎片到数米宽的冰砾构成的。最令人惊讶的事情是，尽管光环看起来非常显著而壮观，但实际上却十分薄。估计光环的平均厚度仅有 10 米左右，大约仅仅是普通两层楼那么高。

环、小环与环缝

在科学家们了解了一些最基本的环系动力学理论知识的同时，天文学家们利用望远镜发现了一些环的结构。1675 年，意大利天文学家乔凡尼·卡西尼（1625-1712）发现这些环并不是单个连续的环，而是在不同的部分之间存在着暗缝。迄今为止，在这些环缝中，最大的一个被称为卡西尼环缝。其实，从地球上观测，光环中有两个主要的环缝，将整个光环分为三部分。这些光环以异常缺乏想象力的方式被命名为 A 环、B 环和 C 环。尔后一些新发现的环继续按字母表顺序被依次命名到 G 环，其中一些同时以那些最影响它们的卫星名字来命名。一些微弱的尘埃环距离

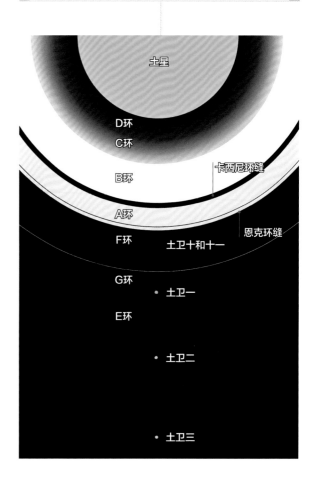

土星光环依据发现顺序按照字母表顺序命名，环缝则以发现它的天文学家名字命名。这些环缝似乎是受到土星许多卫星的引力影响而维持的。

土星数百万千米，主环则延伸自距离土星中心大约 74,000 千米至 137,000 千米的地方。（作为参考，我们的月球距离地球 375,000 千米远。）

从 1980 年旅行者号探测器的飞掠，到 2004 年卡西尼号探测器的抵达，我们越来越了解土星环。现在，我们知道这些光环的结构其实很复杂，成百上千个环缝分隔出许多小环。而这些环缝并不是完全空着的，仅仅是其中的物质极其稀疏而已。这些环缝似乎是受土星卫星一系列的引力影响而维持的。在某些情况下，离土星近的卫星仅

艺术家想象中的构成土星环的冰砾。光环中的这些颗粒实际上十分微小，也就是卵石到巨砾那么大。土星的卫星扮演着牧羊犬的角色，因为它们的引力会将这些微粒维持在狭窄的轨道内。

仅是清出一条缝隙；而在其他很多情况下，这种过程更加复杂。但总之，维持这些环的结构依赖于这些卫星及其引力的双重影响。

一种可能的例外是所谓的"轮辐"现象，该现象被探测器断断续续地观测到。这是一些在光环上移动的线状特征，线条的明暗取决于阳光从那些"轮辐"上是被反射还是穿透而过。我们认为"轮辐"可能是由在土星表面的风暴中所产生的因静电而悬浮在环面上的细小尘埃微粒组成的。

某颗卫星的残骸？

最后，我们来关注一下如此之大的环系是如何形成的。目前最流行的理论是，这些微粒是一颗古老的卫星遗留下的碎屑。光环中物质的含量和在许多土星现有卫星中发现的相似。该理论的不同说法有，这颗卫星因为距离土星过近或者遭遇了一场碰撞而破碎。如果碰撞理论成立的话，土星光环就可能成为40亿年前太阳系晚期重轰炸期（详见第59页）的另一处遗迹（译注：卡西尼号的数据表明，假如环上物质落入土星的流量是恒定的，土星环很可能是在1000万年至1亿年前形成的）。

我们对于太阳系中最末的两颗行星所知甚少，所探亦甚少。它们可能形成于比现在的轨道离太阳更近一些的位置。尽管这两颗行星彼此相似，但它们和气态巨行星木星和土星迥然不同。天王星和海王星的大气中含有许多天文学家所谓的"冰"的物质，这些"冰"是由水、氨和甲烷混合凝结而成，因此它们还被称为冰巨行星。这些冰巨行星的体积介于类地行星和气态巨行星之间，比如海王星的质量是地球的 17 倍，却只有木星的十九分之一。

URANUS & NEPTUNE
天王星和海王星

【 冰巨行星 】

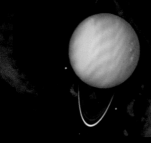

天王星发现者：威廉·赫歇尔
天王星发现时间：1781 年 3 月 13 日
天王星名称含义：希腊神话中的天空之神
天王星质量：地球质量的 14.54 倍
天王星体积：地球体积的 63.09 倍

海王星发现者：奥本·勒维耶、约翰·柯西·亚当斯和约翰·伽勒
海王星发现时间：1846 年 9 月 23 日
海王星名称含义：罗马神话中的海洋之神
海王星质量：地球质量的 17.15 倍
海王星体积：地球体积的 57.72 倍
天王星和海王星的卫星数目：27 和 14
行星环系：两颗行星都有

（底图）艺术家笔下海王星和它的光环以及卫星海卫一。
（插图）天王星。

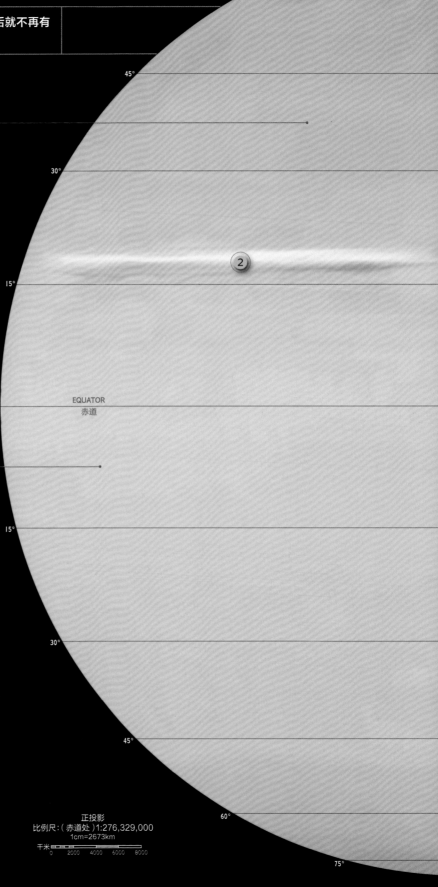

天王星

遥远而依然神秘的天王星，1986 年之后就不再有探测器前去探访。

天王星的自转轴和公转平面几乎是平行的，因此可以被认为是"躺着"自转的。当天王星公转时，它总有一个极区被阳光照亮，而另外一个极区则是黑暗的。天王星公转一周大约需要 84 个地球年，所以每个极区都有 42 年的白昼和紧随其后的 42 年黑夜。

天王星大气层中的甲烷气体吸收了可见光中的红光，因此只有蓝光被反射出来，使得天王星呈现出独特的蓝绿色。

不同于地球的磁轴和自转轴有 11°的夹角，天王星的磁轴和自转轴竟然有 59°的夹角。另一件令人感到迷惑的事情是，天王星的磁轴并未穿过这颗行星的中心。

EQUATOR
赤道

正投影
比例尺：（赤道处）1:276,329,000
1cm=2673km

千米
0   2000   4000   6000   8000

60°

关键词

1 **北极：** 到 2028 年，天王星的北极会正朝太阳。

2 **云：** 天王星上所观测到的云会向夏季的北半球移动。

3 **大气层的颜色：** 甲烷吸收红光，使得天王星呈现蓝绿色。

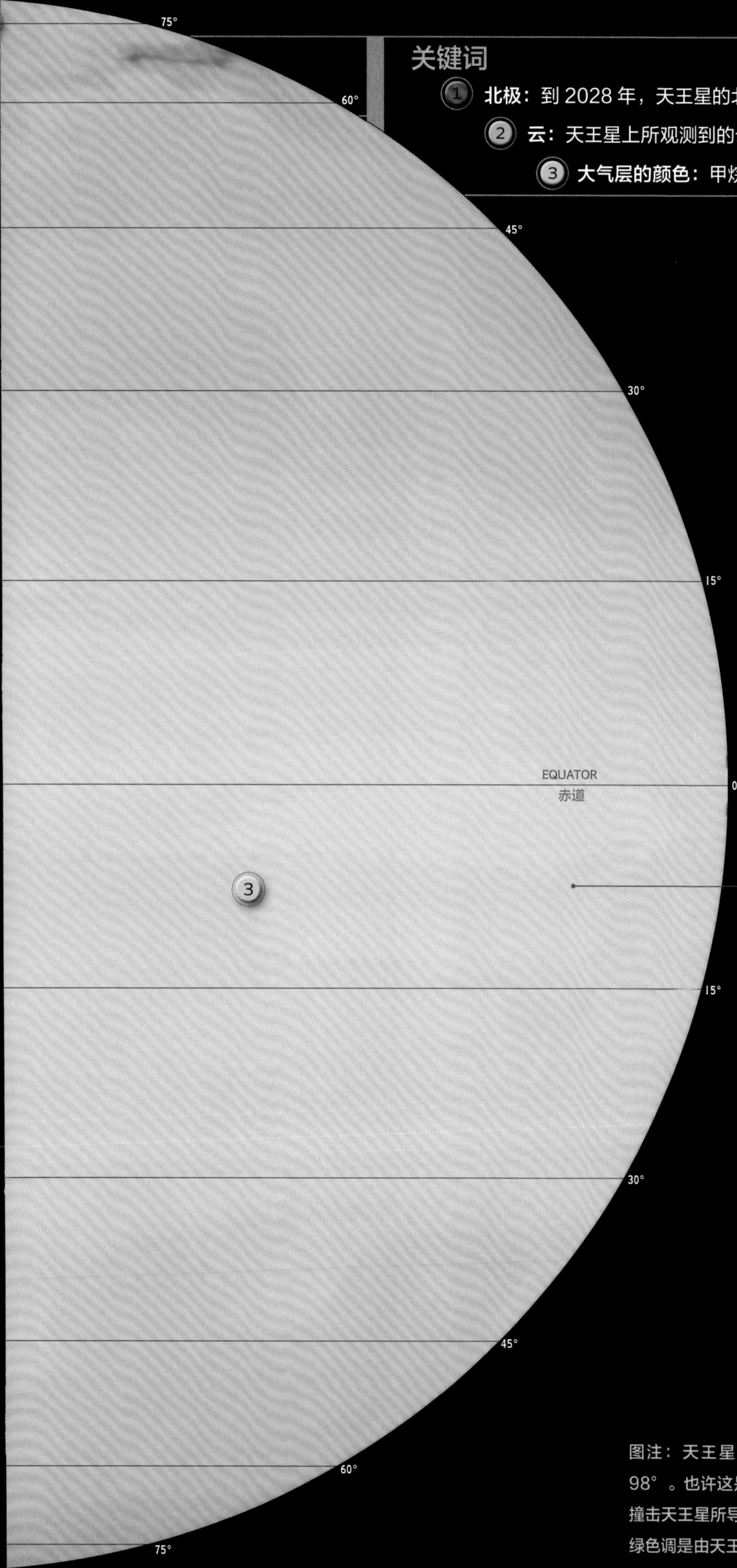

45°

30°

15°

EQUATOR
赤道

0°

3

15°

尽管被高层云所遮掩，天王星
的大气层与木星、土星一样，
也是由暗条和亮带所构成。科
学家们利用对非可见波段的观
测来研究天王星的大气层。

30°

45°

60°

图注：天王星在太阳系中独一无二的是，它的自转轴倾斜了
98°。也许这是因为在遥远的过去，有一颗地球大小的天体剧烈
撞击天王星所导致的。这幅旅行者2号拍摄的全球拼接图像中的蓝
绿色调是由天王星大气中的甲烷所致。

天王星的卫星 | 天卫五和天卫一

天卫五的地形是太阳系中最支离破碎的地形之一。天卫一也许尚有近期的地质活动。

天卫五－南半球

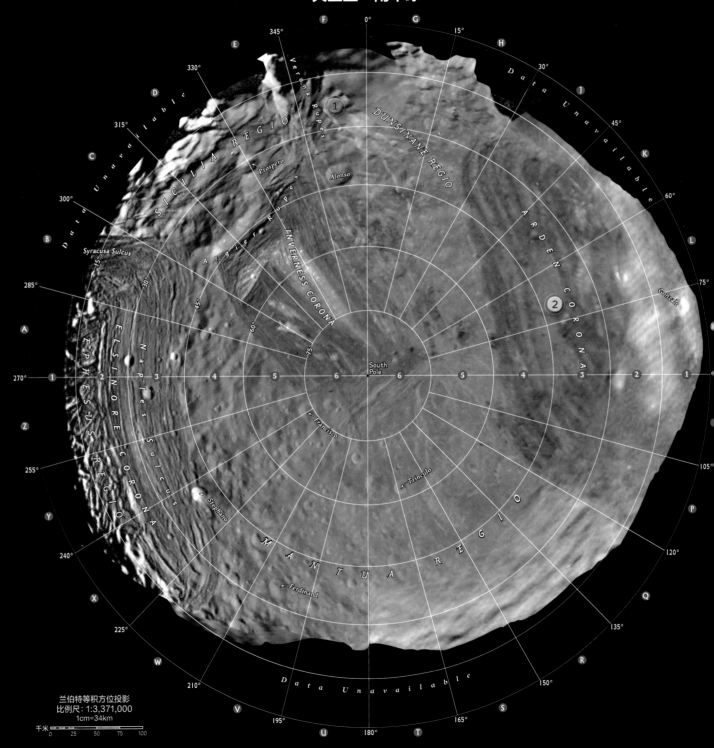

兰伯特等积方位投影
比例尺：1:3,371,000
1cm=34km

千米
0 25 50 75 100

关键词

1 **维罗纳断崖：** 诸多峭壁和峡谷中的一个。

2 **阿尔丁冕状物：** 充满沟槽的地形，可能是由于位于更温暖的冰层之上。

3 **克奇纳深谷：** 可能是由断层作用形成的峡谷。

天卫一－南半球

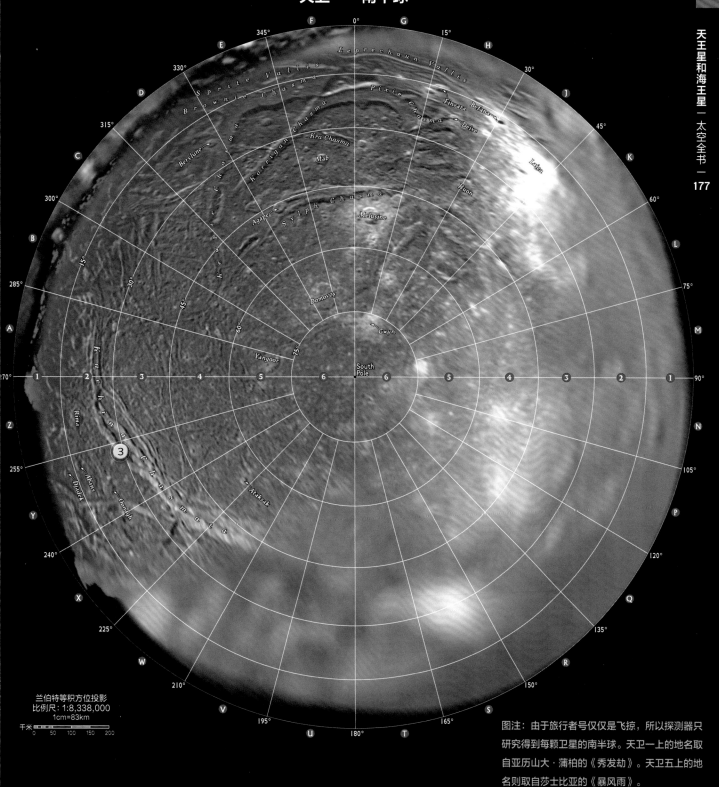

兰伯特等积方位投影
比例尺：1:8,338,000
1cm=83km

千米 0 50 100 150 200

图注：由于旅行者号仅仅是飞掠，所以探测器只研究得到每颗卫星的南半球。天卫一上的地名取自亚历山大·蒲柏的《秀发劫》。天卫五上的地名则取自莎士比亚的《暴风雨》。

天王星的卫星 | 天卫二和天卫三

谜一般深色的天卫二有着古老的表面。天卫三是天王星最大的卫星，可能依然有着活跃的地质活动。

天卫二 - 南半球

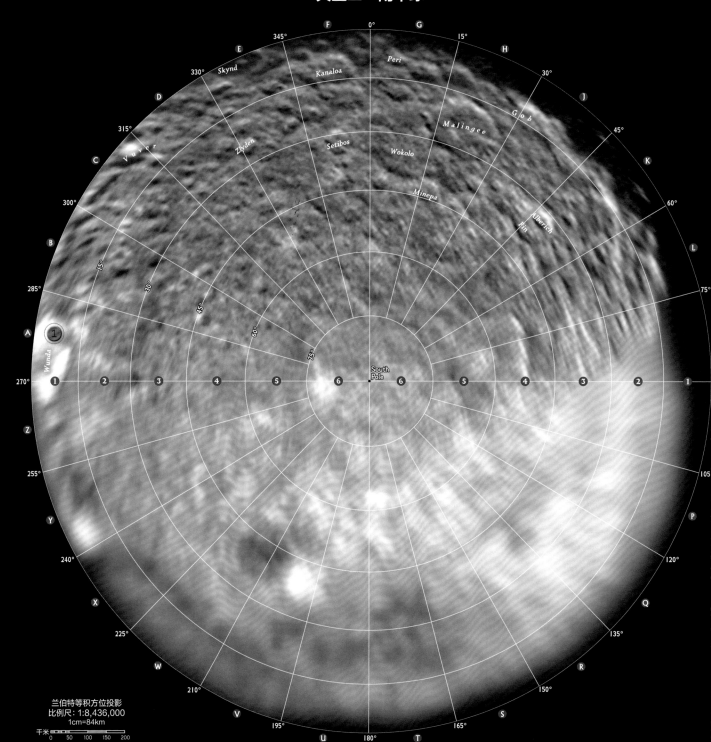

兰伯特等积方位投影
比例尺：1:8,436,000
1cm=84km

千米
0 50 100 150 200

关键词

① **旺达环形山：** 一个有着诡异的明亮边缘的撞击坑，可能是因为结霜或者撞击沉积物所致。

② **墨西拿深谷：** 长达 1500 千米的峡谷。

③ **胡西雍断崖：** 400 千米长的年轻断崖。

天卫三－南半球

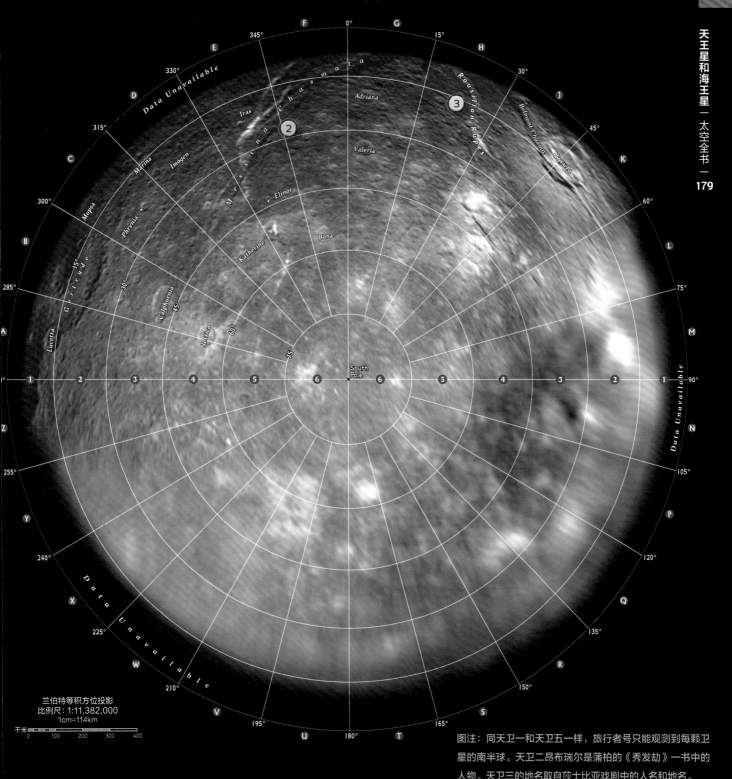

图注：同天卫一和天卫五一样，旅行者号只能观测到每颗卫星的南半球。天卫二昂布瑞尔是蒲柏的《秀发劫》一书中的人物。天卫三的地名取自莎士比亚戏剧中的人名和地名。

海王星

多冰的海王星闪耀着亮蓝色的光，轨道有时在冥王星之外。

海王星的大气层和其他带外巨行星一样，被分为暗带和亮条。这颗行星独一无二之处在于，它的风是向东移动的，和海王星的自转轴相反。

海王星与木星和土星相似，辐射出的热能比它从太阳那里获得的要多。目前科学家尚未了解其中原因。

一些科学家通过研究旅行者号拍摄的海王星照片，认为这个深色点特征并不像木星的大红斑，它不是一个风暴。它的尺寸忽大忽小，可能是大气层中高云层的一处大型空洞。自从哈勃太空望远镜开始观测这颗蓝色的行星之后，这处特征就消失了。

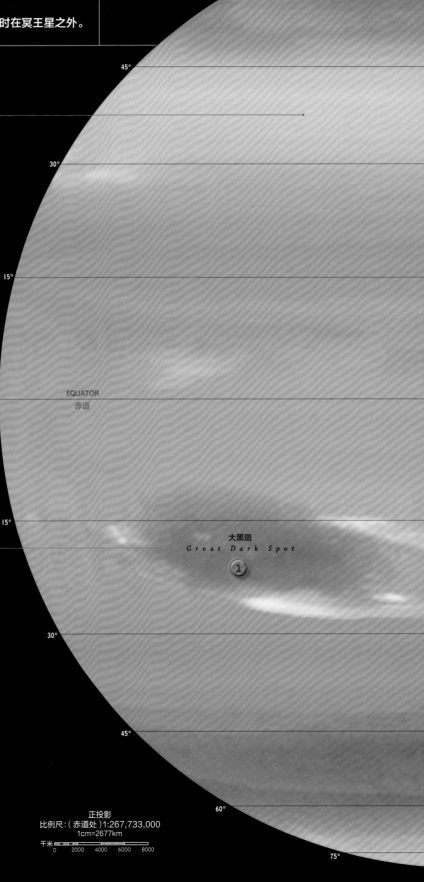

正投影

75°

60°

45°

30°

15°

0°
EQUATOR
赤道

15°

大黑斑
Great Dark Spot
①

30°

45°

60°

75°

比例尺:（赤道处）1:267,733,000
1cm=2677km

千米
0   2000   4000   6000   8000

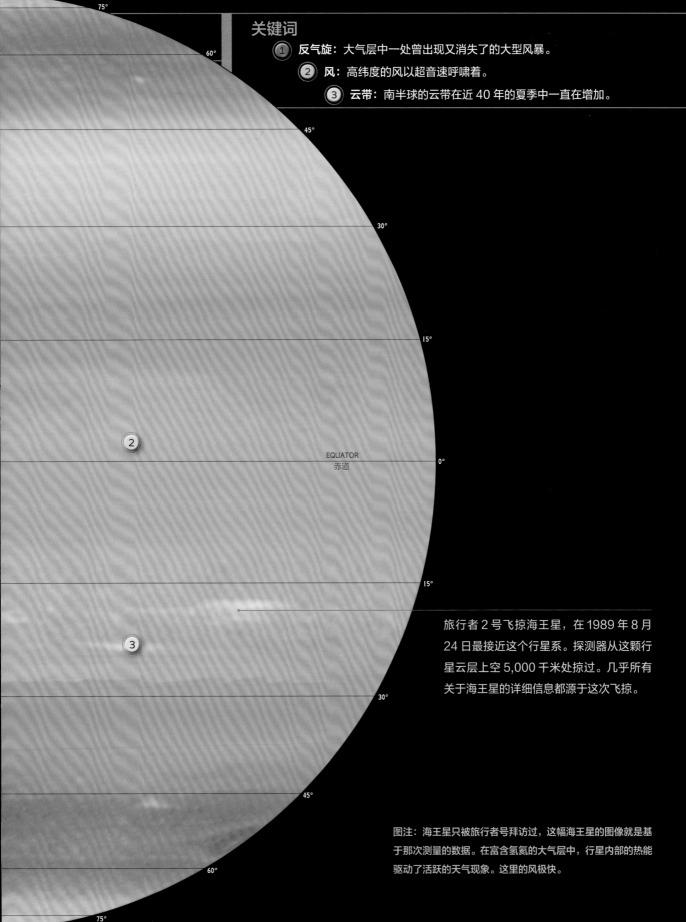

关键词

① **反气旋：** 大气层中一处曾出现又消失了的大型风暴。

② **风：** 高纬度的风以超音速呼啸着。

③ **云带：** 南半球的云带在近 40 年的夏季中一直在增加。

EQUATOR
赤道

旅行者 2 号飞掠海王星，在 1989 年 8 月 24 日最接近这个行星系。探测器从这颗行星云层上空 5,000 千米处掠过。几乎所有关于海王星的详细信息都源于这次飞掠。

图注：海王星只被旅行者号拜访过，这幅海王星的图像就是基于那次测量的数据。在富含氢氦的大气层中，行星内部的热能驱动了活跃的天气现象。这里的风极快。

海卫一

海卫一是海王星最大的卫星。表面温度只有－240℃的海卫一甚至比冥王星还要寒冷。

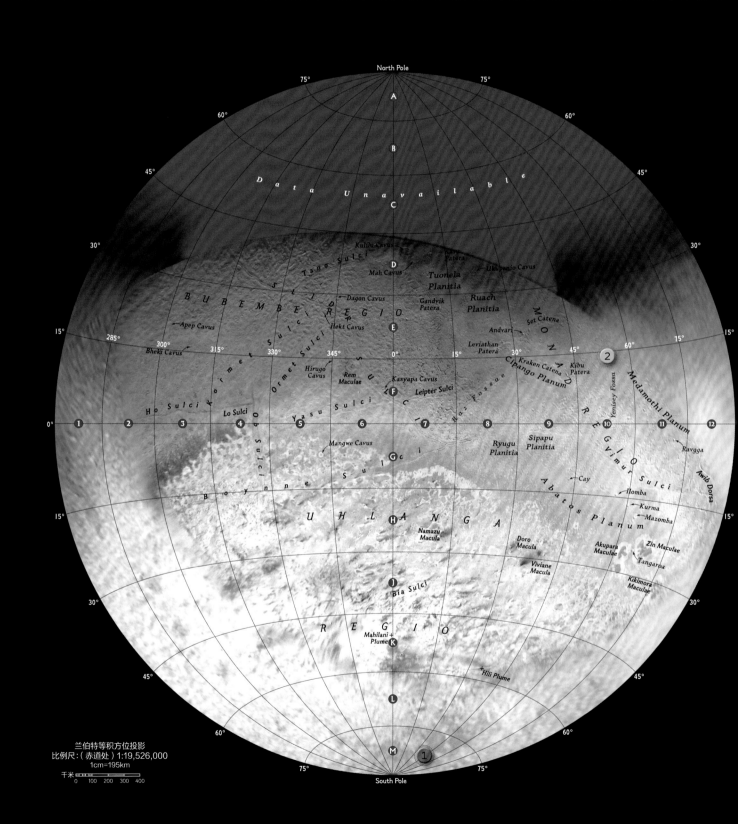

兰伯特等积方位投影
比例尺:（赤道处）1:19,526,000
1cm=195km

千米
0　100　200　300　400

① **南极：** 该区域有冰冻的氮和甲烷构成的冰盖。

② **冰火山：** 深色条纹可能是冰火山所喷发出的沉积物。

③ **甜瓜形地表：** 这幅放大的细节图显示了海卫一冰冻的褶皱表面。

图注：旅行者号在飞出太阳系的途中飞掠了海卫一，传回了这颗卫星的局部图像。科学家们用一些地球上与水相关的名称来命名这颗行星的地貌特征。冰火山喷发的物质散落在其表面，有些科学家认为喷发出的可能是氮。

我们认为高空云层之下，天王星和海王星有着相似的结构。它们都有着由氢、氦和甲烷所构成的大气层，越接近表面越稠密。尽管没有明确定义的表面，大气层到了某个面就逐渐过渡为由相同物质组成的高温液态。由于距离太阳太远，这些液体如此之热并不是通过太阳的热量加热的，而是因为行星内部的超高压。（将这类混合物称作"冰"是天文学术语的习惯，即便它们是一些数千度高温下的高密度液体）。这两颗行星的正中心都是一个约有地球大小的小岩质核心。天王星和海王星如同所有的气态巨行星一样，有许多卫星和环系。

行星的倩影

关于这些冰巨星，最有趣的事情就是发现它们的经过。

其实，天王星在正式被发现之前，就已经被观测到了很多次。但它实在太暗淡了，而且移动得太慢了，以至于人们一直误认为它是一颗恒星。英国天文爱好者威廉·赫歇尔首次意识到这是一个错误，这颗暗淡的移动速度极慢的天体实际上是颗行星。赫歇尔出生于德国，是巴斯一个小教堂的首席风琴手。他在闲暇时间自己制作望远镜并观测天空。1781 年 3 月 13 日，他通过望远镜看到了一个奇怪的天体。起初，他认为这可能是颗彗星，可之后的计算表明，这颗天体是太阳系中的一颗行星，而赫歇尔也成了有明确记录的历史上第一位发现新行星的人。（赫歇尔想要以纪念乔治三世之名，将这颗行星命名为乔治之星。该名称并不受人们欢迎，但赫歇尔还是从乔治三世那里得到了终生赞助。）

如今关于天王星的大部分信息，都是我们从旅行者 2 号探测器在 1986 年飞掠天王星时获得的。甲烷（天然气）是天王星大气层中第三丰富

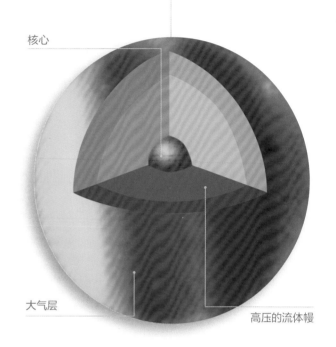

天王星的剖面图。这颗冰巨星比木星和土星要小一些，有一个岩质的核，一个冰质的幔层，外面覆盖着气态的氢和氦。天王星的大气层厚达其半径的 20%。

核心

大气层

高压的流体幔

的成分，它使得这颗行星呈现蔚蓝色。然而，天王星更引人注目的性质是它的自转轴：天王星的自转轴和公转平面近乎平行，其自转轴倾斜了 98 度，这意味着这颗行星在"躺着"自转，这可能是由这颗行星形成不久后遭遇的一次撞击导致的。天王星环绕太阳公转一周需要 84 个地球年，因此每个极区会被阳光照射 42 年，紧随其后的是 42 年的黑夜。

天王星有 27 颗卫星，均以莎士比亚笔下的人物来命名，例如天卫一（艾瑞尔）和天卫五（米兰达）。天王星还有 13 个窄环。

狂风星球

如果说天王星的发现带着点观测上的机缘巧合，海王星的发现则完全是严谨计算的成果。在

对天王星随后的跟踪观测中发现，实际观测的天王星位置和引力定律所预测的天王星位置开始出现偏差。两位青年天文学家，英国的约翰·柯西·亚当斯和法国的奥本·勒维耶，开始各自思考这些偏差是不是因为有另外一颗离太阳更加遥远的未知行星的引力作用。几经策划和沟通，柏林天文台的天文学家们将他们的望远镜指向了预测的未知行星所在的方向。终于，1846 年 9 月 23 日，约翰·伽勒观测并记录到这颗我们如今称之为海王星的行星。

不同于天王星，海王星自转轴的倾角和地球相似，所以海王星四季分明。1989 年，旅行者

2 号在探访了天王星之后继续拜访了海王星，揭示了海王星表面的大型风暴。这些被称作大黑斑、小黑斑以及被谐称为"滑板车"的风暴（译注："滑板车"是海王星上一片运动很快的、三角形的云的谐称），和木星的大红斑外表相似，但它们似乎只持续了几个月而不是数个世纪。海王星有着太阳系中最强劲的风——持续风速达每小时 2,100 千米。

海王星如同天王星一样拥有窄环，这些环以一些典型的法文名字命名，例如自由、平等和博爱。

海卫一

海王星和所有巨行星一样，有许多卫星（目前已发现的有 14 颗），但其中有一颗卫星鹤立鸡群。海卫一非常大，比冥王星都大，大到它自身的引力足以将自己塑造成球形。但有趣的是，作

天王星（背景处）及其细环，和它五颗最大卫星示意图。这些卫星从左至右分别是天卫二、天卫五、天卫四、天卫三和天卫一。

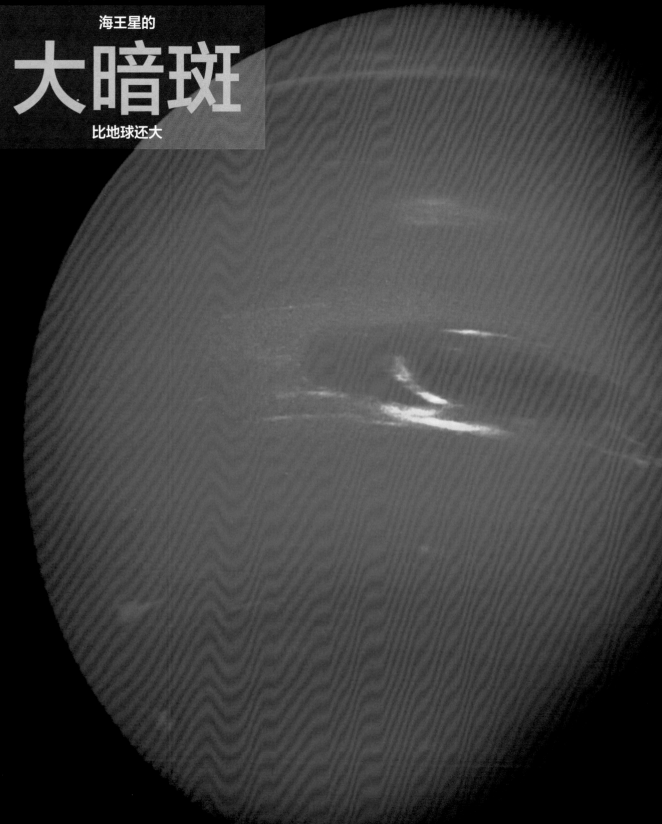

为太阳系中的大卫星，海卫一的公转方向和海王星的自转方向相反（天文学家称之为逆行轨道）。这一事实表明这颗卫星并不是与海王星一同形成的，而是在别的地方形成，之后又被海王星俘获的。现在我们认为海卫一像冥王星（我们将在下一部分探讨）一样，其实最初形成于柯伊伯带（详见第 200-203 页）。科学家认为海卫一有一个覆盖着氮冰的岩质核心，海卫一是太阳系最寒冷的天体之一，其表面温度仅仅比绝对零度高约 40℃。氮冰可能会通过间歇喷泉从表面喷薄而出。尽管有研究团队提议在 2020 年代和 2030 年代探索这些冰巨行星，然而 NASA 和欧洲航天局都没有支持这些计划。因此在可见的未来，这些行星依旧神秘。

海王星的剖视图，展现了它地球大小的岩质核，水和氨构成的高密度幔层，以及由氢、氦和甲烷构成的气态大气层。外大气层极其寒冷而多风。

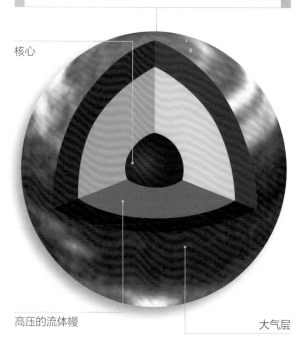

核心

高压的流体幔

大气层

旅行者号探测器所拍摄的海王星的照片，展示了大暗斑和几个小风暴，其中包括一个叫作滑板车的风暴（左下方的三角斑形点）。大暗斑是一个肆虐在这颗行星表面的巨型风暴。

冥王星对于天文学家来说一直以来都是个谜团。我们认为冥王星所在的位置本应该会形成一颗气态巨行星，然而它却是个小小的岩质行星。冥王星的轨道也不太正常。这到底是怎么回事？

神奇的是，我们可以通过拜访 20 世纪 20 年代后期美国堪萨斯州的一处农场来回答这个问题。一个叫作克莱德·汤博的年轻农家男孩，彼时刚刚过了他 20 岁生日。他用在旧机器中觅得的零件组装成了一台小型的望远镜。汤博用他的新设备观测并绘制了一些火星表面的素描图，然后将这些寄到美国亚利桑那州佛拉格丝塔夫市的洛厄尔天文台，想请那里的职业天文学家给予指点。

PLUTO
冥王星

【 最后一颗行星，第一颗类冥天体 】

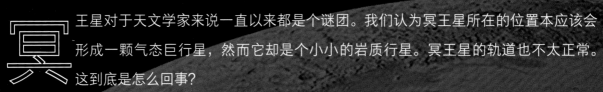

发现者：克莱德·汤博
发现日期：1930 年 3 月 13 日
名称含义：罗马神话中冥界之神

质量：地球质量的 1/500
体积：地球体积的 3/500
平均半径：1,151 千米
最低 / 最高温度：−233℃ /−223℃
自转周期：6.39 个地球日（逆向）
公转周期：248 个地球年
卫星数目：5
行星环：无

（底图）新视野号探测器拍摄的冥王星表面图像。
（插图）冥王星和冥卫一两侧是小的冥卫二和冥卫三。

汤博的素描图给洛厄尔天文台的天文学家们留下了深刻的印象，因此他们决定雇佣汤博为助手，请他来到亚利桑那州，交给他的是搜寻 X 行星的项目。

简要来说，当时人们认为（当然我们现在知道这是错误的）观测到的海王星轨道的偏差，表明在离太阳非常远的地方，应该还有一颗围绕太阳公转的未知行星存在着，一群天文学家称之为 X 行星。搜索 X 行星是一个相当简单而乏味的过程。天文学家会每隔几周拍一次相同天区的照片，然后查找有没有像是行星的天体刚好移过。多么无聊的工作，最适合让那些新雇员去做了。

随着时间的流逝，汤博一边拍摄星空（在没有月亮的晚上），一边查看底片。1930 年 2 月 18日，当项目进行了 6 个月的时候，他辛勤的工作终于有了回报。这颗我们如今称之为冥王星的天体现身了，就像行星一样在底片上移动。经过三周的检核工作——这用如今的标准来看，这实在是太漫长了——洛厄尔天文台的科学家们正式公布发现了一颗新行星，汤博（详见侧

克莱德·汤博

"我最好还是看下表，这将是一个历史性的时刻。"

1997 年我有幸采访到了当时还健在的克莱德·汤博。那时他是位于拉斯克鲁斯的新墨西哥州立大学的荣誉教授。他开着一辆黄色皮卡货车在校园里转悠，戴着一顶棒球帽。这大概就是我采访的那些学生都叫他"酷男"的原因。

汤博跟我讲了洛厄尔天文台聘用他的故事（"天哪，中了！"），还有发现冥王星时的反应。（"我的天哪。"然后他略带沉重地思考了一下："我最好还是看下表，这将是一个历史性的时刻。"）

最令我好奇的是在他发现冥王星之后的故事。他意识到自己想要从事天文学工作，于是他以学生身份进入了堪萨斯州立大学。那些教授是如何面对他们班里有一位著名科学家的呢？"我和那些教授关系不错，"汤博回忆说，"但是他们不让我去学天文学导论，害得我少了五个小时的学分！"

晚餐后，汤博主动邀请我去看看他后院的望远镜。那真是一段奇妙的经历，戴着皮帽的汤博就像是《指环王》里面的巫师，为我指点一个美丽的新世界。我们观测了月球上的环形山，土星的光环以及木星的卫星。汤博指着这架望远镜如数家珍："这条轴是从 1910 年的别克上卸下来的，那个支架是从奶油分离器上卸下来的。"我突然意识到，正是这架望远镜开启了他的事业之路，最终引领他发现冥王星！

"你打算把它捐赠给史密松天文台吗？"我问。

他笑了。"他们想要来着，但现在还不行。我还没组装好呢！"

克莱德·汤博和一架
1928 年制成的望远镜

栏）也成了极少数新世界的发现者之一。这颗遥远而寒冷的新行星有一个和它极其相配的名字，即希腊神话中的冥界之神，这个名字是一位 11 岁的英国女学生威妮夏·伯尼通过牛津大学联系到洛厄尔天文台提议的。

冥王星之谜

然而，不久之后，许多关于冥王星的问题浮出水面。首先，它的公转平面相对于其他行星的公转平面非常倾斜。其次，它的轨道有点诡异，比如在 1977-1999 年，冥王星到太阳的距离比海王星到太阳的距离还近。最后，1978 年的详细观测表明，冥王星有一颗巨大的卫星，这颗卫星最终被命名为冥卫一，意思是冥河上将灵魂摆渡到冥界的船夫。（冥王星目前已知有 5 颗卫星，分别是冥卫一卡戎，冥卫二尼克斯，冥卫三许德拉，冥卫四科波若斯，冥卫五斯堤克斯。）除了冥卫一，其他的卫星都十分小，直径均未超过 55 千米。我们认为冥卫一是在一次碰撞中形成的，就像地球的卫星月球一样。其他的卫星则仅仅是由碰撞残留的物质形成的。冥卫一的发现让科学家们可以借此计算冥王星的质量，结果算得冥王星的质量比月球还要小。也就是说，如果你在地球上用体重秤称重显示 46 千克，在冥王星上就相当于只显示 4 千克了。按照理论，我们预测在那儿本该有一颗气态巨行星，但我们却只发现了一个小的岩质的冰冻世界。因此，在 20 世纪下半叶，冥王星始终被认为是一个诡异的天体——它就在那里，但没人愿意真正地探讨它。

但谜团还是接踵而来。理论学家通过计算（计算方法将在下一部分介绍）得知，太阳系并不止步于冥王星，而是延伸到一个名为柯伊伯带的岩质残骸环带。我们将在下一部分进行详细探讨，

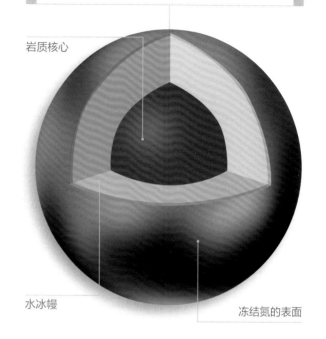

冥王星可能的结构剖视图。哈勃太空望远镜观测的结果表明它的 50%-70% 是岩质核心，剩下的是冰。在冥王星的低温之下，氮和甲烷这类物质都凝结成固态。

岩质核心

水冰幔

冻结氮的表面

不过这里，我们可以先简单了解一下，帕洛玛天文台的天文学家迈克·布朗。2005 年，他发现了一个巨大的类行星天体在冥王星轨道外环绕太阳公转。最终这个天体用希腊神话中纷争与不和女神的名字命名为阋神星。虽然阋神星体积比冥王星小，但是质量比冥王星还要大。此后，天文学家在柯伊伯带中又陆续发现了几颗类行星天体，我们期待着还能找到更多天体。

类冥天体

现在我们来回顾一下 2006 年 8 月在布拉格举办的那次国际天文学联合大会吧！在会议的最后一天，通过投票，冥王星被定为矮行星，虽然 2400 名参与者中只有 400 多名参与了投票。此后，所有在柯伊伯带新发现的类行星都被归为类冥天体。这样分类的原因在于，我们将冥王星归

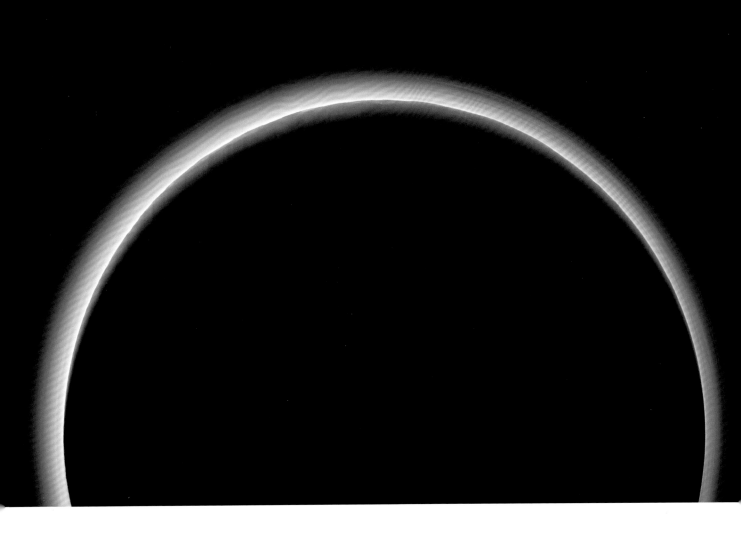

这张由 NASA 的新视野号探测器拍摄的图片，揭示了冥王星大气中有明显分层结构的蓝色雾霾。科学家们认为，这处雾霾是由太阳光和冥王星大气层中的甲烷以及其他分子反应而产生的光化学烟雾。

入带内行星失败了，最终意识到冥王星其实是属于一个全新的类别。它是第一个类冥天体而不是最后一颗行星，这是新的开始而不是结束。

新视野号探测器

2006 年，新视野号探测器从卡纳维拉尔角发射升空，沿着迂回的航线穿越过太阳系，终于在 2015 年 7 月 14 日飞掠了冥王星，这是人类首次飞掠冥王星。

新视野号从冥王星上空仅仅 12,500 千米处飞掠。让人感到讶异的是，这颗矮行星竟然如此复杂。冥王星绝大多数地表由氮冰构成的，但是一些山脉是由水冰构成的，当然，在这种低温下，水冰坚如磐石。冥王星最主要的地表特征是一大片心形的结构，用克莱德·汤博的名字临时命名为汤博区。这颗"心"的西半叶暂时被命名为斯普特尼克平原，是由固态的氮、一氧化碳和甲烷构成的，也是在这个区域，我们发现了由水冰构成的山脉。

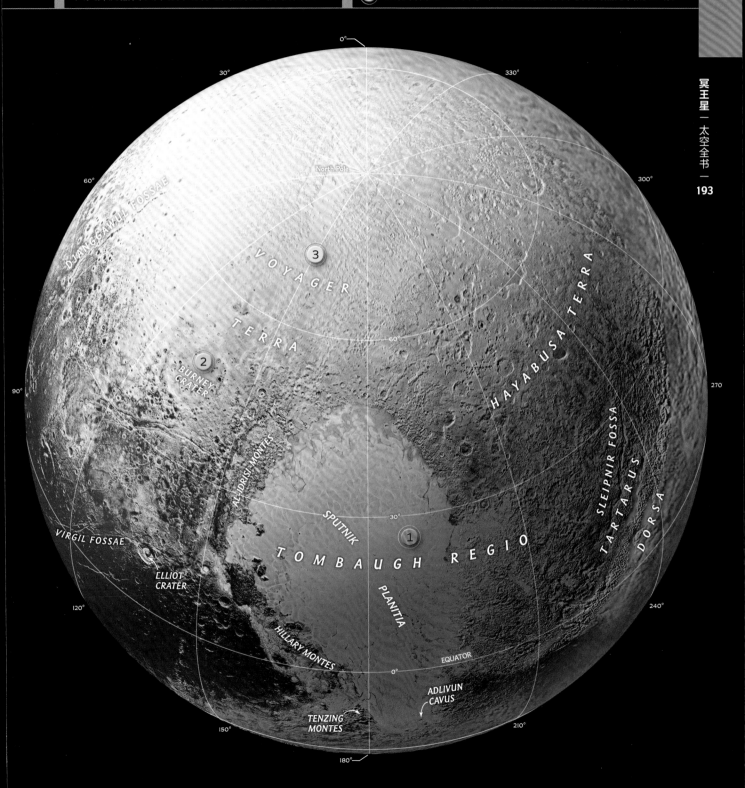

冥王星

矮行星冥王星是一处柯伊伯带边缘的冰冻世界，也是人类探测器首次拜访并绘制地图的柯伊伯带天体。

0°

30°

330°

60°

300°

North Pole

DJANGGAWUL FOSSAE

VOYAGER

TERRA

HAYABUSA TERRA

② BURNEY CRATER

90°

270°

AL-IDRISI MONTES

SLEIPNIR FOSSA

SPUTNIK

60°

30°

①

TOMBAUGH REGIO

TARTARUS DORSA

VIRGIL FOSSAE

ELLIOT CRATER

120°

240°

PLANITIA

HILLARY MONTES

0°

EQUATOR

ADLIVUN CAVUS

TENZING MONTES

150°

210°

180°

图注：这幅冥王星的地图使用了新视野号探测器产出的所有数据。科学家们用著名的探险家、先驱的太空探测器和冥界的神话人物来命名冥王星的地貌特征。

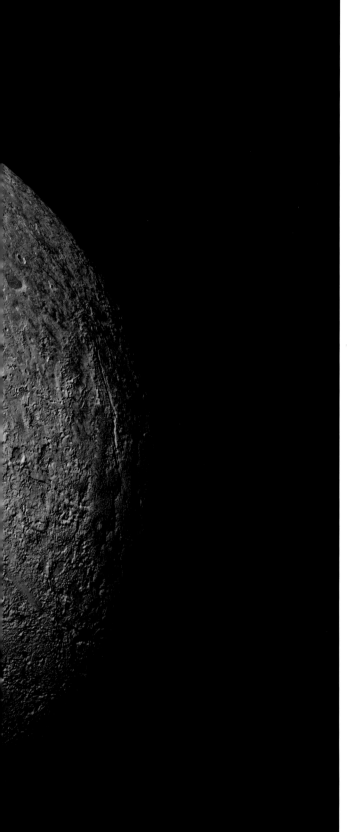

新视野号探测器拍摄的冥王星表面。这里最明显的特征是辽阔的白色心形区域，称作汤博区。科学家们认为，这是由于一次猛烈的陨石撞击形成的。

科学家们猜测这个结构是在冥王星表面一次猛烈的撞击形成深坑后形成的，液态水从行星内部涌出，部分填满这个撞击坑。目前的计算表明，冥王星就像木星和土星的卫星一样，也存在着地下液态的海洋，这个海洋也许在地下 100 千米深的地方。科学家们仍不清楚这些水是如何保持液态的。

冥王星有着稀薄的大气，主要由氮气构成，混合着少许的一氧化碳和甲烷。有趣的是，冥王星的大气中存在分层结构的雾霾，可能是由大气分子和宇宙射线反应形成的。新视野号探测器除了一些科学载荷，还带了各式各样的其他东西，比如一面美利坚合众国的国旗，一枚绘有一架航天飞机发射升空的佛罗里达州 25 美分纪念币，还有一些其他纪念品。此外，政府部门所做的最棒的决定之一就是，探测器上携有一名背井离乡的堪萨斯州农场男孩——克莱德·汤博的部分骨灰。

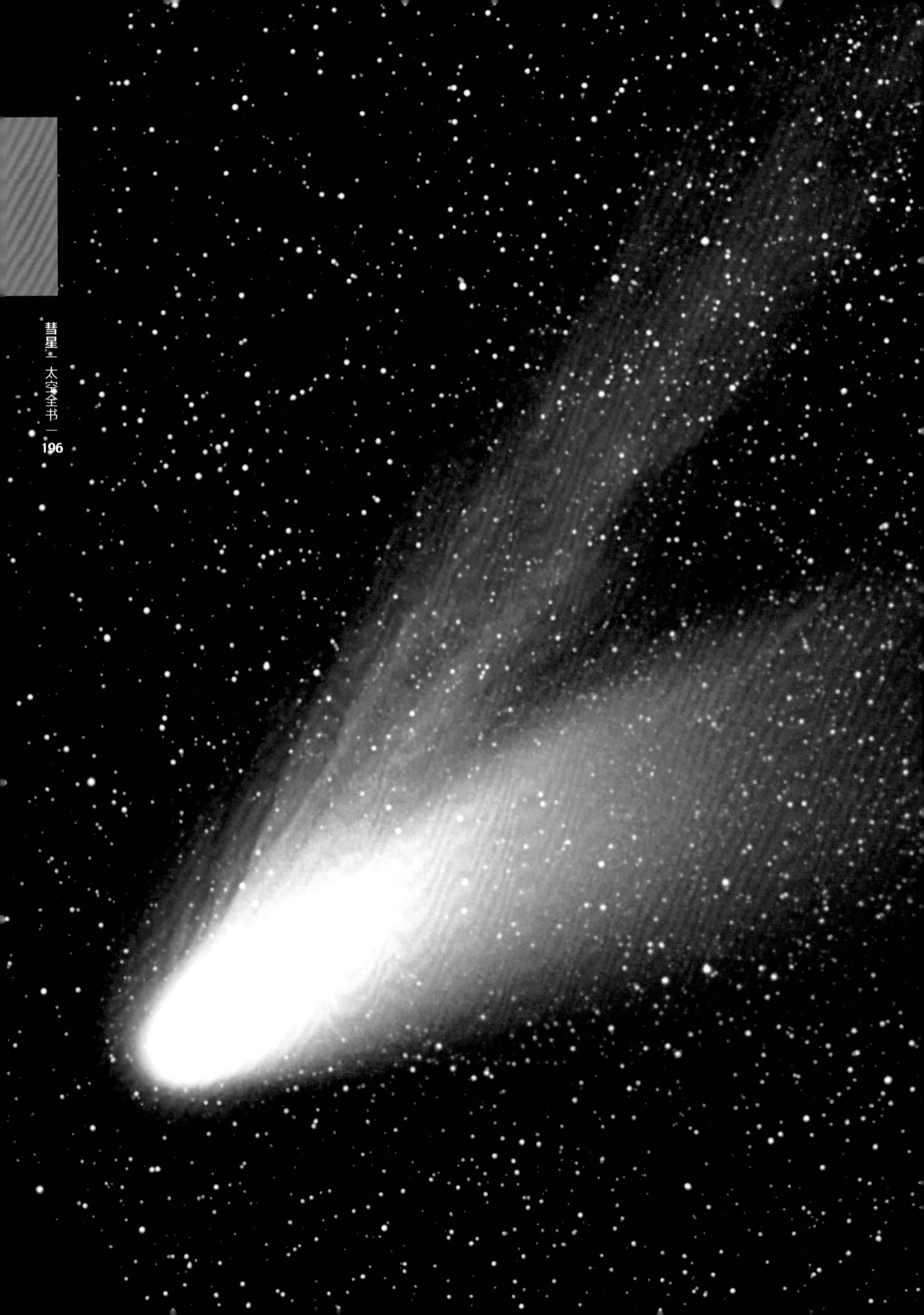

彗星总是个麻烦。在古代，它们的出现被认为是凶兆。举个例子，1066 年诺曼人入侵英格兰时，天空中就有一颗彗星出现了。（这颗彗星预示了撒克逊人的灾难，却给诺曼人带来了好运。）

在 17 世纪的科学界，彗星还是一个麻烦。在艾萨克·牛顿所描述的机械宇宙中，行星就像是表针一样有序地运动，合理的自然定律是驱动它们的齿轮。在这个宇宙中，这些在天空中时隐时现的不速之客并没有容身之地。

COMET
彗星

【 外太空的来访者 】

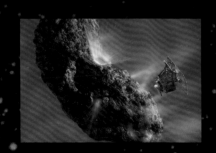

近期出现的部分明亮的彗星：
恺撒彗星：公元前 44 年
1577 年大彗星：1577 年
1744 年大彗星：1744 年
三月大彗星：1843 年
九月大彗星：1882 年
威斯特彗星：1976 年
哈雷彗星：1986 年
百武彗星：1996 年
海尔 - 波普彗星：1997 年
麦克诺特彗星：2007 年

（底图）海尔 - 波普彗星。
（插图）艺术家笔下坦普尔 1 号彗星上空的深度撞击号探测器。

如今我们对彗星的了解源于牛顿和他的朋友——后来的英国皇家天文学家爱德蒙·哈雷（1656-1742）的一顿晚餐。据说哈雷曾询问牛顿，如果这些彗星是实物，符合牛顿万有引力定律的话，它们的轨道应该是什么样的。事实上，牛顿那时已经解开了这些问题，但是还未将结果发表出来。他告诉哈雷，这些彗星会沿着椭圆轨道穿越太阳系。得知了这些，哈雷检验了26颗彗星的数据。令他惊讶的是，竟然有三颗遵循的是相同轨道。显然，这些并不是三颗不同的彗星，而是一颗彗星回归了三次。哈雷认为，一些彗星有着极其椭圆的轨道，它们周期性地接近地球。他预测了这颗特别的彗星，如今称之为哈雷彗星，它会在1758年回归。在那年的圣诞夜，一位德

国天文爱好者观测到了这颗彗星。这对于牛顿的机械宇宙来说是一项重大胜利。

此后，史学家们追溯到了公元前240年，他们在中国和古巴比伦的记录上也找到了哈雷彗星的观测记录。这颗彗星上次光临地球是在1986年，而下一次将在2061年。

脏雪球

如今我们对彗星的最佳描述是美国天文学家弗雷德·惠普尔（1906-2004）在20世纪50年代所提出的。他的理论被赋予了一个耳熟能详的名字——脏雪球理论。该理论被证明是一个较为准确的描述。（译注：后来发射于2004年的罗塞塔号探测器对67P彗星的观测已经更新了这个脏雪球理论，所以现在看来脏雪球理论已经有些粗糙了。）

彗星的核心，就是从直径几十千米的彗星向内几百米以内的地方，称作彗核。彗核主要是混有尘埃和矿物颗粒的水冰，伴有一些令人意

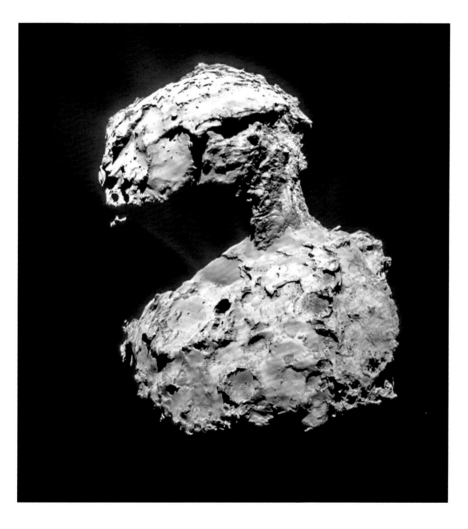

欧洲航天局的罗塞塔号探测器拍摄的67P/丘留莫夫－格拉西缅科彗星的特写，拍摄时距离其表面仅85千米。这颗彗星呈哑铃的形状十分异常。

想不到的微量成分，像甲烷和氨，甚至在某些情况下，还含有一些氨基酸之类的复杂分子。

当一颗彗星离太阳非常远的时候，彗核基本上被寒冷的宇宙空间冻得很瓷实。接近太阳后，它就会变热，彗核中的挥发性物质就开始升华。这时就产生了两个新的结构：彗核周围稀薄的大气层（称作彗发）和彗尾，后者是彗星标志性的结构。其实，彗星有两条彗尾。其中一条彗尾的主要成分是彗核处升华产生的气体。太阳风，即从太阳喷发出的粒子，对这些气体施压，吹出这条彗尾。因此，这条彗尾总是指向太阳的反方向。另外一条彗尾是由其表面抛出的尘埃构成的。这些尘埃大多数处在彗星的轨迹上，就像一只满身是泥的狗在客厅地毯上拖出的痕迹。

彗星通常被分为长周期彗星和短周期彗星。短周期彗星的周期短于 200 年。我们认为它们源于海王星轨道之外，被称为柯伊伯带（详见第 200-203 页）的地方。我们知道一些长周期彗星的周期长达成千上万年。我们认为长周期彗星的起源更加遥远，是在称作奥尔特云（详见第 204-205 页）的地方，那是一个冰冷而遥远的天体的聚集之处。

天文学家们记载了数以千计的彗星，大约每年都有一颗离地球很近，裸眼可见的彗星。不过它们中的大多数都非常暗淡，极其不明显。一颗彗星若想非常明显，它必须在彗尾最亮的时候从离地球很近的地方掠过，这些要求并不那么容易满足。

探测器与彗星

20 世纪末，探测器首次造访彗星，有的飞掠彗星，还有一个探测器从彗尾采集了一些物质带回了地球。总共有十多次这样近距离的邂逅，下面我们看看其中两个，深度撞击号和星辰号。

2005 年，深度撞击号（之后重新被命名为 EPOXI）发射了一个探测器，在坦普尔 1 号彗星表面撞出了一座环形山。通过追踪那些撞击溅射物，科学家们能够证实彗星表面的尘埃层下面主要是水冰。

星尘号探测器于 1999 年发射升空，在 2004 年飞越维尔德 2 号彗星的彗尾。探测器用特殊的材料采集了彗尾的物质，并于 2006 年用返回舱带回地球。这次任务的结果在天文学界引起了轰动，因为它们表明彗星内所含的物质颗粒只可能在高温下形成，支持了太阳系形成之初（详见第 55-57 页）比我们之前所想象的更加混乱这一观点。

因为彗星含水量很高，并且混合着一些有机分子，一些科学家认为彗星在地球形成之初发挥了重要的作用。他们认为，地球上的海洋是彗星带来的，甚至地球上孕育第一个生命的分子也是彗星带来的。

欧洲航天局的罗塞塔号探测器是拜访彗星的任务中最引人注目的一次。罗塞塔号以帮助我们破译古埃及象形文字而闻名于世的罗塞塔石碑为名，于 2004 年发射升空，并于 2014 年抵达 67P/丘留莫夫 - 格拉西缅科彗星。罗塞塔号保持和彗星向太阳运动一致的速度之后——一些评论者将这个操作类比于保持和一颗步枪子弹一致的速度——将菲莱号登陆器释放到彗星表面。故障导致登陆器反弹了几次，最终掉落在一处悬崖下。因为登陆器的太阳能板被遮住了，所以在电量耗尽之前，登陆器只传输了几天的数据。

若本书付梓于 20 年前，我们关于太阳系的探讨就会止步于此：冥王星是最外侧的行星。而如今，我们知道这些行星仅仅是个起点，实际上，太阳系能深入到非常遥远的空间，比我们曾想象的远得多。

为了便于理解这意味着什么，我们就需要改变观察所使用的尺度。科学家们常用天文单位（AU）来探讨太阳系中的距离尺度。天文单位是地球到太阳的平均距离，大约 1.5 亿千米，也就是 8 光分（译注：1 光分表示光在真空中 1 分钟内所走过的路程，约为 17,987,547.48 千米）。使用这个单位测量距离时，火星大约距太阳 1.5 个天文单位，木星大约是 5.2 个天文单位，而海王星则大约是 30 个天文单位。

KUIPER BELT & OORT CLOUD
柯伊伯带和奥尔特云

【 冰冷的边境 】

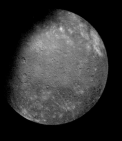

柯伊伯带天体发现者：大卫·朱维特和刘丽杏
证实发现日期：1992 年
到太阳的距离：30－55 个天文单位
奥尔特云提出者：扬·奥尔特和恩斯特·奥匹克
首次提出日期：1932 年
到太阳的距离：5 千－10 万个天文单位

....

已知的类冥天体和它们到太阳的平均距离：
冥王星：39 个天文单位
妊神星：43 个天文单位
鸟神星：46 个天文单位
阋神星：68 个天文单位

（底图）艺术家笔下太阳周围的奥尔特云盘面以及壳层。
（插图）艺术家笔下的类冥天体阋神星。

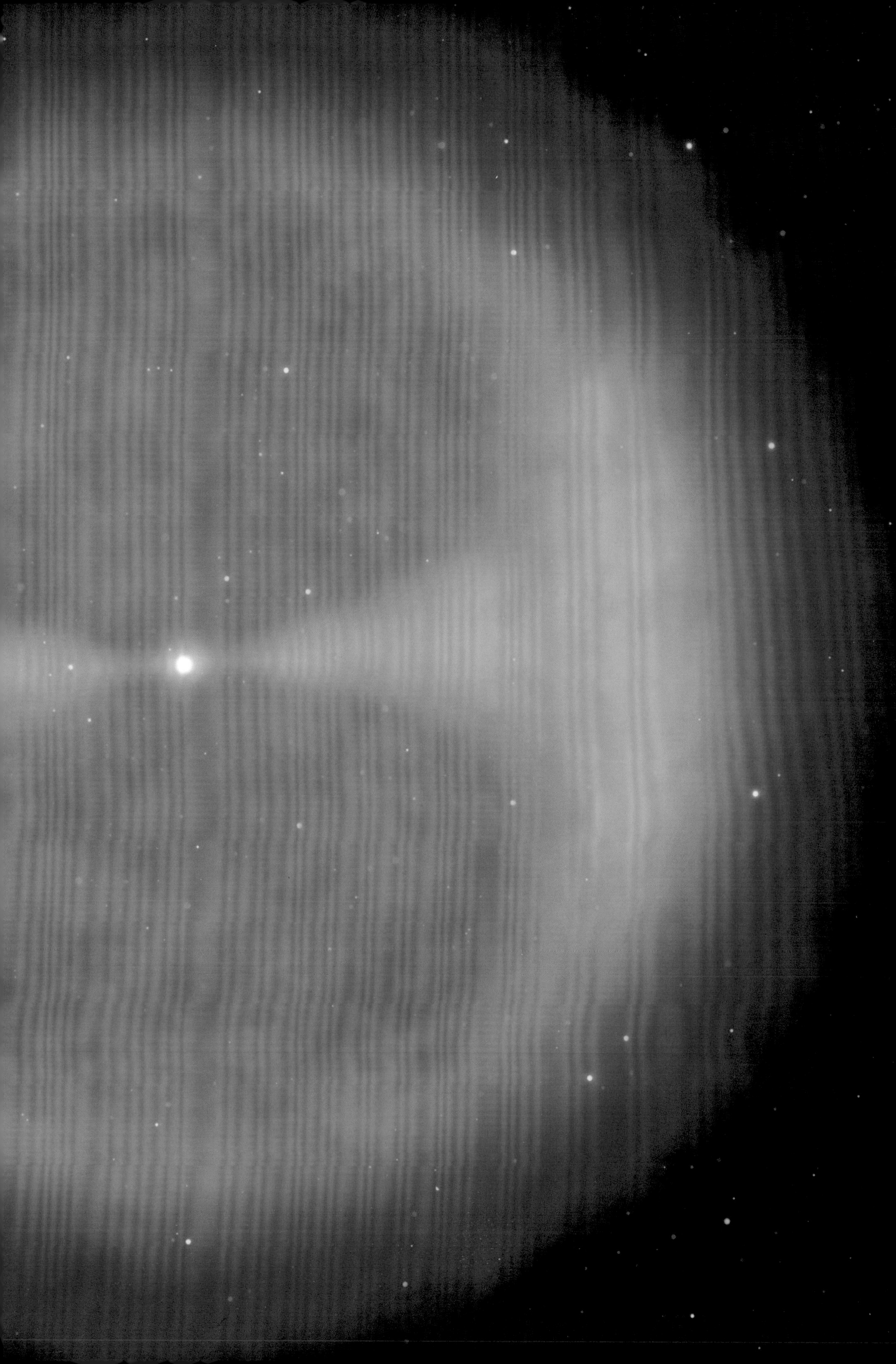

太阳系从距离太阳大约 55 个天文单位的海王星，一直向外延伸到名为柯伊伯带的巨大环形结构（想象一下八大行星都在一个甜甜圈的环状内部）。柯伊伯带以丹麦天文学家杰拉德·柯伊伯的名字命名，他是在 1951 年最早计算出柯伊伯带性质的科学家之一。

柯伊伯带主要由太阳系形成之后剩余的星子构成，一位作家称之为"遗弃物的聚集地"。这个带最有可能是太阳系形成初期原行星盘——天王星和海王星向外迁移到如今轨道后残存的遗迹（详见第 55-57 页）。

如今它只是当初的一部分，总共质量还不到地球质量的 10%。自 1992 年以来，科学家利用望远镜，已经在柯伊伯带发现了超过 1000 个天体，而且有望发现更多。新视野号离开冥王星之后，于 2019 年 1 月 1 日飞掠一个名为 2014MU69 的小型柯伊伯带天体。现在看来，冥王星是第一个柯伊伯带天体，而不是最后一颗行星，另外我们认为海王星的卫星海卫一是一个被俘获的柯伊伯带天体。

一个名为泛星计划（全景巡天望远镜和快速回应系统）的巡天项目仍然在用望远镜进行观测。它始于 2008 年，使用一台坐落在夏威夷海勒卡拉山顶的望远镜进行观测。泛星计划的首要任务是定位那些对地球有潜在威胁的小行星和彗星。它附带的好处是绘制了一幅天空中暗弱天体的详尽星图，包括柯伊伯带天体。

柯伊伯带外面的"甜甜圈"则是由离心率高的天体所构成的稀疏区域，称作（黄道）离散星盘，向外延伸大约 100 个天文单位。离散星盘中的天体不像柯伊伯带天体有着稳定的轨道，它们的轨道可以进入 30 个天文单位以内，这时它们就会受到海王星的引力作用。我们认为大多数短周期彗星（详见第 205 页）最开始都源于离散星盘。

矮行星

提到柯伊伯带，就不能不提那些在海王星轨道外发现的天体。其中一个是阋神星，它比冥王星大些，实际上属于离散星盘。天文学家迈克·布朗和他在帕洛玛天文台的团队于 2005 年发现了这颗矮行星，最初人们用电视剧《战士公主》的主人公齐娜作为其昵称。目前阋神星距离太阳大约 97 个天文单位，远在柯伊伯带以外，是目前已知太阳系最遥远的天体。尽管天文学家

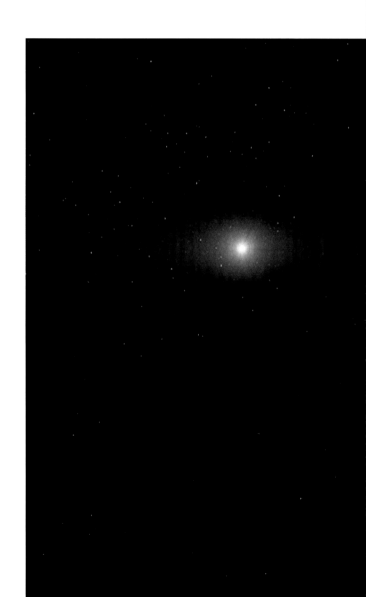

们已经发现了十几个行星大小的柯伊伯带天体，但还希望能发现更多。此外，一些天文学家相信，在柯伊伯带中还存在着未知的"第九大行星"，这颗行星的质量是地球的十倍。

另外一个神奇的发现是矮行星赛德娜。2003年，赛德娜由布朗的团队发现，比冥王星略小，却有着诡异的轨道。赛德娜目前距离太阳88个天文单位，但它的轨道离太阳最近竟然也有76个天文单位。因此，它的轨道离行星和柯伊伯带都非常遥远。天文学家们算得它到太阳最远的距离达到惊人的975个天文单位，比我们现在探讨的任何天体都要遥远。天文学家估计，即使当赛德娜离太阳最近的时候，发射一个探测器到赛德娜也需要至少25年，而且目前也没有任何探测赛德娜的计划。赛德娜距离太阳如此遥远，因此布朗认为，赛德娜可能根本就不是来自离散星盘，而可能是首个奥尔特云天体。这就将我们引入太阳系的最后部分。

艺术家笔下我们可能能够在柯伊伯带中发现的天体类型。艺术家为了将所有的天体都绘制在同一幅图片中，缩小了他们之间实际的距离，就像小行星带一样，柯伊伯带绝大部分都是真空的。

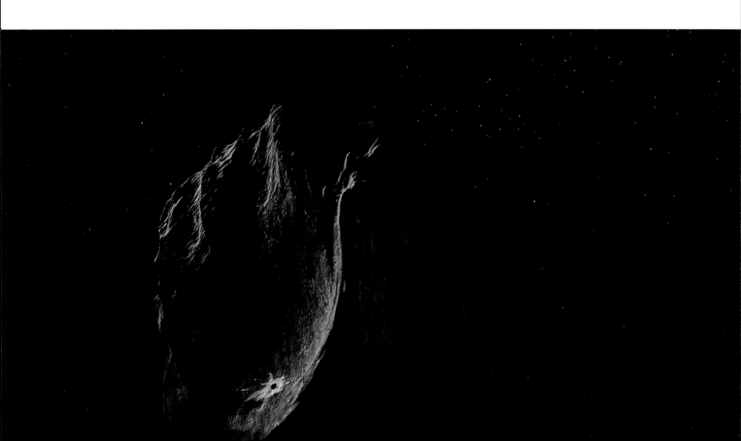

奥尔特云

1950 年，丹麦天文学家扬·奥尔特认为太阳系的边缘有一处彗星的聚集区。他的论据非常简单明了：彗星不可能一直存在着，它们每次光临太阳或者受行星的引力影响时都会损失一些质量。奥尔特认为，直至今日我们还能观测到彗星的事实就说明，一定有一个地方在不断形成新的彗星，那个地方应当位于冥王星之外。

如今我们认为这处聚集地是太阳系边缘的一大片云，并将其命名为奥尔特云。它延伸自几千个天文单位直至至少 50,000 个天文单位，兴许更远。奥尔特云有两部分，内部是延伸至 20,000 个天文单位的环形部分，外部是稀疏的球层。我们认为奥尔特云是原行星盘剩余的部分。该盘中的天体可能在离太阳更近的地方形成，但在 40 亿年前太阳系大变革时期向外迁移到了如今的位置。

奥尔特云也许是那些周期超过 200 年的长周期彗星形成之处。1997 年，光临地球的海尔-波普彗星就是一个长周期彗星的近期实例。神奇的

科学不同于科幻

很多人以为小行星带是行星爆炸的遗骸，这个说法源于科幻小说中超人的家乡——氪星的故事。恰恰相反，实际上，小行星带是一片未能形成行星的残余物质。在太阳系早期，木星内迁，其强大的引力驱散了小行星带中的绝大多数物质。现在剩余的物质也只是形成一颗行星所需物质的十分之一。

科幻电影通常将小行星带描绘为一个充满巨砾的地带，探测器不得不小心翼翼地穿越，我们应当知道这种描写是完全错误的。真相是，小行星带和柯伊伯带的绝大多数都是真空的。事实上，我们发射到带外行星的探测器在路途中甚至都未曾遇到过一粒沙。

艺术家想象中的柯伊伯带中的类冥天体赛德娜，在这里，遥远的太阳就如同一颗明亮的星星。我们从望远镜中看到的赛德娜表面就是红色的，但是这幅想家图中画在轨道上的这颗卫星尚未得到证实。

是，哈雷彗星也是。尽管它现在是一颗周期约72年的彗星，但我们认为它源于奥尔特云，之后受行星的引力影响变为了如今的短周期轨道。我们认为短周期彗星——也就是那些绝大多数周期小于200年的彗星——是源自离散星盘。

由于其遥远而神秘的特点，关于那些更大的可能来自奥尔特云的天体的起源有许多天马行空的想法。一些人认为它们是从一颗路过的恒星的奥尔特云中被俘获的。至此，我们已经探索完自己的宇宙后院，这是我们的第一层"宇宙"，将我们引入恒星的世界。下一站将是我们自己所在的星系——银河系，一个充满活力而波涛汹涌的漩涡。

银河

在地球上所见横贯夜空的密集星河，就是我们所在的星系——银河系——的中心平面（译注：亦即"银道面"）。

尽管我们的地球已经十分壮丽，但它只是围绕着银河系一颗偏远的普通恒星在旋转。银河系不只是一个个恒星的集合，而且是一个充满生机的动态系统。恒星诞生于巨大的气体、尘埃云的坍缩，它们通过消耗宇宙中原初的氢元素而得以生存。恒星还通过核反应过程来创造重元素，这些重元素中就包括组成我们身体的主要元素——碳。最终恒星会耗尽燃料走向死亡，并且把自身的重元素归还给星际云（译注：俗称"星云"），这些星云会重新孕育新的恒星和行星。

THE G

恒星死亡后会演化成不同的天体。一些像太阳这样的恒星的余烬会变成白矮星；还有一些会变成直径只有数十千米，但是却极其致密的脉冲星；还有一些会坍缩成黑洞，而黑洞则代表着引力的极限。

最近几十年，天文学家发现，正如带内行星只是太阳系中很小的一部分一样，银河系巨大的"风车"结构也只是星系的一小部分。实际上，银河系的各个旋臂都被包裹在一种神秘物质中，这就是暗物质。目前，探索暗物质的本质仍然是一个热门的研究课题。

ALAXY

银河系

银河系

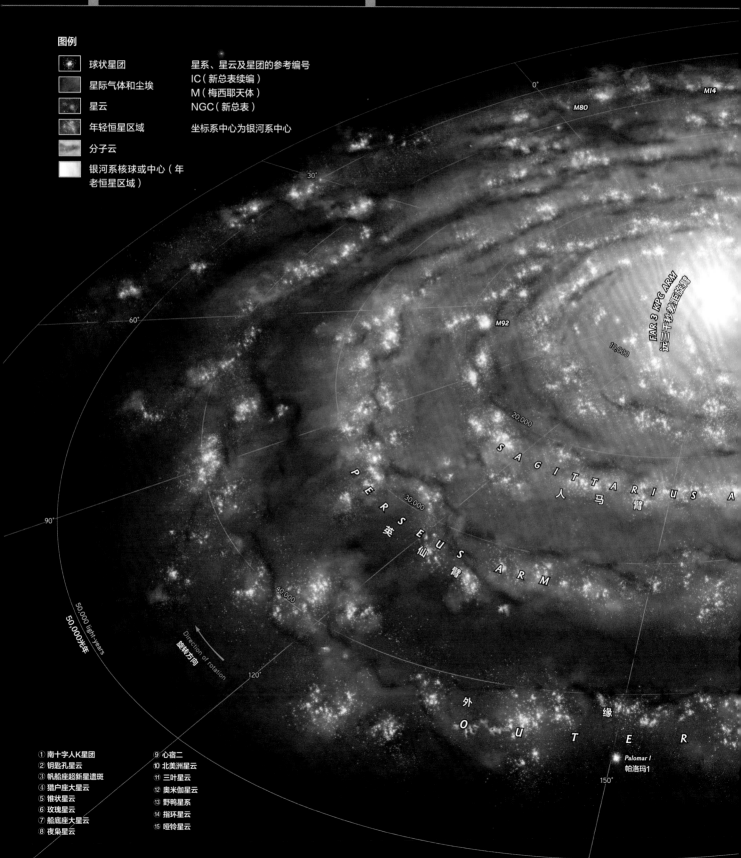

图例

- 球状星团
- 星际气体和尘埃
- 星云
- 年轻恒星区域
- 分子云
- 银河系核球或中心（年老恒星区域）

星系、星云及星团的参考编号
IC（新总表续编）
M（梅西耶天体）
NGC（新总表）

坐标系中心为银河系中心

NGC 5a

MI4
M80

FAR 3 KPC ARM
距三千秒差距远臂

10,000

M92

20,000

SAGITTARIUS A
人马臂

30,000

PERSEUS ARM
英仙臂

40,000

50,000 light-years
50,000光年

Direction of rotation
旋转方向

外　　　　缘
OUTER

Palomar I
帕洛玛1

① 南十字人K星团
② 钥匙孔星云
③ 帆船座超新星遗斑
④ 猎户座大星云
⑤ 锥状星云
⑥ 玫瑰星云
⑦ 船底座大星云
⑧ 夜枭星云

⑨ 心宿二
⑩ 北美洲星云
⑪ 三叶星云
⑫ 奥米伽星云
⑬ 野鸭星系
⑭ 指环星云
⑮ 哑铃星云

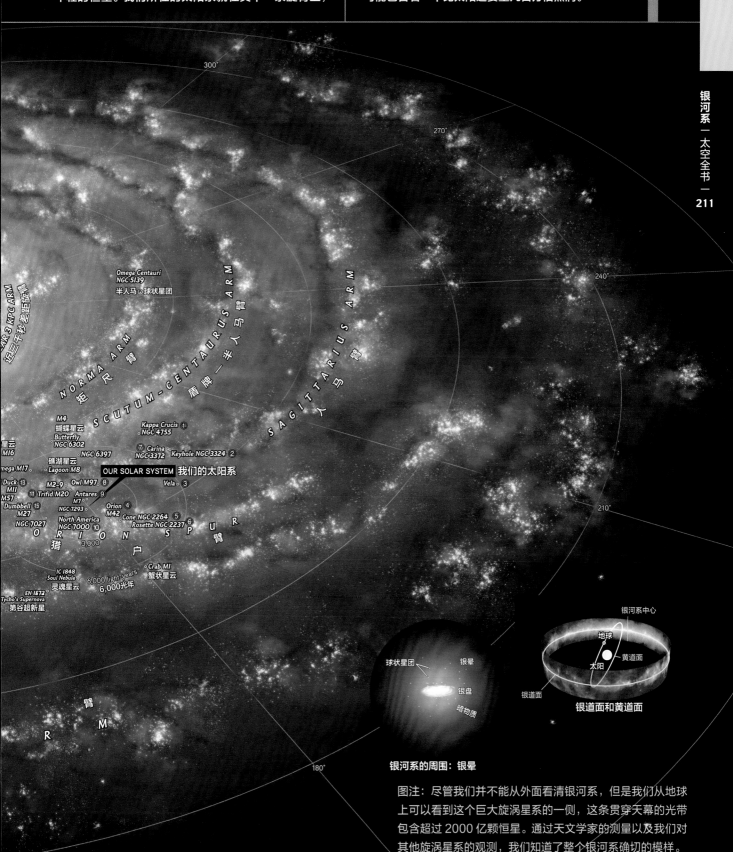

这幅由艺术家创造的概念图，展示了银河系中心致密的星系核以及由旋臂组成的星系盘，旋臂中的明亮区域是年轻的恒星。我们所在的太阳系就在其中一条旋臂上，距离银心大约 2.5 万光年。太阳系与整条旋臂一起围绕银心旋转，周期约为 2.5 亿年。银河系"拥挤"的中心可能包含着一个比太阳还要重几百万倍黑洞。

300°

270°

240°

NEAR 3 KPC ARM
坏三千秒差距旋臂

NORMA ARM
矩尺臂

SCUTUM-CENTAURUS ARM
盾牌—半人马臂

SAGITTARIUS ARM
人马臂

Omega Centauri
NGC 5139
半人马ω球状星团

M4
蝴蝶星云
Butterfly
NGC 6302

Kappa Crucis ①
NGC 4755

星云
MI6

⑦ *Carina*
NGC 3372 *Keyhole NGC 3324* ②

NGC 6397

礁湖星云
Lagoon M8
Omega M17

Duck ⑬
MII
M57 ⑪ *Trifid M20* *Antares* ⑨
Dumbbell ⑮ *M7*
M27
NGC 7027 *NGC 7293*

M2-9 *Owl M97*, ⑧ *Vela* · ③

OUR SOLAR SYSTEM 我们的太阳系

Orion ④
M42 *Cone NGC 2264* ⑤
North America · *Rosette NGC 2237* ⑥
NGC 7000 ⑩

ORION SPUR
猎 户 臂

3,000

IC 1848
Soul Nebula
灵魂星云 6,000 light-years
6,000光年

· *Crab MI*
蟹状星云

SN 1672
Tycho's Supernova
第谷超新星

210°

R M
臂

180°

球状星团 银晕

银盘

暗物质

银河系的周围：银晕

银河系中心
地球

黄道面
太阳

银道面
银道面和黄道面

图注：尽管我们并不能从外面看清银河系，但是我们从地球上可以看到这个巨大旋涡星系的一侧，这条贯穿天幕的光带包含超过 2000 亿颗恒星。通过天文学家的测量以及我们对其他旋涡星系的观测，我们知道了整个银河系确切的模样。

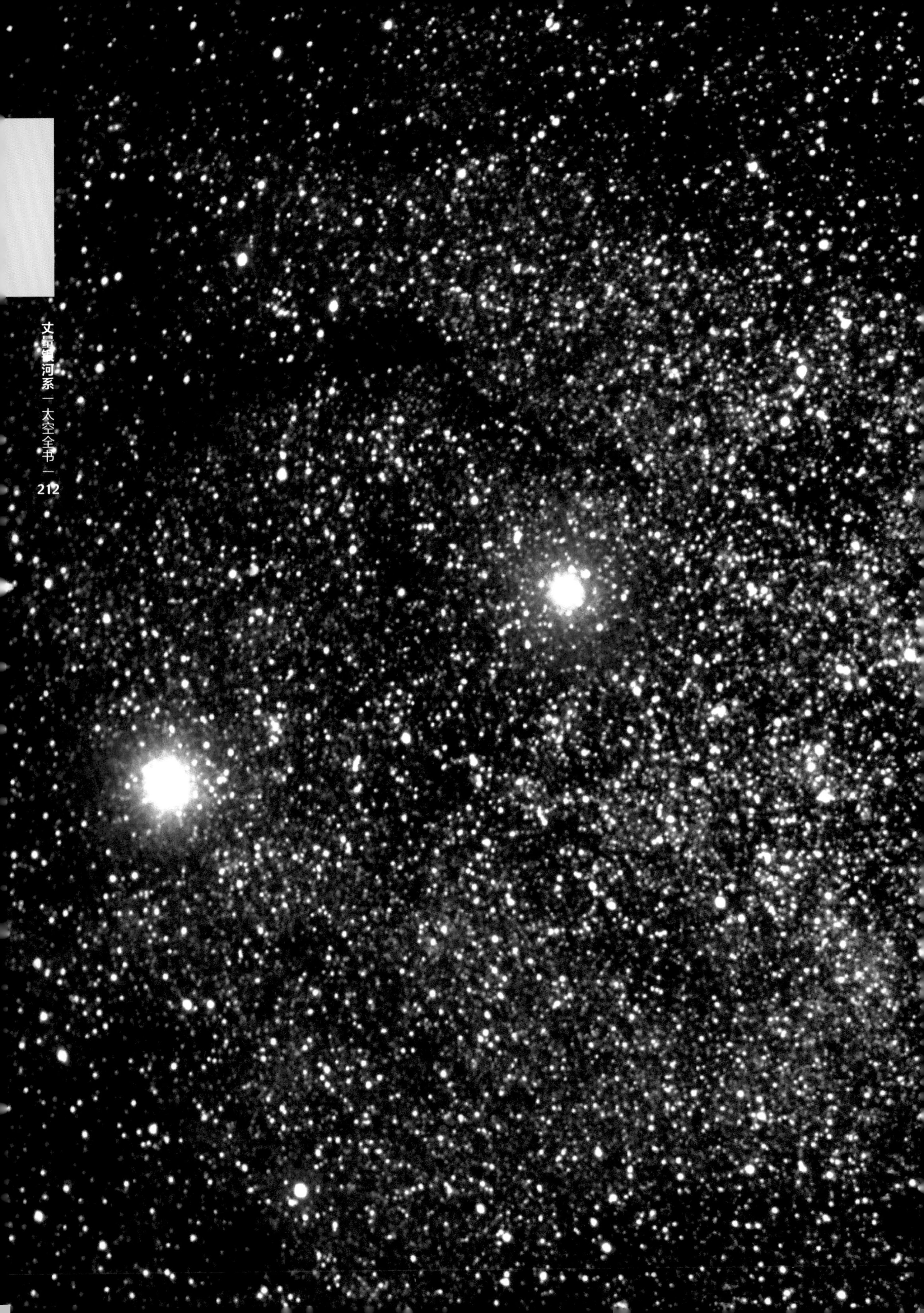

我们跨出太阳系的边界，向外探索银河系的时候，我们首先要做的是对"距离"进行重新考量。打个比方，如果太阳是美国东海岸某个城市——比如华盛顿或者纽约——中心的一个保龄球，那么几个街区之内，所有的行星（包括冥王星）都可以被找到；而最外围的奥尔特云则在圣路易斯（译注：美国城市，基本位于美国几何中心）附近。接下来你必须走到夏威夷（译注：美国唯一群岛州，位于太平洋中部）才能够到达离我们最近的一颗恒星，而剩余我们称之为银河系的星星所在的城市，已经在地球之外了。（译注：相当于太阳在中国东部城市，比如上海，奥尔特云则在陕西，而离我们最近的恒星已经在莫斯科附近了。）

SIZING UP THE MILKY WAY
丈量银河系

【 恒星离我们有多远？ 】

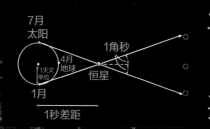

发现者：未知
发现时间：史前
到银河系中心距离：28,000 光年

直径：100,000—120,000 光年
厚度：10,000 光年
自转周期：在太阳处，为 2.5 亿年
质量：约为太阳质量的 1 万亿（10^{12}）倍
恒星数量：3000 亿 ±1000 亿
年龄：132 亿年
星系类型：棒旋星系
主要伴星系：大、小麦哲伦云

（底图）南天星空的明亮恒星，
包括半人马 α（译注：比邻星，离地球最近的一颗恒星。）以及半人马 β。
（插图）视差测量图。

我们曾介绍过天文单位（AU）——地球到太阳的距离——是计算太阳系内距离的简便单位，它是为了在行星间做比较。同样的，对于新的范围我们也需要新的距离标准，毕竟用天文单位测量恒星间的距离，有点像用米测量城市间的距离——你可以这么做，但是这样很不方便。因此，天文学家使用了一种新的尺度——光年。光年被定义为光在一年所走的路程：9.5×10^{12} 千米，相当于 63,000 天文单位（由于技术原因，天文学家也用一种叫作秒差距的单位，1 秒差距 =3.3 光年）。粗略地说，银河系中恒星间的距离都有好几光年，比如离我们最近的恒星，离我们 4 光年多。银河系本身宽度大约是 100,000 光年，中心厚度大约 10,000 光年。天文学家是如何测定这些距离的呢？毕竟当你遥望夜空时，所看到的都

是二维的，像是倒扣的碗中的星点。第三个维度，也就是恒星间的距离，并不能够直接地展现出来。一个恒星看起来很暗弱，可能是因为它本身确实很暗而且离我们很近，也可能是因为它本身其实很亮但是离我们很远。1000 多年来，人们做了很多努力，想要把第三个维度加入到我们对星空的认识中。依靠对恒星离我们距离的测量，天文学家已经有很多方法可以测量天体间的距离了。在本章节，我们将关注其中最重要的两个：视差法（或者说球面三角函数）以及标准烛光法。

视差法

举起你的手指，闭上左眼用右眼看，然后再闭上右眼用左眼看，注意到你的手指相对于背景移动了吗？大致说来，这就是视差。因为双眼之

亨丽爱塔·勒维特

"（底片的）比较立即导致了数目惊人的变星的发现。"

在奥柏林学院和拉德克利夫学院学习之后，1893 年，勒维特作为计算人员（译注：原文为 computer）加入了哈佛大学天文台。过去，计算人员是指用笔和纸进行大量冗长计算的人员。在分析了大量玻璃底片（译注：最初照相术使用的底片，俗称玻璃干板）的夜空照片之后，她注意到变星的亮度和光变周期之间的关系。1908 年，勒维特发表了她关于 1,777 颗变星的研究成果，这些研究奠定了造父距离尺标的基础。最终她被任命为天文台测光部门的主任，并且一直任职到 1921 年离世。由于勒维特的工作被证明是之后天文学很多重要进展的基础，一颗小行星还有月球表面的一座环形山以她的名字命名。

间的距离，你观察手指的位置其实是不同的，所以你的手指看起来移动了。

接下来你就可以利用这种效应来测量我们触碰不到的物体的距离了：假设你想要知道一个旗杆离你有多远，但是你并不能到达那根旗杆（比如想象一下它在河对岸）。在河岸这边，你可以从两个不同的地点看这个旗杆，并且分别测量这两条视线与两地连线之间的夹角。如果接下来你还可以测出基线，也就是这两个测量点之间的距离，那么你就得到了一个三角形的一条边和两个角，而这个三角形的一个顶点就是那根旗杆。经过一些简单的几何计算，你就可以得到你想要的距离。

测量两个角之间的差值，这种被称为球面三角函数的方法，让我们把第三个维度加入到了对星空的认识中。但是还有一个问题，就是一个物

体离我们越远，使用这种方法的难度就会越大。

想象一下刚刚那根旗杆离我们越来越远，基于我们现在使用的测量仪器，最终这根旗杆会远到我们并不能够测量出这两个角之间的差值。在我们看来，两条视线是平行的。在这个时候，我们并不能得到我们想要的距离，视差法也就失效了。现在我们有两个备选方案。

1. 延长基线，由此加大的两个角之间的差值，我们现有的仪器就能测出。

2. 使用更好的仪器，能够使我们在不改变基线长度的情况下测量出两个角的差值。

由于地球范围的约束，在某种程度上我们增加基线长度的能力是受到限制的。尽管如此，最明显的基线就是地球本身的直径。我们可以同时

2011 年 1 月 26 日

2010 年 12 月 30 日

2010 年 12 月 21 日

2010 年 12 月 17 日

在仙女星系（背景图）被发现的变星 V1（插图）

在地球的两边观测；也可以在一个地点，观测一次之后等待 12 个小时，在地球的自转把我们带到了地球的另一边之后再观测一次。这两种情况的基线都被约束在了 13,000 千米，这也就是地球的直径。

在银河系之内

在大约公元前 240 年埃拉托色尼估算了地球的周长之后（详见 90 页侧边栏）的将近两千年里，天体间的距离测量始终停滞不前。原因很简单：接下来能够得到的更长的基线是地球公转轨道的直径，利用相隔六个月的两次对目标天体的角度测量就可以继续使用视差法。而问题在于要想使用这个基线，你必须知道地球到太阳的距离，但是如果被地球直径的基线所限并且没有望远镜的话，你就不可能得到日地距离。直到 1672 年，法国天文学家使用了当时最好的望远镜，人们才能够得到火星到地球距离的可靠测量，然后经过简单的数学计算，最终得到了地球到太阳的距离。即使有了这条更长的基线，一个世纪之后望远镜才发展到拥有测量恒星间距离的能力。

1838 年，德国科学家弗雷德里克·贝塞尔取得了巨大的成就，他测量了天鹅座 61 相对于更远背景恒星的移动，并且测定了它与地球的距离是 10.9 光年。这个发现立即被公布，人们发现宇宙比原来想象的更广阔。

随着望远镜质量的提升，天文学家利用球面三角函数能够测量到数十光年外的恒星的距离。但是这一过程遇到了障碍，因为地球大气层的干扰限制了我们测量角度的能力。之后在 1989 年，欧洲航天局发射了依巴谷卫星。在大气层之外，依巴谷卫星积累了大量的数据，并把视差法的测量极限提高到了 130 光年之外。在 21 世纪，射

电望远镜已经可以达到极高的精度，天文学家借此已经能够测量名叫脉冲星的天体（详见 256-261 页）的视差，并且把测量极限提高到了 500 光年之外。在这之后，哈勃空间望远镜记录了一些 20000 光年之外的天体的视差数据。在 2013 年，欧洲航天局发射了盖亚卫星（GAIA，全天天体测量干涉仪）。目前，盖亚卫星的数据正在制造有史以来最完整的恒星和恒星距离的星表。在 2016 年，欧洲航天局发布了一套包含超过 10 亿颗恒星的星表。尽管上述的成就已经足够惊人，但是这对于测量银河系以外的恒星仍然是不够的。为了测量到更远的天体，我们需要一种新的测量方法。

标准烛光法

标准烛光是我们知道光度（译注：光度是物体每单位时间辐射出的总能量，体现了天体的发光能力）的天体。对于标准烛光一个形象的例子就是 100 瓦的电灯泡，因为想要知道它的发光能力，我们唯一需要做的就是阅读灯泡上的标签。此外，我们还可以测量能够接收多少来自这个灯泡的光（比如用相机上的测光表）。知道亮度随距离变弱的道理，我们就可以算出这个灯泡离我们有多远。比方说，我们知道自己观测的是 100 瓦的电灯泡，并且我们的探测器接收到了 10 瓦的光，然后用一个标准方程就可以算出我们与灯泡的距离。如果我们对一颗远距离的恒星也可以这么做，那么我们就可以得到它离我们有多远。

当然，这种方法的诀窍在于阅读恒星上的"标签"，使我们得以知道这颗恒星究竟向空间输出了多少光。这个问题是由著名的亨丽爱塔·勒维特（1868-1921）——美国第一位女性天文学家首先解决的（详见 214 页侧边栏）。在哈佛大

如果我们知道了一个天体本身有多亮，然后通过测量我们实际接收到的光，我们就可以计算出这个天体的距离。这样的天体就叫作标准烛光，标准烛光被用于测量恒星的距离。

学天文台工作时，她注意到造父变星这类恒星有些有趣的现象，并对此进行探索而提出了著名的造父距离尺标。

大多数恒星的光度都是不变的，除非在天文时标上，否则它们的光度并不变化。然而有些恒星，却并没有这个特性，如果你一连几周或者几月地观测它们，你会发现它们有时会以规律的周期变亮或者变暗。这些恒星，被非常贴切地称为变星。勒维特研究的这类恒星第一次被观测到是在仙王座（只有北半球可见），所以这类恒星被称为造父变星（译注：这颗变星

是仙王座 δ，中国古称造父一，因此这类变星被称为造父变星）。

这类恒星的特点是它们的光度会周期性地变化，先变亮，再变暗，然后再变亮。我们现在已经知道，造父变星之所以会显示出这种特性，是因为这类恒星已经走到了生命的尽头，并出此导致外层大气的变化。勒维特发现，造父变星光度变化的周期与它的光度有关——周期越长，光度越高。观测造父变星的光变周期，实际上就是阅读"电灯泡上的标签"。之后的事情就容易多了：测量你的望远镜实际接收了多少光，然后据此计算出这颗恒星的距离。这就意味着只要我们能够看见这颗变星，我们就能够测定它的距离。正如我们将要在第三章中看到的，正是勒维特的工作，几年之后埃德温·哈勃才能够发现其他星系的存在以及宇宙的膨胀。

在地球上，每一天都开始于一颗恒星在东边地平线上的出现，而每一天都终结于这颗恒星在西边的消失。这颗恒星是银河系群星的一个代表，但是它只是非常普通的一颗恒星。太阳对地球上的生命是如此重要，以至于我们常常忘记它只是星系中众多成员中的一个。但是太阳与我们之间相当近的距离确实是一个优势——这使我们能够近距离地研究一颗恒星。实际上，日常生活中的经历就可以把你引向非常科学的问题，而这个问题也是天文学家们开始研究太阳时所思考的：夏天当你站在外面时，你会感受到脸上非常热。这些来自太阳的能量以红外辐射的形式来到你身边。

THE SUN

太阳

【 家门口的恒星 】

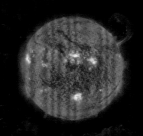

年龄：45.67 亿年

成为红巨星：55 亿年之后

质量（地球质量 =1）：333,000

- -

直径：1,392,000 千米

自转周期：25.1 天（赤道），34.4 天（两极）

中心温度：16,000,000 开尔文（ ≈ 16,000,000℃ ）

表面温度：5,800 开尔文（ ≈ 5,800℃ ）

主要组成：氢 74.9%，氦 23.8%

能量：每秒将 4 亿吨氢转化为氦

表面重力（地球表面重力 =1）：28

可见深度：约 160 千米

（底图）印度尼西亚的日落。

（插图）太阳以及柄状的日珥。

太阳

这幅剖视图展示了离我们最近的恒星——太阳——的动态结构。

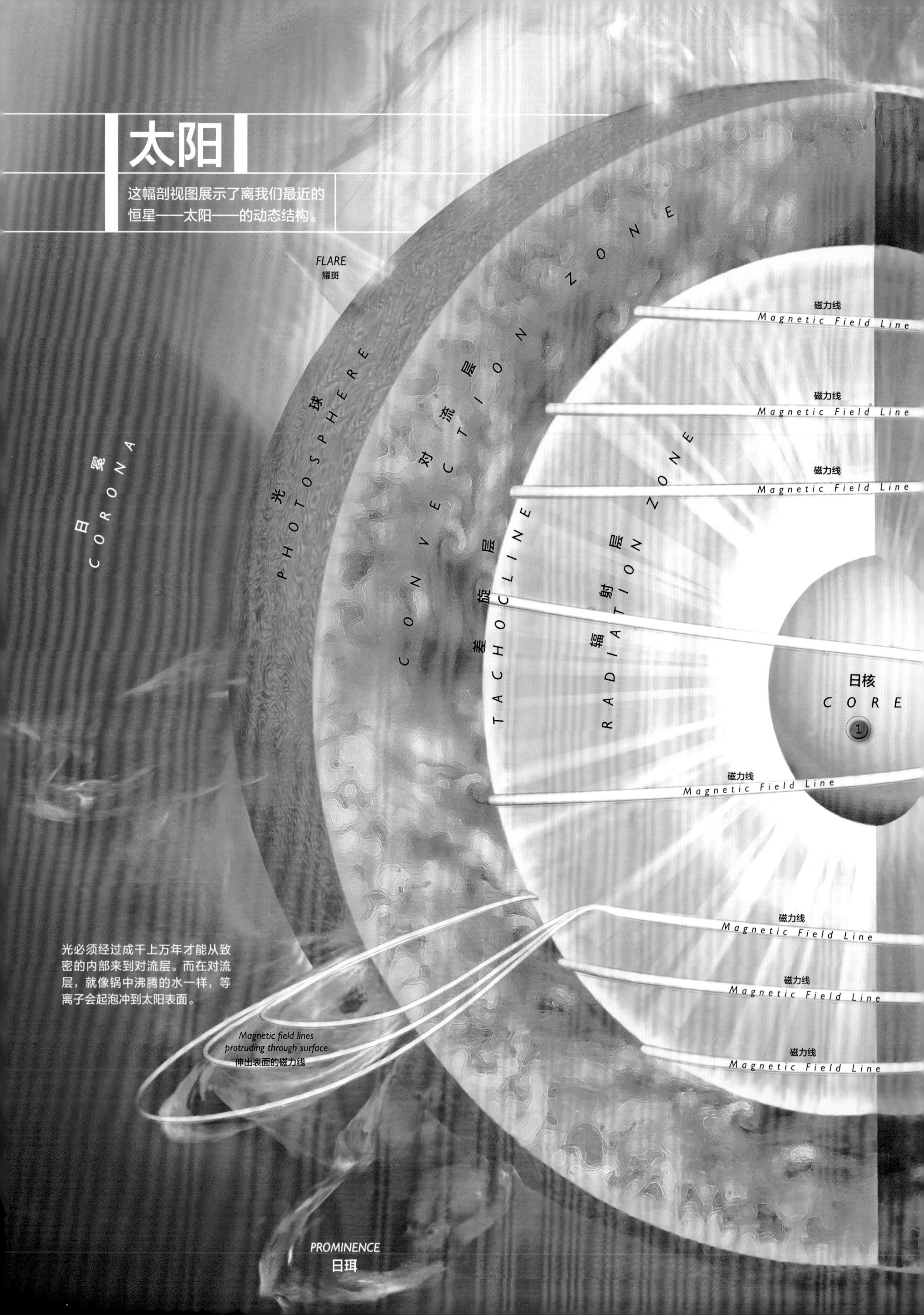

FLARE
耀斑

CONVECTION ZONE

磁力线
Magnetic Field Line

磁力线
Magnetic Field Line

磁力线
Magnetic Field Line

PHOTOSPHERE
光球

对流层

RADIATION ZONE

CORONA
日冕

日核
CORE
①

TACHOCLINE
差旋线

辐射层

磁力线
Magnetic Field Line

光必须经过成千上万年才能从致密的内部来到对流层。而在对流层，就像锅中沸腾的水一样，等离子会起泡冲到太阳表面。

磁力线
Magnetic Field Line

磁力线
Magnetic Field Line

Magnetic field lines
protruding through surface
伸出表面的磁力线

磁力线
Magnetic Field Line

PROMINENCE
日珥

关键词

① 日核：核聚变以及太阳能量的中心。

② 日冕：太阳超高温的外层大气。

③ 太阳黑子：太阳表面磁力线穿过的温度较低的区域。

SUNSPOTS
太阳黑子

③

TACHOCLINE
差旋层

PHOTOSPHERE
光球

CHROMOSPHERE
色球

CORONA
日冕

②

恒星能源

日核就是一个热核反应堆，它不断地燃烧氢并把它变成氦。在极高的温度下，这些气体将会以一种带电的状态存在，这种状态就是等离子态。

巨大的太阳风

当磁力线负载了过多的电流时，不会像保险丝那样被烧断，而是产生耀斑爆发。如果磁力线以某种方式断裂，使得数以亿万吨计的等离子体逃离，就会发生威胁地球的日冕物质抛射（Coronal Mass Ejection，简称 CME）。等离子体云将会以每秒数百乃至上千千米的速度运动，扩展的宽度将会达到数千万千米。

日常空间天气

像光环一样的日冕是太阳的外层大气，其中的等离子以太阳风的形式不断向外流出。磁场的变化会使某些区域太阳风的速度更快。当太阳的自转使这些区域面向地球时，地球上的极光会增强，而无线电广播将会变得不稳定。

磁发电机

磁学是研究太阳行为的关键所在。差旋层南北向的磁场是可以发电的，由于太阳各层自转速度不同，南北向的磁场会变成东西向的。这种转变使磁力线有了能量，磁力线将会以黑子的形式突破太阳表面，或者以圈和日珥的形式冲到日冕层。

太阳

平均表面温度：	5,500℃
平均核心温度：	16,000,000℃
自转周期：	24.6 天
赤道直径：	1,392,000 千米
质量（地球质量 =1）：	332,950
密度：	1.41g/cm3
表面密度（地球表面密度 =1）：	28.0

直到 19 世纪中期，对于太阳释放能量这一事实的观察被认为很普通；然而也就在那个时候，众所周知的能量守恒定律被人们发现。能量守恒定律告诉我们，能量既不能被创造，也不能被消灭，它只能从一种形式转化成另一种形式，或者从一个物体转移到另一个物体。换句话说，温暖了你的脸的那些能量，来自于太阳内部；而你感受到了温暖，则意味着这些能量永远离开了太阳。夏日里的温暖包含了一则关于银河系非常重要的讯息——每一颗恒星或早或晚都会耗尽能量；恒星并不永恒，正如世间万物，它也有出生和死亡。

这个事实被发现了之后，一系列关于太阳能量来源的理论就浮出了水面。比如在一本 19 世纪末期的天文教科书里，有几页就在计算太阳多久会耗尽能量。这里的燃料使用的是当时最好的燃料——无烟煤，而答案则是大约为一千万年。

实际上，直到 19 世纪 30 年代初，年轻的德裔美籍物理学家汉斯·贝特才揭示了恒星的能量来源于核聚变。

日核中的能源

为了理解贝特的理论，我们必须回到本书第 56 页中谈论的内容，也就是太阳和太阳系都形成于尘埃云的重力坍缩。在那部分中，我们着重讲述的是形成恒星的那小部分物质，但是实际上，尘埃云中超过 99% 的物质都是用来组成太阳的。接下来就来看看尘埃云中剩下的部分在缩小时发生了什么。

当一个物体缩小时，它的温度会升高，这是自然界的一条基本规律。这条规律应用到成为太阳的尘埃云时，就是指当这一大片气体云缩小时，它会变得越来越热，云气中的微粒和原子会运动

中微子

当我们看向太阳时，我们只能看到大约 160 千米，因为太阳上的物质会吸收光，所以没有光能够从太阳内部直接抵达地球。但是一种被称为中微子的神秘粒子，却能够不被吸收，从太阳中心直接抵达地球。中微子来源于日核的核反应过程，因此它让我们能够窥探到太阳的"心脏"。

中微子（Neutrinos，英文名称是拉丁文和意大利文的组合，本义为 little neutral one，即小的中性微粒）不带电，质量基本为 0，而且很难与物质发生作用。从你开始阅读这句话开始，就已经有数以亿计的中微子穿过你的身体，但它并没有与任何一个原子发生相互作用。探测中微子的唯一方法，就是在它们的行进过程中放置一个大的"靶子"，用来检测极其偶然的反应。

人们第一次尝试探测这种粒子是在 20 世纪 60 年代后期，地点是南达科他州一个金矿约 1.61 千米深的地下；而之所以选在地下深处，是因为覆盖的岩层能够使设备不受宇宙射线干扰。探测器的基本构造就是一个水箱，水箱中充满四氯化碳或者干净的液体，大约一天会有一个来自太阳的中微子，能够使得水箱中的氯原子变成可以探测到的氩原子。起初科学家们非常困惑，因为几乎没有中微子被探测到，最终他们意识到在太阳的转化过程中，一些中微子的形式发生了改变，不能再在水箱中产生氩原子了。目前，地球上有很多地方都有中微子探测器，而它们探测的结果，与我们所说的日核中的能源是一致的。

得越来越快，它们之间的碰撞也会越来越激烈。最终它们的碰撞会激烈到让电子从原子中逃脱出来（发光的电灯泡就是这样的过程，但是这个过程不会释放太多能量），逃脱后带负电的电子和带正电的原子核独立地四处游移，这就形成了物理学家所说的"等离子体"。

当日核中的温度到达了百万度的量级时，新生恒星中心的微粒会运动得相当快，最终质子（氢原子带正电的原子核）会快到能够克服电子斥力，它们就会相互接近从而发生核反应。在一系列的反应中，四个氢原子核会融合在一起，成为氦的原子核（两个质子和两个中子），与此同时还会发射出各种高速运动的粒子。最终氦的原子核的质量会小于四个原始粒子的质量之和，而根据爱因斯坦的著名公式 $E=mc^2$，丢失的质量都变成了能量。这些能量向外流动，形成的压力会与内部的重力平衡，使得太阳能够稳定下来。

太阳的结构

从 45 亿年前开始，太阳就以超过每秒 4 亿吨的速度燃烧着氢，并且还会继续这样燃烧 55 亿年。温度高到能发生核反应的日核，半径占到整个太阳半径的四分之一。从日核到太阳表面大约 70% 距离处是辐射区。辐射区还是致密的，在这里，能量会流过，而从日核流出的微粒则会经历一系列类似于弹球机的碰撞。在辐射区之上，微粒还在碰撞，但是这里的物质密度就没有高到能够阻止能量流出，所以太阳实际上是在沸腾，就像炉子上烧开的水一样。这一部分被称为对流层，一直延伸到太阳表面。

从外部看太阳，其实有点像看浑浊的脏水，我们只能看到 160 千米的地方；而这薄薄的一

位于南达科他州霍姆斯特克金矿中的中微子探测器。

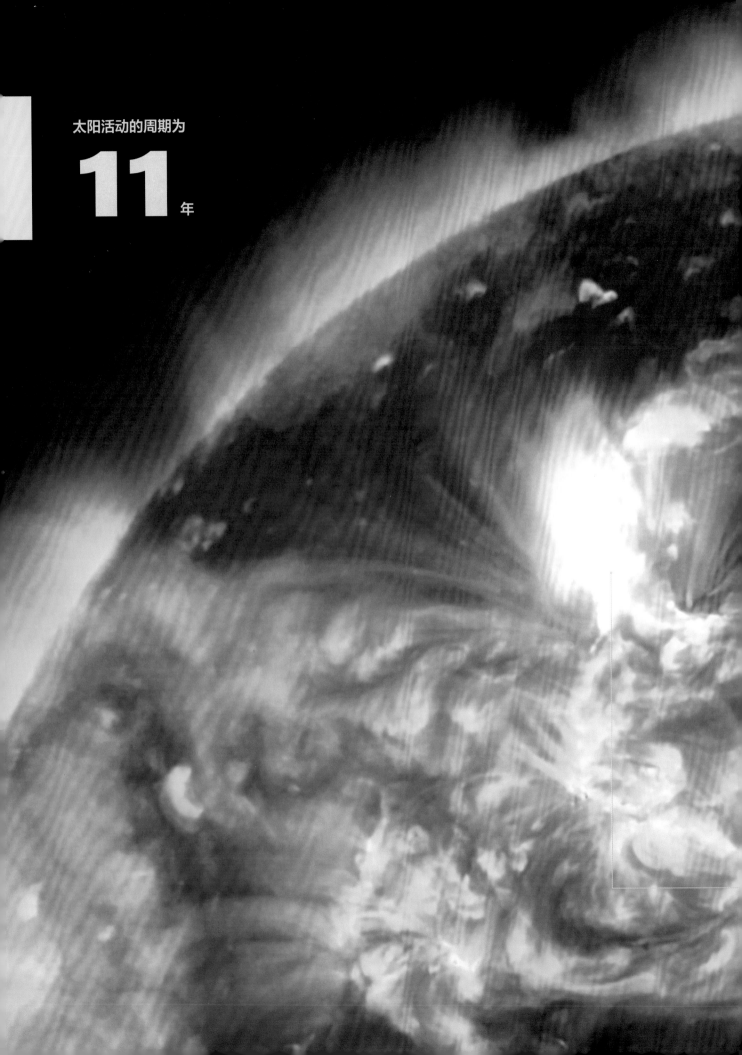

太阳活动的周期为

11年

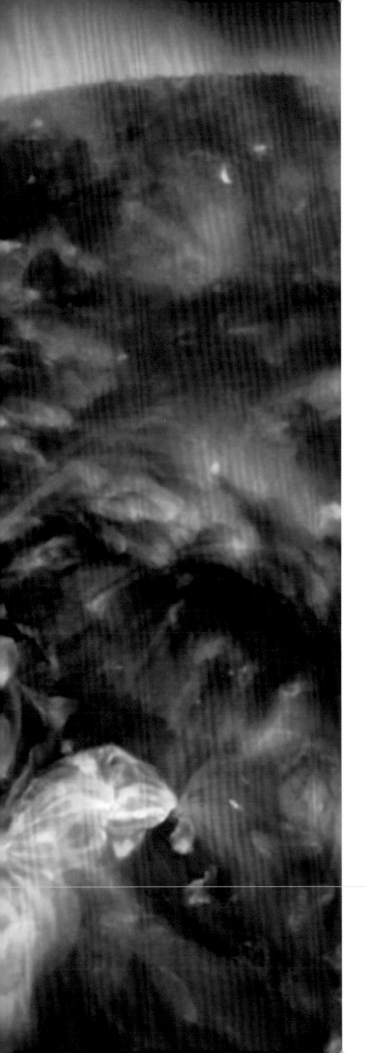

层——正如名字所指——叫作光球层。光球层之上是日冕（日全食时可以看到日冕）和日球层这样的稀薄大气，而这一层实际上可以延伸到冥王星的轨道。

由于太阳不是固体，所以各部分自转速度是不同的。举例来说，两极的自转周期是 35 天，而赤道的自转周期是 25 天。自转速度的不同，与光球层下方持续的对流，共同导致了太阳磁场不断地扭曲和转变，这就产生了太阳黑子和耀斑。太阳黑子是太阳表面移动的发暗黑点，而耀斑中则有大量粒子被抛射到太空中。太阳黑子有 11 年的周期，也就是说，可以观测到的太阳黑子数目的增加和减少是有规律的。太阳活动周，尤其是耀斑，会对卫星的运行以及地球上无线电的传送造成很大影响。

这幅假彩色图展示了太阳上一个巨大的耀斑（中心的白色斑点）。耀斑与日冕物质抛射有关，日冕物质抛射是一块高速运动的带电粒子云。

关于我们的星系，一个最大的疑问就是，宇宙中还有其他的生命形式吗？还是说我们是孤零零的呢？科幻小说中充满了人类与其他智慧物种的冲突，但是除了克林贡（译注：美国著名科幻作品《星际迷航》中一个好斗的外星种族）之外，还有很多可能的生命形式，比如在地球上出现生命之后的大多数时间里，这些生命基本都是由绿藻组成的。我们正在寻找可能孕育生命的、位于古迪洛克带（译注：也叫宜居带，指的是那里的情况有利于生命的形成，或许可以发现像地球这样的生命体的空间）的行星，这是因为我们想要知道，在那些行星上，生命进化的过程是不是和在地球上一样。问题在于，我们目前已知的所有生命，都是以 DNA 的化学密码来生存的。实际上，地球上的所有生命都来源于一场实验。

THE ORIGIN OF LIFE
生命起源

【 在宇宙中我们是孤独的吗？ 】

太阳系年龄：46 亿年

地球年龄：45.6 亿年

最古老的矿物（锆石）：44.04 亿年

第一片海洋：42-44 亿年前

最古老的岩石：40.31 亿年

生命最古老的地球化学痕迹：38 亿年前

最古老的的含有化石的叠层石（译注：叠层石是前寒武纪未变质的碳酸盐沉积中最常见的一种"准化石"，是原核生物所形成的有机沉积结构。）：34.5 亿年前

大气层变为富氧状态：24 亿年前

"雪球地球"的冰川时代：23 亿年前

第一块多细胞生物化石：21 亿年前

第一块动物化石：5,800 万年前

（底图）水藻将黄石公园的热盆染上了颜色。
（插图）细菌是生命的原始形式。

由于只有一个数据，我们无法判断，我们是一次极其偶然的、彗星撞击的结果（正如以前争论的那样），还是星系中会数次发生的、正常化学过程的结果。但显而易见的是，解决这个谜团非常重要的一步，是搞清楚地球上的生命是如何形成、进化的。

这个领域的突破性实验，发生在 1952 年芝加哥大学的化学楼里，诺贝尔化学奖得主哈罗德·尤里和他的学生斯坦利·米勒，决定尝试一个不同寻常的实验。他们建立一个地球初期的微型模型，在这个封闭系统内有水（模拟海洋）、温度（模拟太阳的功能）、电火花（模拟闪电）以及他们认为的原始地球上拥有的氢气、氨气、甲烷和二氧化碳。他们将系统密封起来，打开加热器和电火花，观察会发生什么。几周之后，他们发现水变成了褐红色，而且经过分析，这些水里含有氨基酸，而氨基酸是生命的基础组成部分。

比起化学上的细节，米勒 - 尤里的实验更多的是引起了哲学上的冲击。这两个人向世界展示了，普通的物质和寻常的化学过程，就可以制造出生命系统所需要的分子。实际上，他们把生命起源的研究，从哲学领域推进到了严肃的科学领域。如今人们都认为，他们实验中对大气成分的模拟出现了错误，但是这并不十分要紧。在陨石、彗星甚至星际的尘埃云中，都发现了他们实验中产生的这种有机分子。换句话说，看起来通过常规的化学方式制造生命分子，是非常简单的。

原始海洋

米勒 - 尤里实验中的化学过程（或者说富含有机物的陨石或彗星的撞击）实际上把海洋变成了"肉汤"。这个很稀的肉汤里含有生命系统中的分子，这个肉汤的名字叫作原始海洋。原始海洋

形成之后，合适分子的偶然聚集，将会形成能够摄入能量并且可以复制的原始细胞。从理论来说，能够发生这种偶然组合的场所是多种多样的，可能的选择包括潮水坑、海洋中的油滴、海底的黏土以及更为现代的深海热液喷口。

类似于生命来源于偶然巧合的这类观点都被称为冷冻事件假说，因为它们的核心观点是：一系列分子起初会偶然发生相互作用而组合，但是一旦形成，这样的化学关系将会保留下来。最近，有一种新的地球生命起源的假说在科学界得到了越来越多的青睐。由于地壳构造运动（详见 88-90 页），地球上有很多地方，地幔中的热物质被带到了表面，而这些地方大多都在海底。上述过程会制造出一种名叫深海喷口的构造，或者更专业一点，应该叫作深海热液喷口。1977 年，科学家们通过深海潜水设备得到了令人震惊的发现——在这些热液喷管周围，由地球内部而来的充满营养的物质，孕育了多种生命形式构成的复杂的生态系统。

在这件事实得到确认之后，科学家们开始认为海底才是生命起源的原点。这不仅是因为海底有丰富的能量来源，还因为覆盖的海水可以对分子构成必要的保护，使它们免受来自太阳的有害的紫外线辐射。在这些假设中，地球生命最初起源于深海热液喷口，然后再移居到了地球表面。

一旦我们意识到生命并不一定起源于行星表面，那么对于外太阳系地下海洋的探索就被赋予了新的意义。像木卫二这样的地方一下子就变成了生命可能存在的首要场所（译注：科学界认为木卫二拥有巨大的冰下海洋，其中可能存在生命）。

代谢优先

但是，关于生命的出现还有一种理论，它认

海底热泉喷口的照片，那里滚烫、富含矿物的物质被从地球内部带到表面，支撑起一个复杂的生态系统。

为存在某种我们还在探寻的化学过程。这个化学过程会使原始海洋中发生特定的反应，而这些反应不需要复杂的分子就能够直接产生原始生命体系——这种理论叫作"代谢优先"。根据代谢优先理论，生命有可能起源于简单的化学反应，再经过数亿万年的时间演化成复杂的形态。

不管地球上的生命是按照哪一种理论发展的，生命进化的速度都是很快的，至少在地质学时间跨度上来说。在晚期重轰击（详见本书第59页）结束的5亿年之后，生命就在毫不停歇地进化着。我们还发现了复杂的细菌生态系统，也就是上文所说的蓝藻类层的化石。这些复杂的组织表明，晚期重轰击时期结束后，简单的细胞出现得相当快，而且还暗示了在地球上从化学反应到生命系统的演化过程可能也在其他星球以同样快的速度发生着。

以前就有行星系统围绕其他恒星运动的想法，但是最近几十年，对系外行星的搜寻才成为星系天文学的一个主要课题。为什么会拖延这么久呢？原因很简单：行星反射光线，但是这种光要比恒星的光暗弱很多，所以行星反射的光都会被淹没在它旁边恒星的光线之中。有一位天文学家曾把直接看到系外行星这个问题比作在华盛顿用望远镜看到波士顿的一个探照灯旁边的蜡烛！因此，对系外行星的探测不得不等待新的探测技术的问世。

EXOPLANETS
系外行星

【 另一个世界，另一个地球 】

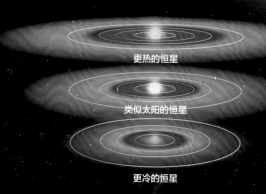

更热的恒星

类似太阳的恒星

更冷的恒星

第一次发现系外行星：1992 年
发现的第一颗系外行星：PSR 1257+12B
目前已知的系外行星：4000 颗（仍在继续增长）

（底图）艺术家对带环的系外行星及其卫星的概念图。
（插图）不同恒星周围的宜居带（图中绿色区域）。

两个行星系统

新发现的开普勒-22系统（上图）拥有一颗地球大小的行星——开普勒-22b。开普勒-22b是被发现的首颗在类日恒星的宜居带的行星。

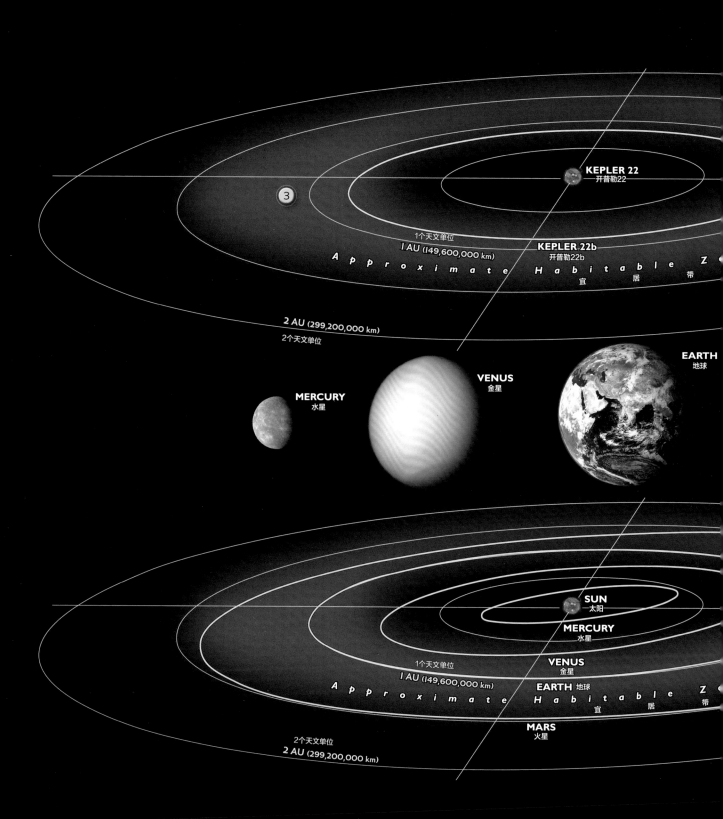

KEPLER 22
开普勒22

1个天文单位
I AU (149,600,000 km)

KEPLER 22b
开普勒22b

Approximate Habitable Z
宜 居 带

2 AU (299,200,000 km)
2个天文单位

MERCURY
水星

VENUS
金星

EARTH
地球

SUN
太阳

MERCURY
水星

1个天文单位
I AU (149,600,000 km)

VENUS
金星

Approximate Habitable Z
宜 居 带

EARTH 地球

MARS
火星

2个天文单位
2 AU (299,200,000 km)

关键词

① 太阳系的宜居带中，地球的轨道。

② 开普勒—22 系统中，一颗行星的轨道。

③ 开普勒—22 的宜居带。

开普勒22b
KEPLER 22b

MARS
火星

图注：由于开普勒—22 恒星比太阳小，所以它的宜居带也更靠近恒星。尽管开普勒—22b 在宜居带中，但这并不能保证它上面存在生命——最典型的例子就是火星。

第一个成功的探测技术是径向速度测量法。要想搞清楚这是怎么回事，我们需要想象自己在很多光年以外观测太阳系。我们会习惯性地认为行星在轨道上运行，而太阳是静止不动的。但是实际上，由于行星引力的作用，太阳也会轻微晃动。比如，当你观测时，若木星位于你和太阳中间，那么太阳就会被牵引得离你稍微近一点；同样的，如果木星位于太阳后侧，太阳则会被牵引得离你稍微远一点。所以在十年之内，有时候你会发现太阳在向你靠近，有时候又在远离你。太阳这样的运动可以通过多普勒效应探测到：当太阳靠近时会蓝移，太阳远离时会红移。所以，尽管你并不能直接看到木星，但是由于它对太阳的作用，你会知道它的存在。

神奇的是，1992 年发现的第一颗系外行星就是一个非常少见的例子：一颗行星围绕着脉冲星转动（详见本书 259-261 页）。这颗行星必定是在它的母星变成超新星之前就已经形成了，而这项发现是完全出乎意料的。但是很快，在 1995 年，一个更为传统的系外行星也被探测到了（在飞马座），这也就开启了现代系外行星探测的篇章。起初，系外行星的发现很慢，一年也就发现几颗。但是随着技术的提高，速度就加快了。现

插图展示的是开普勒空间望远镜，开普勒号于2009年发射，目前已经探测到接近1万颗可能的系外行星。开普勒号的发现改变了我们的看法——行星系统是如何形成的。

在我们已经知道有接近五千个行星系统，其中美国国家航空航天局（NASA）在 2009 年发射的开普勒号探测器贡献了大部分发现。

开普勒号航天器的使命

开普勒号航天器的重量为 1 吨多，被用来检测银河系中 15 万颗恒星的亮度。在近地轨道运行的卫星必定会被地球遮挡一半的天空，但是开普勒号航天器需要连续不断地观测。所以开普勒号航天器实际上是绕着太阳运行，而不是绕着地球运行。你可以认为它就像一个很小的行星，跟在地球后面绕着太阳旋转。

开普勒号航天器探测系外行星的方法很容易描述，但是却需要很复杂的设备。简要地说，就

是如果一颗行星从恒星前经过时，恒星的亮度会在凌星时降低，行星离开后亮度又会恢复。当然，凌星法只有当这颗行星的轨道在地球的视线上时才能奏效。（举个例子，如果有人观测太阳系的话，他只有在和木星轨道平行的飞船上才能用凌星法探测到木星，如果他比轨道高或者矮都不行。）这就意味着只有一小部分行星系统能够用凌星法探测到。

但是，开普勒号航天器的科学家们很快就指出了凌星法相较于径向速度法有一个很重要的优势——不论系外行星的大小还有距离母星的远近，都可以被凌星法探测到。一颗行星若想牵引恒星绕行，进而能够被探测到多普勒频移，则其恒星必须有足够大的重心引力。这就意味着，最可能

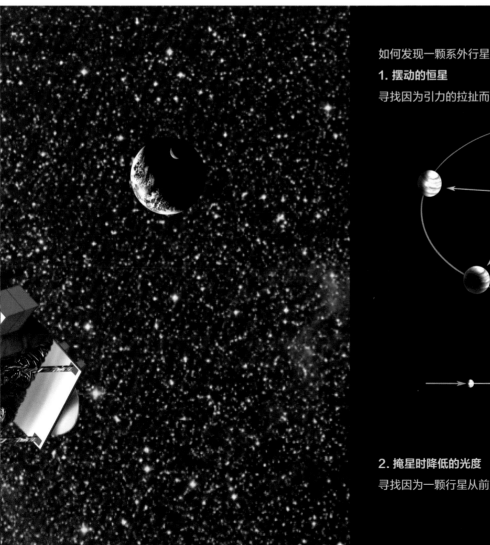

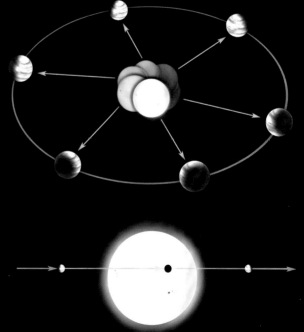

如何发现一颗系外行星

1. 摆动的恒星
寻找因为引力的拉扯而摆动的恒星。

2. 掩星时降低的光度
寻找因为一颗行星从前方经过而变暗的恒星。

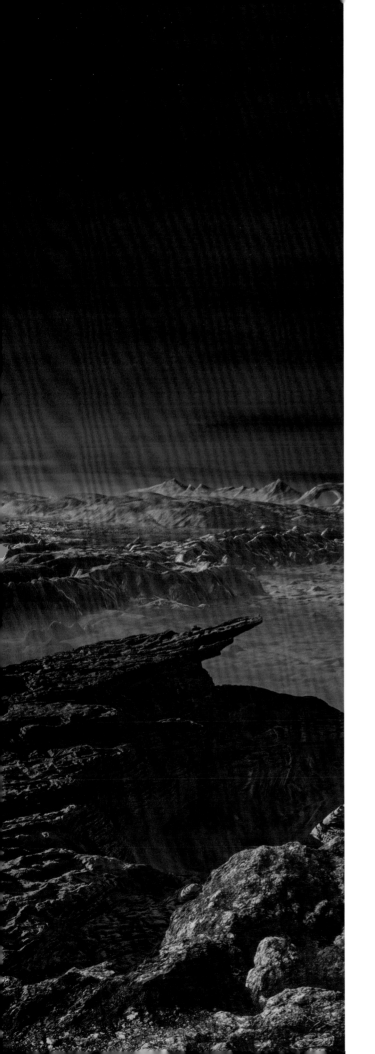

艺术家描绘的在类似地球的系外行星日出的概念图。这颗系外行星围绕两颗恒星而非一颗恒星公转——第二颗恒星是正在日出的恒星右边的白点。

被径向速度法探测的是靠近恒星的大体积行星，我们把这类行星称为热类木星。确实也是这样，在开普勒号航天器发射之前，探测到的系外行星绝大多数都是这一类的。然而，不管行星的体积和它到母星的距离，只要它能对恒星的光度产生影响，那么都可以被探测到。

开普勒号的遗产

系外行星的探索，尤其是开普勒号卫星的探索，让我们得到了两个令人震惊的事实：

1. 在银河系中，行星的数量大于恒星的数量；2. 没有母星的恒星多于有母星的恒星。

让我们来依次解释这些事实。在 20 年前，天文学家们可能还在激烈地争执是否真的存在系外行星系统。但是现在，我们已经知道它们到处都是。我们还知道行星系统有很多种不同的构造，而且其中只有很少一部分是和我们的太阳系相似的。

下文的例子可以证明这个事实。在开普勒号卫星发射以前，探测系外行星的唯一途径就是上文提到的径向速度法。如果你仔细考虑这个方法的运行原理，你就会明白这种方法最有可能探测到的就是靠近母星的巨大行星，仅仅是因为只有这样的行星才能够产生最大的引力。而且，天文学家们的发现也确实是这样。最初的系外行星的研究似乎暗示我们的银河系充满了热类木星——即离母星的距离比地球离水星的距离还近的巨大行星。

如果你还能回想起太阳系形成的最佳理论（详见本书 56-59 页），你就会明白为什么热类木星的存在会如此令人费解。靠近母星的行星本应当是小的、岩态的，而像木星那样的气态行星则会在更远的地方形成。那么，真的是我们的理论错了吗？

但结果是，我们根本不需要有这样的担心。开普勒卫星的研究让我们迅速得到了一个事实，那就是热类木星在系外行星中所占的比例是很小的，而且很有可能这些巨行星之前在离母星很远的地方形成，但是之后又逐渐移动并向母星靠近。实际上，我们从热类木星这个插曲中应当得到的正确教训是：我们很有可能搜寻到各种各样的系外行星系统，而且其中的大部分会和我们的太阳系完全不同。

宜居带行星和连续宜居带（CHZ）

当我们提及地外生命搜寻时，没有什么比这一点（译注：指连续宜居带）更具有相关性了。所以地球的生命起源于表面海洋，所以我们的假设就是，在长期存在表面海洋的行星上更有可能有生命存在。这样的理论使得科学家们定义了一个叫作连续宜居带（CHZ）的名词，即恒星周围的行星上的温度能在亿万年间都保持在水的凝固点和沸点之间的区域。举个例子，在太阳系中，

距离地球40光年的TRAPPIST-1拥有至少7颗类地行星，其中3颗都处于连续宜居带（Continuously Habitable Zone, CHZ）中。右图是TRAPPIST-1系统与太阳系的对比图。

极端环境下的生命

如果不考虑地球上的奇怪生命，那么对于系外行星或者宇宙其他地方生命的讨论就会是不完整的。在过去的50年里，科学家们在一些没有预料到的地方发现了生命，这些新发现的生命形式被称为极端微生物，它的英文名称"Extremophile"来源于拉丁语的"极端"（Extremus）以及希腊语的"喜爱"（Philia），所以可以直译为"喜爱极端的"。

第一个极端微生物是20世纪60年代在黄石国家公园的一个热温泉中发现的。水的温度达到甚至已经超过了沸点，本可以杀死普通的细菌了，但是极端微生物存活了下来。而且实际上，它们还造成了池中惊人的色彩。从那之后，很多不可能的环境下都发现了生命——包括高浓度酸和盐的环境，以及有难以想象压力和温度的深海热液喷口。甚至在日本的实验里，有400倍地球表面重力的离心机里仍然还有微生物存活！

这些发现对科学界有着深远的影响。比如，有些生物学家就提出，地球上的生命起源于深海海沟中的极端微生物，之后才迁移到了地球表面。研究地外生命的天文生物学家已经更加谨慎，不过于限制什么地方能够孕育生命。当然还有，在我们的地球家园里，可能还有惊喜在等待着我们。用物理学家保罗·戴维斯的话来说就是："生命可能就在我们的鼻子下面……或者在我们的鼻子里面。"

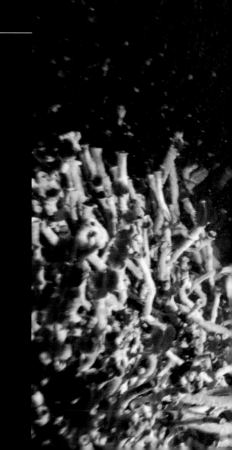

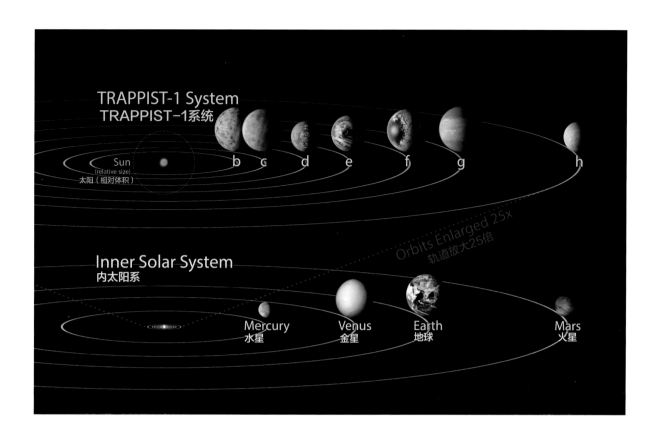

TRAPPIST-1 System
TRAPPIST-1系统

Sun
(relative size)
太阳（相对体积）

b c d e f g h

Orbits Enlarged 25x
轨道放大25倍

Inner Solar System
内太阳系

Mercury
水星

Venus
金星

Earth
地球

Mars
火星

深海热液喷口附近
的黑色"烟枪"

只有地球处于连续宜居带中。在恒星宜居带的类地行星被称为宜居带行星（译注：Goldilocks Planets，Goldilocks 是美国童话经典人物金凤花姑娘，因为金凤花姑娘喜欢不冷不热的粥，所以金凤花姑娘有刚刚好的意思），因为这里的温度就像童话里的粥一样，不会太冷也不会太热，而是刚刚好。我们已经发现了很多这样的系外行星，而发现的第一颗宜居带行星是开普勒186f（这个名字意味着它是开普勒号卫星发现的系外行星目录中第186号恒星的第五颗行星）。下面将要描述的先进的探测系统，很有可能首先应用于这些被发现的宜居带行星。

系外行星惊人的多样性

为了对系外行星的多样性有些初步概念，我

们先来看看以下几个例子：

- 有的行星的轨道距离母星如此之近，以至于可以被当作在母星的内部。
- 有的行星朝向母星的一边温度高到可以让岩石蒸发。当行星自转，这些蒸发的物质会凝固，而岩石做的"雪片"会纷纷掉落。
- 有的行星被100多米深的海洋完全覆盖。

但是，比上述情况更神奇的是我们所称的"流浪行星"——距离任何一颗恒星都很远，在黑暗的空间流浪的行星。回顾我们之前对太阳系形成的讨论（详见第56-59页），你应该能回想起在太阳系形成早期，有很多类行星天体被喷到宇宙空间中。这些天体并不会凭空消失，其中很大一部分就变成了流浪行星。有些科学家认为流浪行星上可能也会存在生命，因为这些行星能够保持自己内部的加热系统。有些作者把流浪行星比喻成一个关了灯的房子，但是房子里的火炉还在燃烧。

左图为艺术家描绘的流浪行星，流浪行星在宇宙空间中流浪，但不属于任何一颗恒星。
上图为去往TRAPPIST-1系统的星际旅行的幽默海报。

关于系外行星，有很多令人激动的新发现不断涌出。近年来，有两个发现引发了公众的兴趣：

- 在比邻星 B——离地球最近的恒星——的宜居带发现了一颗类地行星。比邻星距离我们只有 4 光年，这意味着这很有可能是人类航天器到访的第一颗系外行星。但是就算我们能够建造以光速的十分之一的速度飞行的宇宙飞船，来回一趟也要 80 年。

- 2017 年，美国国家航空航天局和欧洲航天局宣布，在 40 光年外的一颗名叫 TRAPPIST-1 的小型恒星周围，发现了 7 颗类地行星。其中 3 颗处于该恒星的宜居带，而且鉴于那里合适的大气条件和与母星足够近的距离，其余的类地行星表面也可能存在液态水。因此，TRAPPIST-1 系统将会成为系外行星生命搜寻研究的主要焦点。

很少有某个科学领域的诞生能够准确地追溯到日期，但是"搜寻地外智慧文明"（Search for Extraterrestrial Intelligence，简称 SETI）是一个例外。它开始于1959年两位物理学家——朱塞佩·科克尼和菲利普·莫里森——的一篇论文，之后在1961年西弗吉尼亚一座山峰上的会议中实现。在那篇论文中，他们指出利用射电望远镜，可以扫描射电波段来发现地球以外是不是有人在试图联系我们。"如果我们尝试的话，成功的可能性会很小，"他们争辩道，"但是如果我们不尝试的话，成功的可能性就是零。"

SETI
搜寻地外智慧文明

【 我们是孤独的吗？ 】

宣布火星上有"人工运河"：帕西瓦尔·洛厄尔，1895 年
建议用无线电寻找地外生命：尼古拉·特斯拉，1896 年
首次监听火星上的无线电信号：美国海军天文台，1924 年
用无线电波监测：菲利普·莫里森和朱塞佩·科克尼，1959 年
第一个射电搜寻计划：奥兹玛计划，弗兰克·德雷克主导，1960 年
天线阵列搜寻：独眼巨人计划，1971 年
多通道光谱分析仪：保罗·霍洛维茨，1981 年
NASA 削减了 SETI 的预算：1981 年
SETI 在家项目开始：1999 年
艾伦望远镜阵列上线：2007 年

（底图）加利福尼亚的艾伦望远镜阵列。
（插图）旅行者号上镀金唱片封面。

在西弗吉尼亚绿岸的国家射电天文台召开的会议中聚集了11位科学家，共同讨论这种新的可能性。最终，他们用一个简洁标记总结了他们对外星文明数量的估计，并且用康奈尔大学的天文学家弗兰克·德雷克的名字将它命名为德雷克公式。这个公式估算的值N，即为目前尝试与我们联系的地外文明的数量，公式为：

$$N = R_* f_p n_e f_i f_i f_c L$$

等号右边的符号从左到右分别代表：银河系产生新的恒星的速度，新的恒星中会有恒星的可能性，这些行星中能支持生命存在的数量，这些行星中真的有生命存在的可能性，生命进化为高等智能的可能性，智能生命能发展出星际交流的技术的可能性，星际交流开始后能够持续的时间。

很显然，这些术语包含已知天文学的内容和纯粹的猜测。但是不管怎样，德雷克公式把我们关于外星智慧生命的知识（以及忽视的内容）很好地组织起来。

在1961年的绿岸会议上，参会者对于N的估计从高达2亿到低至4不等，但是最终计算出最有可能的数值是100万左右。要知道那个时候，科学家们对于能在火星或者是太阳系其他地方发现生命还抱有希望。一个巨大的由一千多个智慧物种组成的银河系交流俱乐部进入公众的视野，无数的科幻小说都以此为主题。

不幸的是，在这个方面，科学发展的进度并没有赶上科幻发展的进度。刚开始，SETI得到了美国的联邦财政支持，但之后并没有什么有趣的

弗兰克·德雷克

"如果你相信你正在探测其他文明……你就会意识到你所做的将会改变整个历史。"

与SETI项目关系最紧密的名字就是美国天文学家弗兰克·德雷克（1930）了。德雷克是1961年绿岸会议的组织者

产出，联邦就不再出资了。目前，SETI 是由私人的基金会出资继续运行的。例如，2015 年，俄罗斯投资者尤里·米尔纳 (Yuri Milner) 承诺在 10 年时间内投入 1 亿美元支持 SETI 计划。

如果考虑到搜寻过程中遇到的种种问题，你就会明白为什么要用这么长的时间了。在地球外有数以亿计的恒星，而且正如我们在本书第 235 页所看到的那样，其中的很大一部分可能都拥有行星系统。而对于每一颗恒星的探测，我们都需要经历一个很缓慢的过程，因为你不知道外星人向外广播的频率。所以就像你在一个陌生的城市听广播一样，你必须非常慢地移动拨盘，在每个点都驻留足够长的时间，来看看是不是有什么有趣的。目前 SETI 使用的是先进的快速电子设备，监听成千上万的恒星及其频率，并将大量的信息进行分类。

其他"人"在哪儿呢？

但不幸的事实是，除了人们做的这些努力以及公众对此的兴趣之外，到目前为止，我们还没能和任何一个地外文明建立起联系。而令人愉悦的是，SETI 是为"扶手椅科学"——不需要严密证据支持的猜测——所定制的。下面举几个例子，它们试图对 SETI 探测不到信号进行解释。

动物园假说——我们的太阳系是银河系中的一片荒地，与外星人们是分隔开来的。

悲观毁灭假说——进化战争的任何好斗种族都会在科技进步之后用核武器来毁灭自己。所以德雷克公式中 L 的值会很低。

神奇频率假说——在搜寻中我们一直使用的是错误的频率，我们应该使用这个理论支持者最近发现的频率进行搜寻。

这样的假说还有很多，毫无疑问，你也可以在其中加上自己的解释。

但是关于 SETI 最有趣的争议，最早是由意大利籍的美国物理学家恩里克·费米提出来的，他对于这个问题的争论最后催生了银河系俱乐部的构想。在思考了一会儿之后，他问道："所以其他'人'在哪儿呢？"费米，一个能够直接看到复杂问题的核心的天才，论证道：现代科学仅仅只有几百年的历史——在天文的时间尺度上比一眨眼还要短。很有可能在之后的几百年——也就是下一次眨眼的时候，我们就能够解决星际航行的问题，并且自己殖民其他星球。如果地球之外有成千上万种文明的话，它们之中一定有一些已经达到了这个水平，所以它们现在应该已经在地球上了。他问道："其他'人'在哪儿呢？"

当然这个观点的核心就是：我们不应该在地球之外寻找外星人，而是应该在地球上寻找。很多作家（包括我在内）都用费米的观点来提议 N 的数值是很小的，甚至有可能是 1，也就是说宇宙中人类是孤独的。

但是 SETI 的观点是，无论最后搜寻的结果是什么，它都是值得的。地球之外有外星人？不可思议！那我们在宇宙中是孤独的？这更不可思议！世界上并没有太多其他的科学活动能像 SETI 一样有这样的回报。

和我们的太阳一样，所有的恒星都诞生于星际尘埃冷却后的云气中。这之后，恒星本质上就是在设计与内部重力抗衡的策略。我们已经讨论过太阳诞生时最开始的策略，即核心的燃烧向外产生压力阻止云气坍缩。基本上我们看到的所有恒星都处于这个燃烧氢的阶段，天文学家把它们称为主序星。我们的太阳在这个阶段已经历经 45 亿年了。

STARS IN OLD AGE

老年恒星

【 当燃料快耗尽时会发生什么呢? 】

ANTARES
心宿二

RIGEL
参宿七

SIRIUS A
天狼星 A

SUN
太阳

不同质量的恒星的寿命

0.1 倍太阳质量：6—12 万亿年
1 倍太阳质量：100 亿年
10 倍太阳质量：3,200 万年
100 倍太阳质量：10 万年
不同质量的恒星的归宿
0.1 倍太阳质量：红矮星
1 倍太阳质量：红巨星；之后是白矮星
10 倍太阳质量：超新星，之后是黑洞
100 倍太阳质量：超新星，之后是黑洞

（底图）半人马座的球状星团，欧米伽星团。
（插图）主序星天狼星 A 和太阳，蓝巨星参宿七以及红超巨星心宿二。

很显然，氢燃烧并不能永远持续。或早或晚，恒星内核中的氢燃料将会耗尽，而恒星将不得不发展出对抗重力的新方法。这个过程需要多久则取决于恒星的大小，但是这有着双重的影响：一方面，更大的恒星就会有更多的燃料；另一方面，更大的恒星会有更大的重力，也就需要更快地燃烧来对抗重力。而最终结果是第二个因素胜出了，也就是说，越大的恒星经历的氢燃烧的过程就会越短。举例来说，假想银河系1岁的话，那么像太阳一样的恒星将会燃烧10个月左右，而非常大的恒星只能燃烧半个小时。

红巨星

太阳这样的主序星在耗尽内核中的氢之后会发生什么呢？显然，核反应会减弱，而亿万年来对抗重力的压力也会变弱。重力会再次占据上风，恒星将会再次坍缩，这会导致恒星内部温度升高，将产生两个影响。第一，内核外部的区域仍然还有未燃尽的氢，这一部分温度升高使得氢燃烧成氦。第二，由于内核中温度升高，初始燃烧的最终产品氦原子将会快速移动并引发新一轮的燃烧。最终，内核中每3个氦原子（每个有2个质子和2个中子）将会变成碳原子（每个有6个质子和6个中子），同时放出能量。在这一系列过程中，上个阶段燃烧的产物是下个阶段的燃料，也就是老年恒星能量产生的主要特征之一。

最终，对于达到6倍太阳质量的恒星来说，新的燃烧过程将会向外输出能量，同时会使大气层向外扩展。比方说太阳的边缘，将会扩展到目前地球轨道的位置。由于恒星的能量要经过更久的时间才能到达表面，表面将会由白色（也就是太阳目前的颜色）变成红色，所以这类恒星被称为红巨星。

55亿年之后太阳变成红巨星之后地球会怎么样呢？水星必定会被太阳吞没，金星也很有可能。在太阳变成红巨星的阶段，太阳会把自己相当一部分质量抛向太空，但是也会减小自己对行星的引力，所以地球的轨道将会向外扩展。如果只有这一件事情发生的话，地球将会逃脱被太阳吞没的命运，但是目前的计算表明，潮汐力可能会把地球轨道向内拉而摧毁地球。就算我们的行星没有被吞没，表面的海洋也会全部蒸发，岩石将会融化，而那时任何生命都无法存活。

白矮星

那么之后呢？像太阳这类恒星产生的压力不足以与其核部早期生成的碳引发新的核聚变反应，所以恒星无法逃离重力。重力再次占了上风，而坍缩也会继续。

我们知道星际气体的坍缩产生了太阳，而原子间剧烈的碰撞使得原子中的电子被撕裂出来。在恒星的一生之中，从主序星到红巨星，这些电子一直都是看客，而核反应占据着舞台中央的位置。现在，就到电子出场的时候了。

在恒星生命的这个阶段，有一个关于电子的原理变得相当重要，它就是泡利不相容原理。这个原理是说不能有两个电子处于完全相同的状态。来想象一下拥挤的人群：你可以把他们挤成一团，但是每个人都至少需要一肘的空间，最终挤到这个程度之后，人群也就没有办法变得更小了。同样地，太阳中松散的电子在坍缩之后就不断地被挤压，之后则会达到不能再被挤压的状态。在这种状态下，重力是向内作用，而电子间的压力向外作用，最终恒星达到稳定状态，并且永远持续下去。

对于太阳来说，达到这样的稳定状态时，它

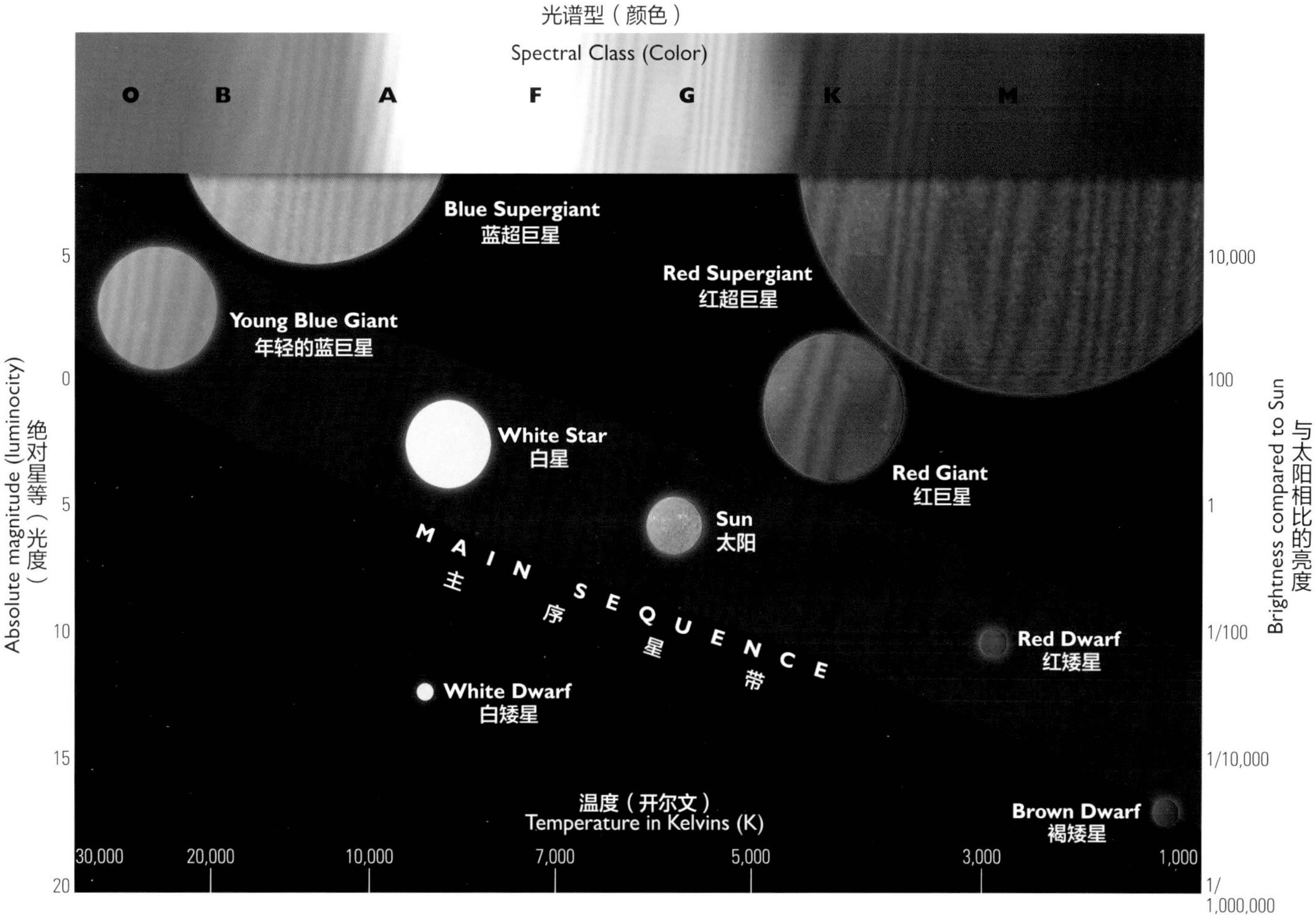

光谱型（颜色）
Spectral Class (Color)
O
B
A
F
G
K
M
Blue Supergiant
蓝超巨星
Red Supergiant
红超巨星
Young Blue Giant
年轻的蓝巨星
White Star
白星
Red Giant
红巨星
Sun
太阳
MAIN SEQUENCE
主序星带
Red Dwarf
红矮星
White Dwarf
白矮星
Brown Dwarf
褐矮星
温度（开尔文）
Temperature in Kelvins (K)
30,000
20,000
10,000
7,000
5,000
3,000
1,000
Absolute magnitude (luminocity)
绝对星等（光度）
5
0
5
10
15
20
Brightness compared to Sun
与太阳相比的亮度
10,000
100
1
1/100
1/10,000
1/
1,000,000

恒星温度和光度的关系可以在赫茨普龙–罗素图中表现出来（见上图）。从左到右，温度从最高到最低；从下到上，光度从最暗到最亮。我们的太阳是主序星带中央的一颗典型星。

已经坍缩成地球的大小。恒星的白色就像火焰的余烬一样，天文学家把这类天体称为白矮星。这个时候，它仍然会向外散出一生中产生的能量，但是就像余烬一样，它还是会越来越冷，越来越暗。和我们现在在夜空中看到的大多数恒星一样，太阳将以这种方式结束自己的生命。

但是，这并不是恒星死亡的唯一方法。有些恒星会以更加壮丽的方式死去，我们在下一章中将会讲到。

你看到银河的时候，会看到各种大小不同的恒星。打个比方，如果太阳是保龄球大小的话，那么银河系中不仅会充满保龄球大小的恒星，还会点缀着各种大小的球，最大的有沙滩排球那么大。这些恒星多种多样，自然也可以想到它们的生命是不同的，但是它们的生命都和太阳一样开始于氢的燃烧。在上一章，我们已经描述了太阳这类恒星（大概是高尔夫球到篮球的大小）年老后红巨星—白矮星的历程。更大一点的恒星的结局会更壮丽一些，而且对于地球上的生命来说，它们的作用也更为重要。

SUPERNOVA
超新星

【 以爆炸的方式死亡 】

最著名的超新星爆发：1054（蟹状星云）
距离 1054 号超新星的距离：6,500 光年
银河系中上一次可见的超新星爆发：1604 年
距离 1604 号超新星的距离：14,000 光年
"超新星"概念的诞生：1931 年，由沃尔特·巴德和弗里茨·兹威基发现
最近高亮度的超新星爆发：大麦哲伦星云中的 1987A
距离 1987A 超新星的距离：160,000 光年
超新星冲击波的速度：30,000 千米 / 秒
每年发现的超新星的数目：数百颗
银河系中超新星爆发的频率：约每 50 年一次
超新星的类型：ⅠA，ⅠB，ⅠC，ⅡP，ⅡL

（底图）超新星仙后座 A 残余物的伪色彩照片。
（插图）超新星 1987A 的冲击波加热了周围的物质。

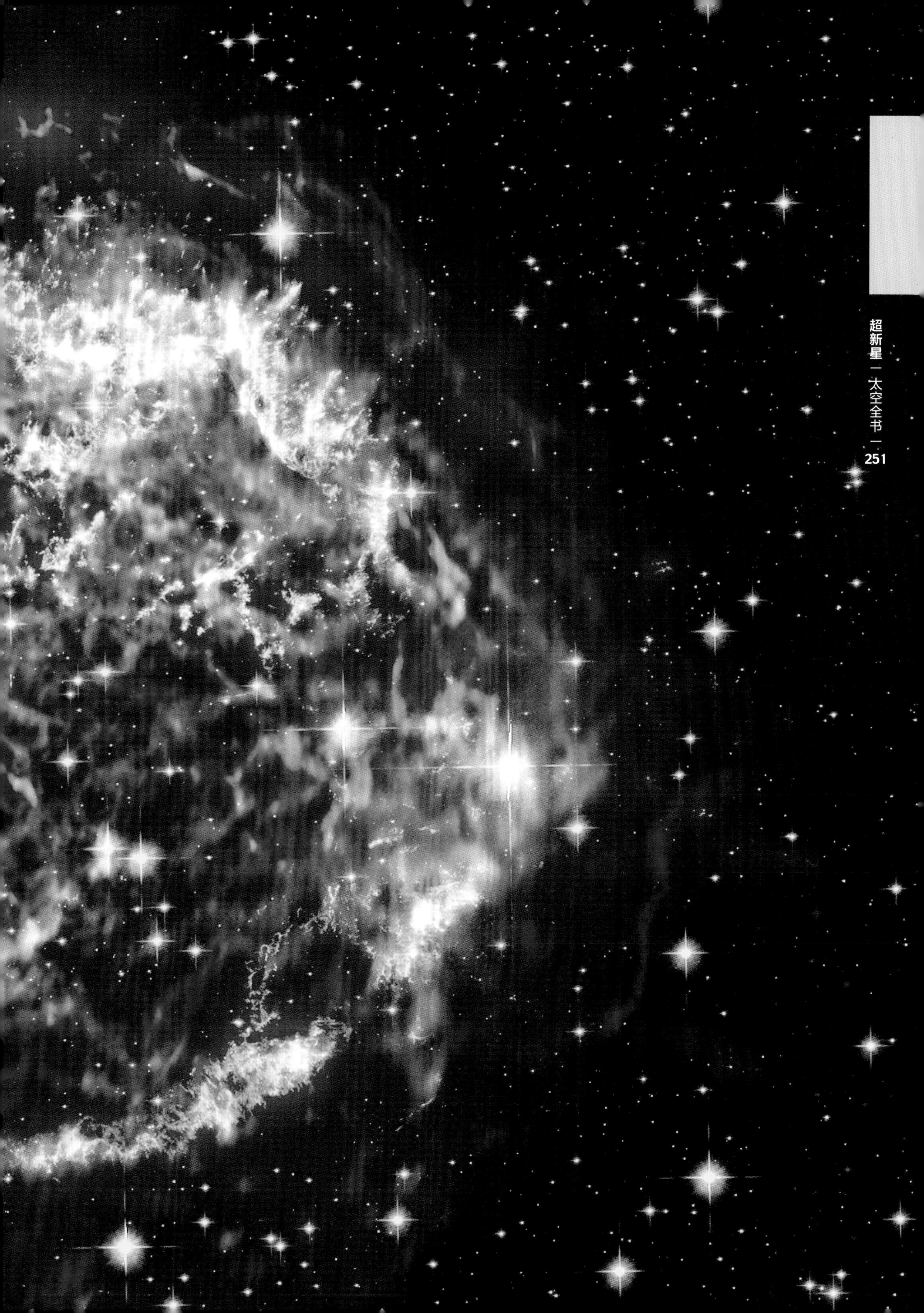

先来简单回顾一下：所有恒星都起源于星际尘埃云的坍缩，当内核温度高到可以产生核反应之后就会达到第一个稳定状态，氢不断地燃烧变成氦。当内核中的氢烧尽之后，就会继续坍缩，内部温度也会升高，使得余烬氦以及还未燃烧的氢继续燃烧。对于达到太阳质量的6倍的恒星来说，关于核的故事就到此结束了，因为没有更多的质量能让温度达到新一轮核反应的程度。而这类恒星就变成了白矮星。

但是，如果恒星达到了太阳质量的9倍甚至10倍，情况就会有所不同。这类恒星的质量能够使得压缩的程度和温度足够高，使得核反应能够继续。和在太阳内核里一样，这类恒星内部的氢燃烧完之后就会燃烧上一阶段的产物氦，最终把

三个氦原子组合成一个碳原子。在这个过程中，还伴随着内核外围一小部分剩余的氢的燃烧，形成的氦组成了外围的一个壳层。所以，这类恒星就有一个碳的内核，外面有一层氦的壳层，再外面则是还没有燃烧的氢。当坍缩再次开始时，各个区域的温度都会上升。所以内核中的碳（6个质子和6个中子）和其他原子核会组合成氧（8个质子和8个中子）以及其他重元素，第一个壳层中的氦会变成碳，而外围的氢会变成氦。

在这个不断持续的过程中，上个阶段的产物就是下个阶段的燃料，并且周期性地产生新的元素，使得恒星变成洋葱壳层般的结构，而每一次坍缩都会产生更重的元素，也会让这个

新星与超新星

"新星"（Nova）一词在拉丁语中意为"新的"，而这个词长久以来就被用来命名一种天文事件：在原来没有东西的天空中突然出现了一颗星星。如今我们已经知道产生一颗新的星星可能有很多种原因，而原因不同它们的名字也会有所区别。

在双星系统之中，如果一颗恒星走到生命的尽头成为白矮星的话（详见本书第248页），那么就有可能产生新星。如果这两颗恒星靠得足够近的话，那么白矮星就会从它的伴星中吸积很多

物质，这些物质主要是氢。当这些氢在恒星表面累积了几米之后，就会产生核反应。本质上来说，这一层就像一个巨大的氢弹，然后以一颗新星的方式短暂地照亮夜空。当氢层继续累积，这个过程也会再次重复。

尽管人们经常搞混新星和超新星，但是只有经历过这种短暂的表面变亮的现象才应当被称为新星。超新星则是整个恒星爆炸后产生的，它有自己独有的壮丽过程（详见本书第254-255页）。

"洋葱"多一层。但是随着这个过程继续下去，每一次新的燃烧都会使恒星抵抗重力的能力减弱。确实，一些计算表明，在内核中产生了铁的这一最后阶段后，恒星对重力的抵抗只能持续短短几天而已。

临界质量

核反应的最终产物是铁，不管是聚变还是裂变，它都得不到更多能量。它就像是壁炉里的灰烬一样，为宇宙中最壮丽的表演搭建了一个舞台。随着恒星内核中铁的不断累积，在重力的影响之下，核反应将无法再抵抗坍缩。在一段时间之中，铁核中的电子提供的压力将会与重力抵消。实际上，这种致密星体的内核就变成了一种白矮星，只不过是用铁做成的。

随着越来越多铁的"余烬"在恒星中心聚集，内核的质量就会达到一个临界数值。当它的质量比太阳质量还要多40%之后，电子就会开始和铁原子核中的质子结合形成中子。随着电子的减少，它与重力抗衡的能力就会变小，所以在很短的时间内，内核就会变成一团中子，而灾难性的坍缩就会发生。

当这些中子无法再被挤压之后，坍缩就会停止，或者是坍缩成黑洞，而这就取决于恒星的质量了。在下一章，这两种可能性我们都会讨论。但是现在，先来看看核反应形成的巨大的洋葱状的重元素壳层。

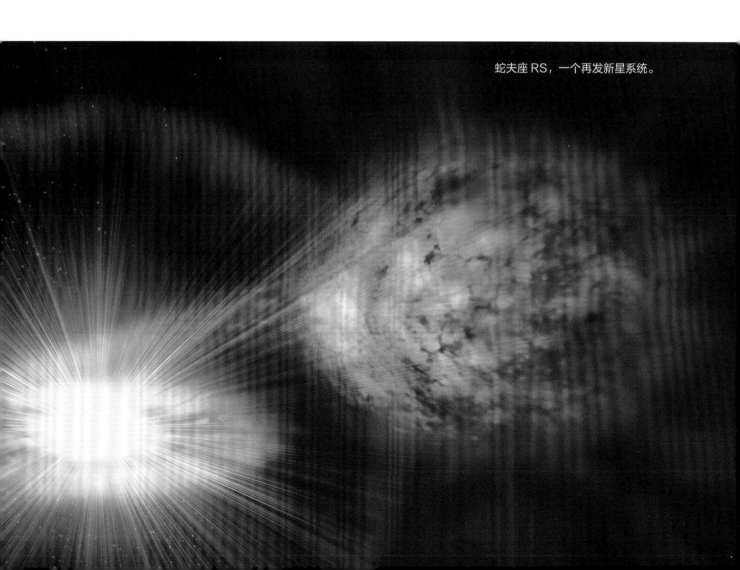

蛇夫座RS，一个再发新星系统。

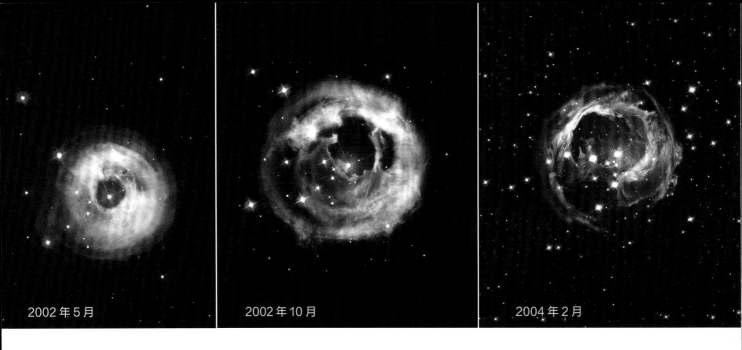

2002 年 5 月　　　　　2002 年 10 月　　　　　2004 年 2 月

爆炸

　　恒星的整个外部壳层会被推出去，而曾经支撑了恒星剩余质量的铁核失去了支撑力并坍缩成中子构成的核心。于是，壳层就开始坍缩，而它向下坠落时会砸到新产生的中子内核上，在某个点上它可能会被弹回去产生巨大的冲击波，然后整个恒星就会爆炸。在爆炸后产生的混沌中，核反应产生了包含铀的所有元素。正是这个巨大的事件使得夜空中诞生了一颗新的星星：超新星。

　　携带着恒星中的重元素，壳层的剩余物质向外扩散，接下来的几千年之内，这些物质的云气不断冷却，并且与星际中的物质混合，成为尘埃云的一部分，再次孕育新的恒星和行星系统。我们的太阳系是在银河系历史的后期形成的，这些来自死了很久的恒星的重元素组成了太阳系的行星以及生命。

Ⅰ 型超新星

　　由于一些历史原因，我们上面讨论的是 Ⅱ 型超新星，Ⅰ 型超新星的形成机制则是不同的，尽管它同样会产生巨大的爆炸。Ⅰ 型超新星产生于双星系统，当一颗恒星死亡之后就会变成白矮星。白矮星会吸积伴星的氢，当自身的质量比太阳质量多了 40% 之后，整个恒星就会产生核爆炸。

　　来想象一下超新星与我们的星系相关的动态图景。它出现于万亿年前，从一片尘埃云中产生，它是由大爆炸遗留下的原始氢和氦组成的。伴随着巨大但短命的恒星的出生和死亡后形成的超新星，重元素开始出现——刚开始很少，后来越来越多。其实可以把银河系看作一个巨大的机器，它不断地吸收原生氢而大量产生其他化学元素。

　　噢，还有一件你可能感兴趣的事情：天文学家认为距离我们 150 光年远的恒星——飞马座 IK，在数百万年之内将会变成一颗 Ⅰ 型超新星。

从 2002 年起，哈勃空间望远镜捕捉了一组令人印象深刻的照片。麒麟座 V838 突然膨胀，加热并且照亮了周围的尘埃云的壳层。

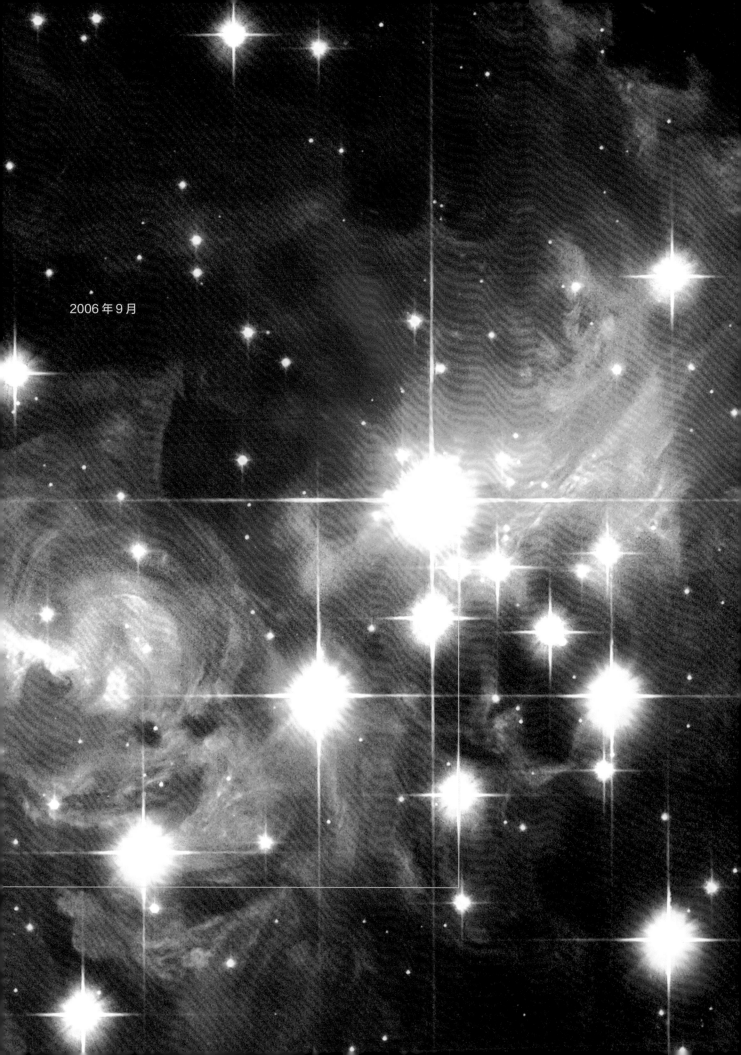

2006 年 9 月

在上一章我们讨论超新星的时候主要说的是恒星爆炸抛出的外壳，现在让我们回头来看坍缩的内核部分。也许你还能够回忆起由于电子被迫与铁核之中的质子结合而发生的坍缩，同时把内核变成了一团中子。中子是不带电的，所以它们之间不会相互排斥，内核中的物质会自由下落，直到有一种力能够与向内的压力平衡。

NEUTRON STARS & PULSARS

中子星与脉冲星

【 有磁性的旋转体 】

发现第一颗脉冲星：1967 年 11 月 28 日
发现者：乔瑟琳·贝尔·伯内尔和安东尼·休伊什
确认脉冲星是中子星：托马斯·戈尔德和弗兰科·帕西尼

- -

第一颗脉冲星的周期：1.33 秒
周期最长的脉冲星：8.51 秒（PSR J2144-3933）
第一颗脉冲双星：PSR 1913+16
第一个双脉冲星系统：PSR J0737-3039
第一颗 X 射线脉冲星：半人马座 X-3
第一颗有行星的脉冲星：PSR B1257+12
自旋最快的脉冲星：每秒 716 次（PSR J1748-2446AD）
距离地球最近的脉冲星：510 光年（PSR J0437-4715）

（底图）超新星剩余物中的脉冲星。
（插图）蟹状星云中的脉冲星。

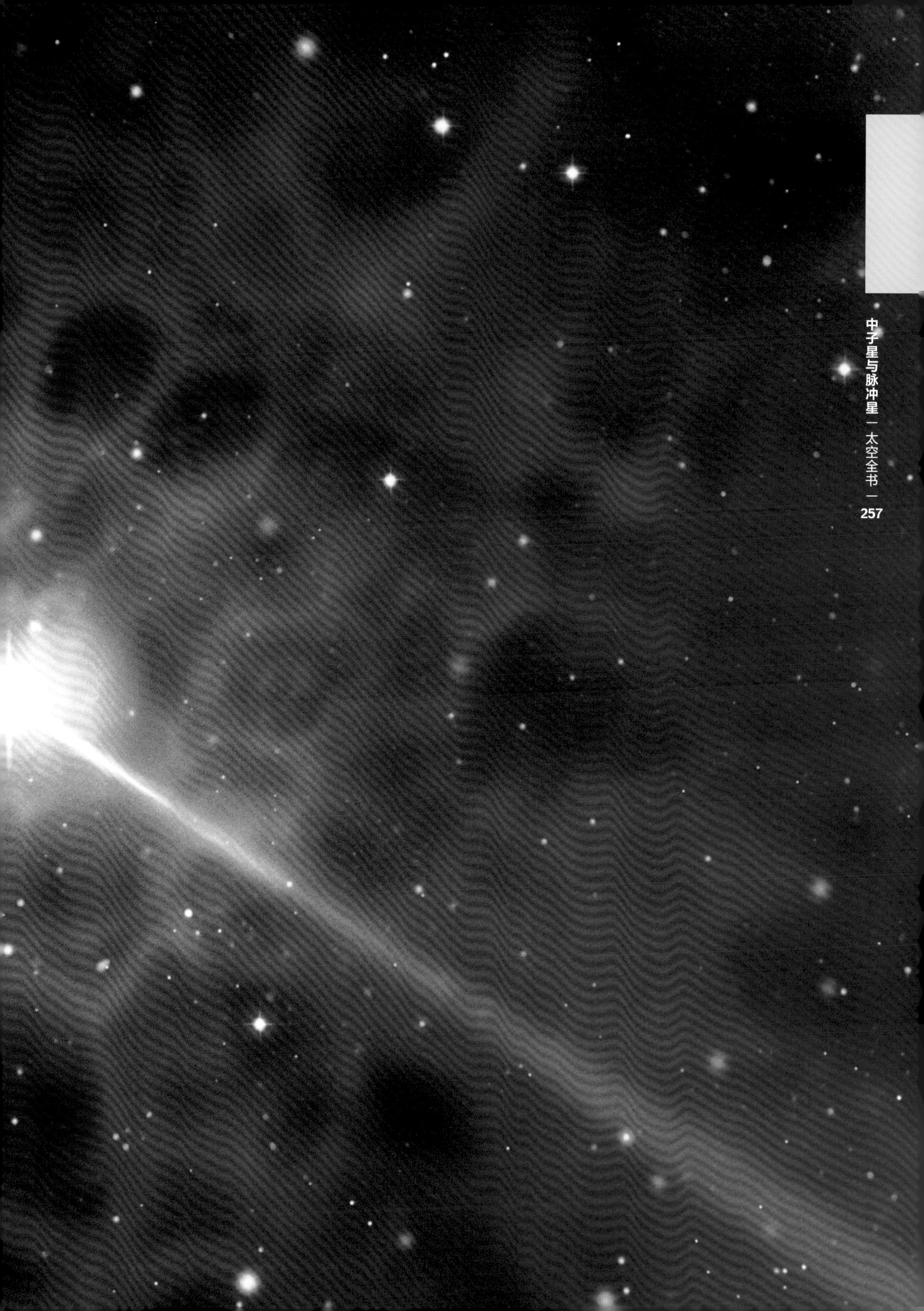

中子和电子一样，并不能彼此聚在一起，所以如果恒星并不是非常大的话，那么最终这些中子的压力会与重力平衡。但是量子力学告诉我们，如果粒子越重的话，那么它们靠近时所需要的空间也就越小，所以它们就可以靠得更近。中子的质量差不多是电子的 2000 倍，所以内核坍缩形成的星体比本书第248-249 页讨论的白矮星要小得多。实际上，人们认为大部分中子星的直径都要小于 16 千米——小到城市的市区就可以装下。当我向住在华盛顿郊区的学生们解释这一点的时候，就会说华盛顿的环城道路完全可以轻松地装下一个中子星。

中子星的特性

中子星有许多非常神奇的特性。首先，只有当超新星的铁核质量比太阳大得多的时候（一般来说是超过太阳质量40%-200%）才会发生坍缩，把如此多的物质塞进小城市那么大的地方，你可以想象这种物质将会多么致密。实际上，中子星上一小块东西的质量都会超过吉萨大金字塔。由于物质非常集中，中子星表面的重力是相当大的——比地球表面重力大几万亿倍。

第二个神奇的特征与自转有关。我们知道恒星都会自转，比如太阳的自转周期大概是一个月。同样，超新星中的铁核也会有这样的自转。但是，就像旋转的滑冰运动员收起胳膊时会转得更快一样，坍缩后的内核自转速度也会提高。有时候，中子星的自转速度会相当快，一些中子星的自转速度差不多是一秒一千次！

最后，坍缩还会使中子星上产生极强的磁场。一般来说，恒星上都会有适当的磁场，比如太阳的磁场强度差不多是地球的一半。但是，磁场是被束缚在恒星的物质上的，所以内核的坍缩

使磁场变得集中。有些中子星上的磁场强度甚至是地球上的一千万亿倍。

当然，我们无法近距离地观察中子星，但是有很多可靠的理论模型可以告诉我们它们是什么模样。直径一万六千米的一颗中子星，被认为拥有坚硬的固体外壳，这种外壳是原子核堆积而以晶体形式存在的，大约有 1500 米厚。由于极大的重力，大气层（由原子核和电子组成）只有不到 1 米高，而且恒星表面非常光滑。一般来说，起伏最大的地方也不会超过一枚硬币的厚度。在这个模型里，恒星的内部是原子核的液体，它主要是由中子组成的。

把这些合在一起，我们就得到了一幅关于中子星的生动图像。它是一种快速旋转的致密天体，拥有很强的磁场。通常情况下，就像在地球上一样，北磁极和地理北极是不同的（请记住地球的地磁北极在加拿大，而不是北极点）。这就意味着随着恒星的自转，磁场会沿一个圆圈扫过。由于强大的磁场，中子星会沿磁极方向射出一束射电波。就像灯塔上的光一圈一圈地扫过一样，自转的中子星发出的射电波也会在空间中一圈一圈地扫过。如果地球恰好在射电波扫射的路径中，那么就会发生非常有趣的事情了。

恒星上的灯塔

想象一下你站在靠近灯塔的海岸上，当灯塔扫向你时你会看到一束光，之后扫向别处时你将经历一阵黑暗，之后你又会看到一束光。同样地，如果在自转的中子星喷射的方向上放置一个射电接收装置，那么在中子星磁极指向你时，你会收到脉冲信号，之后没有信号，然后又有信号，如此往复。

1967 年，英国的科学家们第一次观测到这种规律的信号时，谁也没有预料到它来自脉冲星，所以当他们第一次提起时，戏称这是"小绿人"的信号（译注：小绿人是科幻作品中外星人的经典形象，所以用"小绿人"代称外星人）。当科学家们意识到这个信号来自自转的中子星之后，就把这类天体称为"脉冲星"。

人们第一次发现脉冲星之后，又在银河系中发现了上万颗脉冲星。它们的自转周期为几毫秒到十秒以内。脉冲星被发现在 X 射线波段和伽马射线波段发射脉冲信号，有的甚至还有行星。距离地球最近的脉冲星在鲸鱼座，离我们大概 280 光年。

脉冲星科学

脉冲星有很多种，在很多不同的研究中都占据着重要地位。在这里，我们只介绍一小部分。

有些时候，脉冲星的自转会加速。从那个滑冰运动员的类比中，我们可以总结出这些脉冲

乔瑟琳·贝尔·伯内尔

"发现第一颗（脉冲星）是令人困扰和惊惧的，因为我们不确定这是什么。"

每年宣布诺贝尔奖得主的时候，都会有对于谁被落下了的议论。在任意一个科学领域，都有做出了重要贡献但是没有得到最终承认的人，所以他们就处在"陪跑者"的位置。这种讨论通常都是低调的，但是也会有个别几个持续了几十年，乔瑟琳·贝尔发现脉冲星的故事就是其中之一。

贝尔是剑桥大学的毕业生，20 世纪 60 年代末，她参与了第一批射电望远镜的建造，这台射电望远镜是按照她的导师——安东尼·休伊什——建议的方法来探测射电源的。贝尔当时负责望远镜的操作和对数据的初步分析。1967 年，她开始注意到被自己称为"脖子"的信号，在更权威的天文学家的质疑下，她展示了这些有时间规律的脉冲信号是真实的，而不是人为干涉产生的。由于这些信号可能是地外文明发出的，刚开始被戏称为 LGM，也就是"小绿人"（Little Green Men）。但是很快科学家们就意识到，这就是现在被称为"脉冲星"的天体。

由于这项发现，休伊什和射电天文学家马丁·赖尔获得了 1974 年的诺贝尔物理学奖，这也是第一次颁发给天文领域工作人员的诺贝尔物理学奖。而贝尔被排除在这项诺奖之外，引发了很多著名天文学家的反对——但是贝尔（现名乔瑟琳·贝尔·伯内尔）本人并没有反对。贝尔作为天文学家仍然活跃在科学领域，并且获得了很多其他的奖项，包括在 2007 年被授予大英帝国女性爵级司令勋章。

近1000年前爆发的
蟹状星云
超新星留下的遗迹

蟹状星云是超新星爆发后的产物，这颗超新星最早是在1054年被日本和中国的天文学家发现的。现在，这些剩余物构成了直径6光年的气态星云。它的蓝色部分是中心快速旋转的中子星的磁场造成的，这颗中子星就是恒星爆炸坍缩后形成的内核。

星的体积将会轻微缩小。这个现象可以用"星震"——恒星地壳的突然断裂——来解释。

1974 年，普林斯顿大学的罗素·赫尔斯和约瑟夫·泰勒发现了一颗绕另一颗恒星的脉冲星。由于脉冲星有精确计时的功能，他们能够记录下这颗脉冲星的轨道正在缓慢地缩小。而这些能量的损失实际上早就被广义相对论所预言——基本来说，就是系统以引力波的形式辐射能量。（2016 年，引力波被直接探测到，这些将在本书第 268-271 页详细讨论。因为发现了脉冲星，赫尔斯和泰勒获得了 1993 年的诺贝尔物理学奖。）

当中子星位于一个双星系统时，这实际上就给科学家们搭建了一个极好的天然实验室。举例来说，在研究飞鱼座的一颗中子星及其更大的伴星时，天文学家就可以观测到伴星光线的弯曲以及中子星几厘米厚的大气层所拥有的巨大引力带来的红移。

一些天文学家还建议用脉冲星精准的自转周期来重新规定时间标准，以此来提高现有的原子钟的精度。目前，原子钟"仅仅"只能精确到小数点后 13 位，但是脉冲星计时可以把这个精度提高到小数点后 15 位。鉴于这样的时间标准是基于对天体的观测上的，就势必会引发一场哲学上的讨论——关于把授时归还给上天的正确性。

恐怕星空中再也没有一个天体能像黑洞这样，在科幻小说和大众生活中占据如此重要的位置。确实，黑洞是我们已知的最奇特的天体，对它简单地下定义，就是：黑洞是一个大质量的致密天体，以至于没有任何东西能够逃脱它表面引力的束缚，就算是光线掉进去也无法逃脱。我们认为，初始质量超过太阳质量的 30 倍的恒星，在经历过超新星爆发之后，将会以黑洞这种方式结束自己的生命。这种恒星内核产生的重力是相当大的，中子的巨大压力也无法与之抗衡。

BLACK HOLE

黑洞

【 最大恒星的永恒终结 】

第一次预言黑洞：1783 年，约翰·米歇尔
第一个关于黑洞的现代理论：1916 年，卡尔·史瓦西

微型黑洞直径：最多 0.1 毫米
微型黑洞质量：最大达到月球质量
恒星级黑洞直径：约 30 千米
恒星级黑洞质量：约太阳质量的 10 倍
中等大小黑洞直径：约 1000 千米
中等大小黑洞质量：约太阳质量的 1000 倍
超大质量黑洞直径：15 万 –15 亿千米
超大质量黑洞质量：太阳质量的 10 万–10 亿倍

（底图）天鹅座 A 中黑洞边缘的气体喷流。
（插图）正在被黑洞吸入的物质。

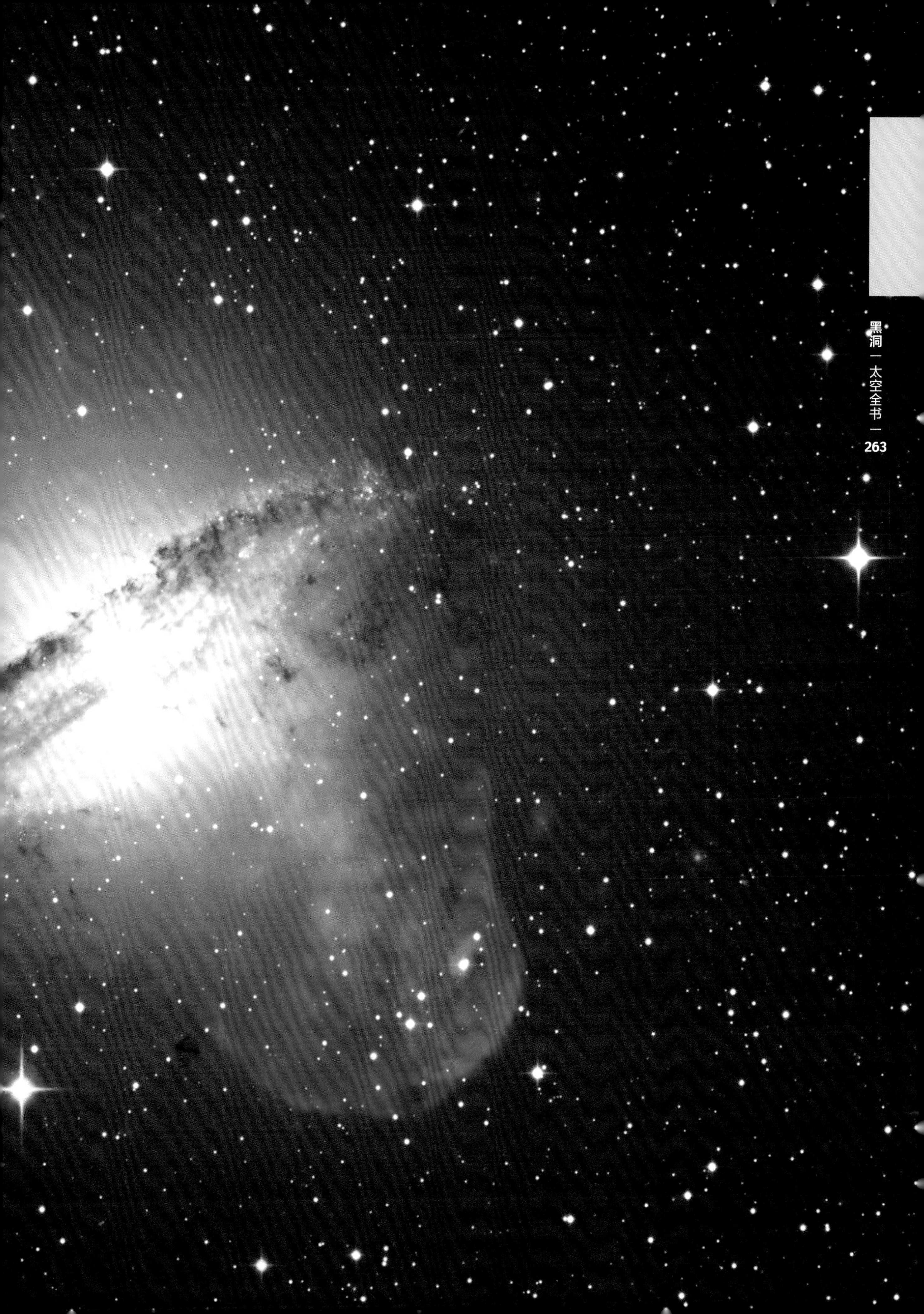

这些超大质量恒星开始坍缩，经历的过程与前文所述的那些恒星明显不同，它不会形成中子星，而是会一直坍缩直到形成恒星级的黑洞。接下来我们还会介绍其他种类的黑洞，但是在这之前，我们先来看看爱因斯坦的相对论中对黑洞的解释。

在爱因斯坦看来，想象一块软塑料片是重力可视化最好的方法，这块塑料片上紧紧地覆盖了一层坐标网的框架，用来做标记。现在我们让一颗玻璃球在塑料片上滚动，那么玻璃球将会沿着直线运动。然后，再想象在塑料片上放一个很重的物体，比方说保龄球，那么这个保龄球将会把塑料片压弯；之后你再在塑料片上让玻璃球滚动，由于保龄球造成的形变，玻璃球的运动轨迹将会弯曲。在爱因斯坦的预言中，保龄球的质量使坐标网格弯曲了（他说的是"时空坐标"），而我们所解释的重力就是这个弯曲的效果。

现在，再想象一下这个保龄球变得越来越重，使塑料片变得越来越弯曲。最终，这块塑料片可能在保龄球周围都是弯的，然后就会折断，使它自己和坐标网完全分离。实际上，你现在就得到了一个黑洞——一个把自己和宇宙其他部分切断的空间。

穿过事件视界

1916 年，爱因斯坦提出相对论后不久，德国物理学家卡尔·史瓦西就预言了黑洞的存在。在很长一段时间内，史瓦西从爱因斯坦的等式里得到的结果都被认为是一件很古怪的事——这简直就是天体物理的鸭嘴兽！实际上，我仍然记得 20 世纪 60 年代，当我们在斯坦福大学相对论的课程上讨论起黑洞时，教授说尽管在理论上黑洞是可能存在的，但是在现实世界里，它永远都不可能形成。在 20 世纪大部分时间里，这都是盛行的正统理论。

让史瓦西的理论看起来相当奇怪的是事件视界，或者说是史瓦西半径的存在。事件视界实际上是空间中的一道界限，这道界限区分了黑洞内部和宇宙的其他部分。事件视界围绕着一个相当小的体积——举例来说，就是把太阳质量的物体放进一个直径 3 千米的球里。但是，在黑洞的事件视界上，将会发生非常奇怪的事。

这里可以用一个类比帮助你更好地理解事件视界。假设你和你的朋友分别乘坐一艘独木舟，然后一起在河里漂流。你通过喊叫定期地与起点处的人交流（比如看着闹钟，每分钟叫一次），这样他们始终可以知道你在哪儿了。假设远处有一道瀑布，那么随着你不断接近，水流的速度将会提高。最终，假设水流的速度与声音的速度一样快，这就成了一种事件视界。那么对于你自己和起点处的朋友而言，你的漂流之旅会是什么样呢？

对于岸上的朋友来说，随着你的加速，你的声音会变得越来越远。从技术上来说，他们会看到你的钟表（通过你声音的抵达来度量）走得越来越慢，而当你穿过事件视界之后，喊叫声（就是你的钟表）也就停止了。但是你和你旁边独木舟上的朋友却没有发现任何异常，而且还能够正常交流。在你看来，穿过事件视界时并没有发生什么不寻常的事情。

同样地，在很远处观察掉进黑洞的物体，就会发现这个物体上的时间减慢，并且在视界上停止。但是，这个物体上的观察者并不会发现她的钟表有什么变化，这就是事件视界的特性。

寻找黑洞

从我们对黑洞的描述中，可以很明显地看出接收反射的光线这种常规方法是不能探测到黑洞的，因为从定义上看，所有发射到黑洞的光线都不可能返回。但是，我们却可以利用黑洞巨大的质量产生的引力来寻找它们。

20 世纪 80 年代，科学家们观测到一个不可见物体在引力场上的移动，这是第一次发现宇宙中存在黑洞的证据。在检测银河系中心（位于人马座）的天体后，研究人员发现那里的天体在围绕一个质量极大的物体旋转——也就是如今我们所说的星系黑洞。银河系中心的黑洞质量是太阳的几百万倍。

同样令人印象深刻的还有这一点，要记得银河系中有好几十万亿颗恒星，所以黑洞的质量在整个银河系中所占比例不会超过千分之一。天文

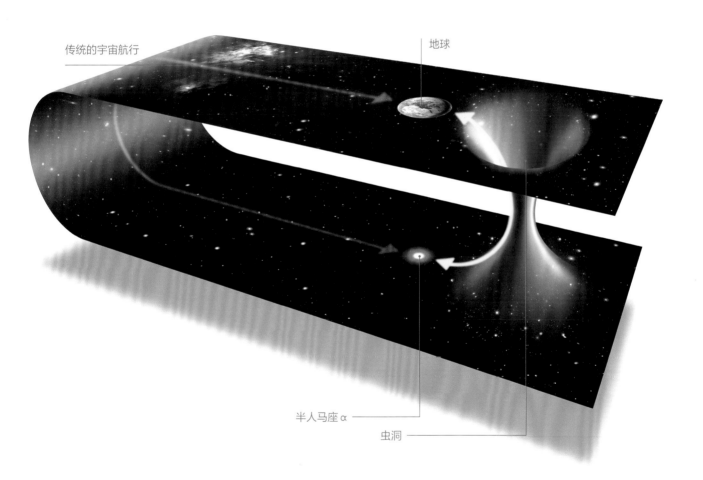

传统的宇宙航行

地球

半人马座 α

虫洞

图中展示了虫洞如何把地球（图片上部中心）和离我们较近的恒星——半人马座 α——连在一起的，这使得星际航行比传统的光速要快很多。虫洞作为一种理论上的可能，是科幻小说家最喜欢的内容。

学家们认为几乎所有（或者就是所有）星系中心都是一个黑洞。

　　另一个探测黑洞的方法是通过黑洞边缘的辐射。掉进黑洞的物质会挤在一起，这就形成了吸积盘。吸积盘内物质摩擦升温，就会向外辐射能量，这种效应使我们能够看到恒星坍缩形成的小型黑洞。恒星级黑洞最好的候选体处在双星系统之中，其中一颗恒星走到生命的尽头形成了黑洞——因此也被称为恒星级黑洞，这个黑洞不断吸引另一颗恒星的物质，形成的吸积盘升温放出X射线。强X射线源——天鹅座 X-I ——就是最好的恒星级黑洞候选体之一。

天鹅座X-1系统（下方左图）在银河系的恒星形成区附近被发现。天文学家认为这个双星系统中有一个15倍太阳质量的黑洞在围绕一颗蓝巨星旋转（示意图，下方右图）。科学家们认为这个黑洞从伴星中吸收气体，并用高速喷流的形式把它们喷出。

天鹅座 X-1 的光学图像

在黑洞内

到目前为止，我们仅仅只讨论了从外面观测黑洞的情况。对于黑洞内部，我们没有掌握任何直接的知识，原因很简单，那就是信息无法从黑洞中出来。但是我们的数学模型表明，黑洞内部非常奇怪。比方说，史瓦西预言黑洞中心是奇点，在这个点上时空的曲率是无穷大，我们已知的物理定律都在解释奇点上遭遇了失败。对于旋转的带电的黑洞来说，在理论上是有可能从某点进入黑洞到达另一个时空中的。这条路径被称为虫洞，科幻作家们对此十分钟爱。这个模型还表明，穿过黑洞可以进行时间旅行。

在你对这些奇异的结果过分着迷之前，还需要知道黑洞周围的引力场是非常强大的，而你的头部和脚部受到的过大的重力差会让你伸直，然后把你扯开——这个过程被天体物理学家们称为"意大利面化"。什么东西都无法活着穿过奇点，即使是人们所能想象到的最坚固的宇宙飞船也不行。所以，如果可以的话，最好还是避开黑洞！

天鹅座 X-1 近处示意图

2016 年 9 月 14 日，天文学家们打开了观察宇宙的另一扇窗。一个名叫 LIGO （激光干涉引力波观测台）的仪器记录下了一次穿过地球的引力波。你可以把引力波看作连续时空中的涟漪。1916 年，爱因斯坦曾预言过引力波的存在：只要巨大的天体移动，引力波就会产生。千万光年外的一个星系中，两个大质量黑洞的碰撞，产生了第一次被人类探测到的引力波。

GRAVITATIONAL WAVES
引力波
【 宇宙的另一扇窗户 】

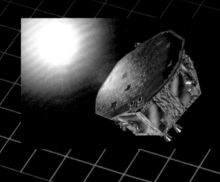

第一次被预言：阿尔伯特 · 爱因斯坦，1916 年
第一次被探测：LIGO，2016 年 9 月 14 日

第一次探测事件：两个大质量黑洞碰撞
其他探测：至少两次
空基观测的第一阶段：ELISA 探路者（太空激光干涉仪），2016 年

（底图）一张解释广义相对论的图画。一个大质量天体（黄球）扭曲了时空的结构（网格），使得另一个天体（红球）的路径被改变。
（插图）艺术家描绘的用于空基探测的 eLISA 卫星。

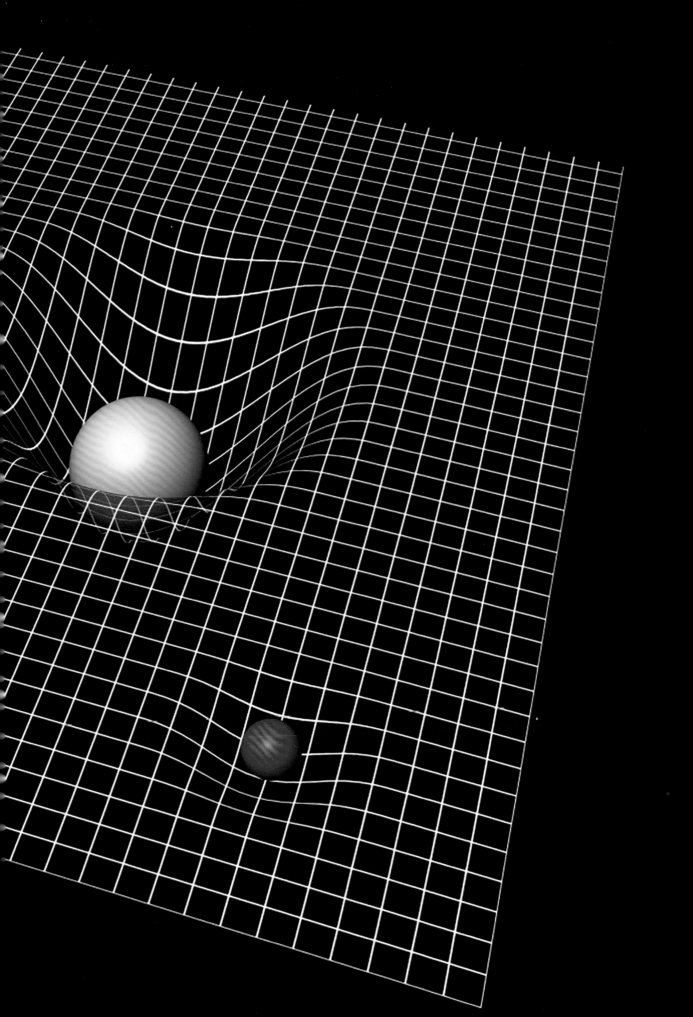

在 1916 年，一位刚刚崭露头角、名叫阿尔伯特·爱因斯坦的理论物理学家，向柏林的一个科学小组递交了一篇论文。这篇概述广义相对论的巨著在 1917 年正式发表，而这一理论迅速成为了我们对于引力最好的理论，甚至直到今天也是如此。

通过思考一下两个中心原则，你可以对广义相对论有一些初步了解：

- 质量的存在会使时空扭曲
- 在扭曲的时空中，物体沿最短的可能路径运动

对于第一个原则，一个简单的可视化的方法就是想象你现在有一张被抻开的橡胶薄片，并且薄片被打上标准的长方形网格。现在，想象往橡胶薄片中扔一个重的物体，比如一个保龄球。那么，这张薄片会因为这个有质量的保龄球而被扭曲〔原则一，而在这张薄片上运动的其他物体（比如从一边向另一边转一个弹球），如果它离保龄球足够近的话，那么它的运动轨迹将会被改变（原则二）〕。

当然，广义相对论真正的解包括了许多复杂的数学过程，但是，正如任何一个科学理论一样，广义相对论还做出了一些可以被实验和观测证实或证伪的预言。举个例子，广义相对论预言，由于上文所讨论的时空扭曲，经过太阳的光线将会被弯曲。这个预言在 1919 年的一次日食中被英国天文学家亚瑟·艾丁顿所证实，而正是由于这次预言被证实了，使得爱因斯坦开始享誉全球（纽约时代周刊曾将他描述为"突然成名的爱因斯坦博士"）。在整个 20 世纪，一系列高精度的实验使得一个又一个广义相对论的预言被证实。但是，仍然还有一个预言没有被证实，这个预言就包含了知名的"引力波"现象。

可视化引力波最简单的方法就是回到我们之前所说的软塑料片上的保龄球的例子。现在，假设我们抓住这个保龄球，并且把它上下拉扯，那么我们就不难看到有涟漪向塑料片外沿扩散。这些就是引力波——时间和空间结构中涟漪的扭曲。

如果想要探测到引力波的话，那么我们必须先要解决两个问题。第一，预言中的扭曲非常之小。第二，由于第一个原因，引力波探测器必须要非常敏感，以至于它能够探测到所有的外来信号。旁边路上经过的汽车，甚至是吹过建筑物的风，都可以非常容易地产生和真的引力波一样的震动。

走进 LIGO

LIGO 的中文全称是激光干涉引力波观测台，它是人类历史上最有野心的科学项目之一，其复杂程度超乎想象。由于上述两个问题，实际上共有两个探测器，一个在华盛顿州，另一个在路易斯安那州，其设计原理是只有两个探测器都记录下来的事件才能够被接受。每个探测器都由两个 4 千米长的管子组成，这两根管子呈直角——它们看起来像是一个"L"的形状。两个管子都保持高度真空，而在每个管子的末端，都放置有一面反射镜。在两个管子的交叉处会发射一束激光，并且这束激光会分成两束分别去向 L 的两臂。在每只臂的末端，激光都会被反射，然后在 L 的中心点重新会合。用物理学术语来解释，这两束激光会相互"干涉"，并且会对镜子的位置产生非常微小的变化。

LIGO 于 2002 年首次运行，在这之后直到 2010 年，进行了大量的工程和设计工作。此后，LIGO 为了一项重要的升级暂时关闭，直到 2015 年才重新上线（从此被称为"高新 LIGO"）。

2016 年 9 月 14 日，引力波被首次探测到，另一次被探测到的引力波事件发生在 2016 年 12 月 26 日。这两次引力波都产生于两个黑洞的合并。而两次引力波事件，使得反射镜移动的距离总计达到了质子大小的千分之一。

由于广义相对论曾预言，最大质量的移动将会产生最大（也是最容易探测）的引力波，所以我们能够理解 LIGO 和黑洞之间的联系。在一个双星系统中，如果两颗恒星都演化成了黑洞，那么这两个黑洞可能会相互缠绕，相互合并然后产生巨大的爆炸，最终形成了一个大质量黑洞。

LIGO 的成果有两点重要的结果。首先，这是一次对广义相对论非常重要的证实。其次，它为我们打开了宇宙的另一扇窗户，让我们得以一窥某些能够想象到的最剧烈的天文事件。不过，这项新习得的能力能让我们得到什么关于宇宙的

位于路易斯安纳州利文斯顿的 LIGO 装置。在2016年第一次探测到引力波之后，相继探测到更多引力波。第一次引力波探测事件在2017年被授予诺贝尔奖。

新知识，我们目前只能够猜猜而已。

尽管一些国家已经开始建造甚至运行和 LIGO 类似的探测器了，但是引力波探测的真正未来被寄希望于欧洲航天局的正在筹划的一个项目。eLISA（高新太空激光干涉仪）计划包括三颗人造卫星，这三颗卫星围绕太阳旋转，它们呈现出一个三角形的形状，而三角形的边长有百万米。科学家们相信，eLISA 将能够探测到宇宙大爆炸产生的引力波。

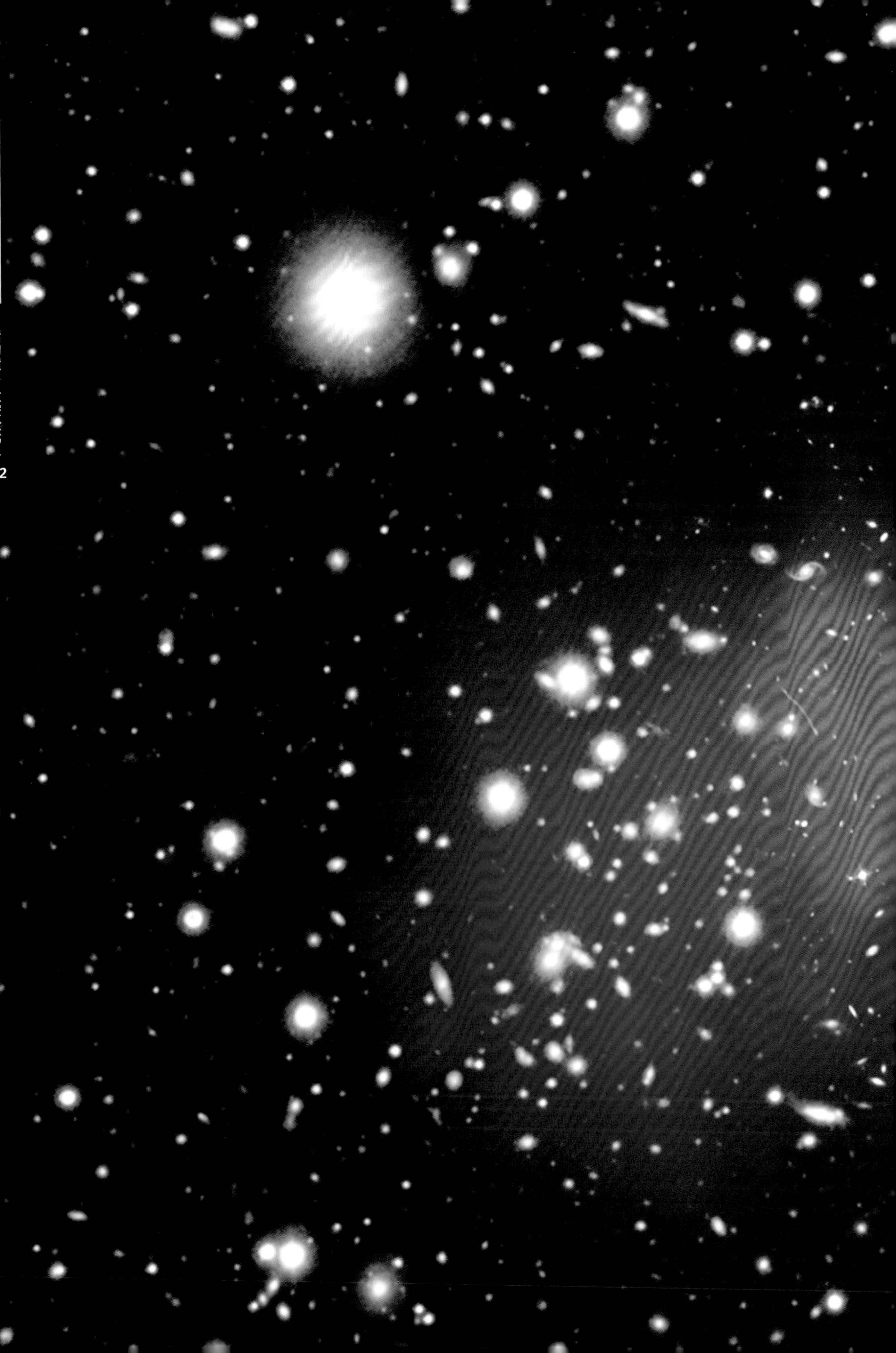

20 世纪最令人吃惊的发现之一就是，组成我们自己的那些普通物质只是宇宙的一小部分。在后面讲到宇宙膨胀的部分时我们会回头来讨论这个话题，但是这里我们将要讨论暗物质的发现，这个发现再次表明人类是多么微不足道。说到暗物质的发现，我们先要思考一下星系的旋转。举例来说，银河系就像一个巨大的风车，几亿年才能旋转一周，而我们的太阳每 2.2 亿年绕银河系旋转一周。

DARK MATTER

暗物质

【 星系不可见的光晕 】

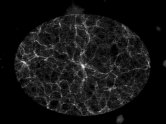

首次提出暗物质：1932 年（简·奥尔特）和 1933 年（弗里茨·兹威基）
发现暗物质：薇拉·鲁宾，20 世纪 70 年代初
如何发现：通过研究星系的旋转速度

·····································

目前宇宙普通物质占比：5%
目前宇宙暗物质占比：23%
目前宇宙暗能量占比：73%
暗物质的类型：冷暗物质、温暗物质、热暗物质
冷暗物质：以正常速度运动的物体
温暗物质：以相对论速度运动的粒子
热暗物质：以接近光速的速度运动的粒子
大部分由暗物质组成的星系：室女座 HI21

（底图）子弹星团中的蓝色区域暗示了暗物质的存在。
（插图）对紧邻宇宙暗物质分布的模拟。

研究星系转动的细节是天文学家们研究星系结构的一种方法，在这种研究中最主要的工具是旋转曲线，也就是绘出恒星的运动速度随着恒星到星系中心的距离的变化。

为了牢牢记住旋转曲线的概念，我们先来看一个简单的旋转物体——旋转木马。如果你站在平台的里面，那你就会转得很慢；但是如果你站得越靠外，你的旋转速度就会越快。在这种情况下，自转曲线表明你离中心越远，你的旋转速度就会越快。在天文术语中，这种旋转被称为转轮流动，因为所有固体的旋转都具有这个特性。

在银河系的中心区域，你会发现相似的事情。在星系中心拥挤着的恒星被重力锁在一起，展现出转轮流动的样子。当你向外移动，到了某一点上，转轮流动会停止。在这一点之外，恒星都以相同的速度运行，不管它们离星系中心有多远。它们就像是必须在弯道上赛跑的人们一样，他们跑步的速度是一样的，但是外道上的人因为要跑的距离更长所以将会落后。这就是银河系的旋臂这样弯曲的原因。

当我们向外移动时，星系的自转曲线会发

暗物质 — 太空全书 — 274

薇拉·鲁宾

"对于一个光学天文学家来说，认识到宇宙中大部分是黑暗的这一点，实在不是什么好事。"

薇拉·鲁宾（1928-2016）是一个可爱又友善的女士，一点也不像是一位能颠覆整个天文学界的人物。唯一能够猜到她是一位天文学家的方法，就是注意到她有时会戴一串石制项链，这些石头的颜色从红到蓝排布，就像是她热爱的很多研究之一——光谱——一样。

薇拉·鲁宾对星空的热爱是从她10岁的时候开始的，那时她家搬到了华盛顿。"从我卧室的窗户里，我可以看到北边的天空，"她回忆道，"我认为这就是我自己对天文的热爱的开始。"后来她进入瓦萨学院学习，这所学院以培养天文学家著名。然后她又进入康奈尔大学完成硕士学业。正是她的硕士论文研究把她带入了星系研究的领域，而这也决定了她的学术生涯。在薇拉和丈夫庆祝他们的第一个孩子出生3个星期之后，她发表了这篇论文，这篇论文包含了宾夕法尼亚州的哈佛大学研讨会上一项关于其他

星系运动的研究。第二天她还嘲笑当地报纸的标题，上面写着，"年轻母亲通过恒星运动计算出了宇宙的中心"。

当薇拉一家搬回华盛顿之后，她加入了乔治敦大学的天文学博士项目。她的导师是著名物理学家乔治·盖莫，乔治在隔壁的乔治·华盛顿大学任教，他们二人是在卡内基研究所相遇的。"当我第一次走进那座建筑时，我就知道这是我想待着的地方。"她回忆道。她最终在1965年成了卡内基研究所的研究人员。

她是如何看待暗物质的发现的呢？"呃，对于一个光学天文学家来说，认识到宇宙中大部分是黑暗的这一点，实在不是什么好事，"她笑着说道，然后又用严肃的语气补充说，"我一生都在看着夜空，而且我以后也还会这么做的。"

生什么变化呢？现在我们来做一个小小的思想实验：想象你离星系足够远，远到整个"风车"都变成了远处一个暗弱的光点。这时星系对你仍然有着引力，所以你还是会继续绕着那个远处的点转动。但是这时候你的情形就可以类比成太阳系中围绕太阳旋转的行星，就像木星运动的速度比火星要慢得多一样，随着你离星系越来越远，你可以预计到恒星和尘埃云的旋转速度越来越慢。这就被称作开普勒自转，是用发现了太阳系中行星运动定律的约翰尼斯·开普勒的名字命名的。在自转曲线上，这种情况用向下倾斜的轨迹来表示。

引力的谜团

当天文学家们跟踪其他星系外围的自转曲线时，他们预想会看到这种向下倾斜的轨迹，但是问题在于他们并没有。20世纪70年代初，华盛顿的卡内基研究所的一位年轻的天文学家——薇拉·鲁宾，开始用先进的成像仪器来测量星系的自转曲线。她的研究从临近的仙女座开始，但是她惊奇地发现，自转曲线一直延伸到她所能测量的极限位置——这代表着无论恒星距离星系中心

薇拉·鲁宾

有多远，它们绕转的速度都是相同的。她的测量还在继续，而一个又一个的星系都表现出了这样的结果。到了 1978 年，天文学家意识到他们对星系自转的预想是错误的。

实际上，科学家们很快就意识到能够解释这一现象的唯一可能，就是星系的可见部分——我们已经研究过的恒星和尘埃云——被巨大的不可见球状物质所包围，但是这些不可见物质所导致的效应却是我们能够观测到的。很快，这种物质就被命名为"暗物质"。不管这种物质究竟是什么，它都不能发出或者吸收光线以及其他电磁辐射，而且它也不会与普通物质发生除了引力之

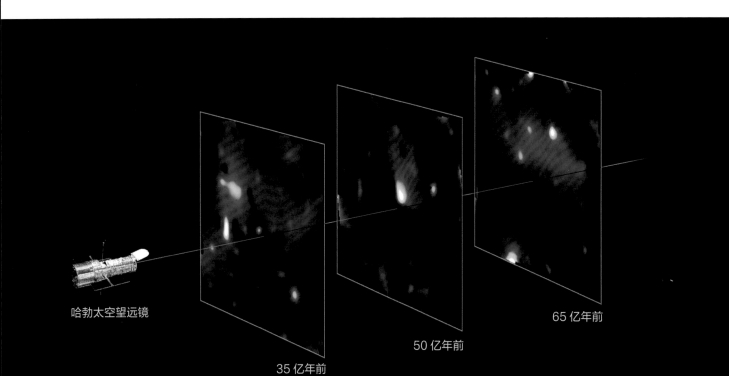

哈勃太空望远镜

65 亿年前

50 亿年前

35 亿年前

外的任何相互作用。这就意味着虽然我们可以通过观测它在其他发光物体上的引力作用来探测它（比如它在自转曲线上的作用），但是我们并不能够直接看到它。而计算结果显示，像银河系这样的星系，星系总质量中超过90%的部分都是以这种新的（而且不可见的）形式存在。

在提出暗物质的概念之后，它在其他地方存在的证据也很快就被发现。举例来说，在有些星团中，单个恒星的运转速度相较于其他恒星能够提供的引力来说显然过快了。在这种情况下，为了保持恒星的速度，就需要存在其他的引力，而这些引力自然就是由暗物质所提供的。正如本书第321页将要提及的那样，暗物质占了宇宙总质量的23%（参考数据：恒星这样的可见物质只占了不到5%）。

所以，如果我们的周围有这么多这样的物质，那么它们到底是什么呢？对于这个问题，有源源不断的假说被提出。其中，最被普遍接受的假说是一种目前还没有被探测到的物质，比如知名的弱相互作用大质量粒子，也叫作 WIMP。这些假说都很有趣，但是，要想知道暗物质究竟是什么，我们必须在实验室中找到它的踪迹。

寻找暗物质

目前，全世界有很多搜寻暗物质的项目。这种新形式的物质在宇宙的渗透，意味着暗物质的粒子无时无刻不在经过我们，却没有留下关于它的任何记录（记住，它们不与任何普通物质发生

图为宇宙中暗物质的三维地图。由于看远处的物体等效于回溯过去，所以我们可以探寻出万亿年之中暗物质分布的演化。

相互反应）。实际上，因为地球一直在围绕着太阳旋转，那么一定会有"暗物质风"不断在我们身边吹过，这就有点像当一个人开车穿过时会明显感到一阵风吹过一样。

探测暗物质，需要努力看到探测器中暗物质风和一个或者两个原子撞击这样的罕见事件。很多过程，尤其是与宇宙射线的碰撞，可能会与原子进行碰撞，从而标记出非常模糊的类似暗物质的信号。所以，暗物质的搜寻往往被安置在地下的矿井或隧道之中，这样上面的岩层就可以抵御这样的干扰。最敏感的一项暗物质搜寻计划位于南达科他州布拉克山的一处废弃金矿中，曾经是霍姆斯特克金矿，后来被用于探测太阳中微子（详见第222页），现在以斯坦福的地下研究设施而闻名（在 T. 丹尼·斯坦福之后，又一位为创建实验室而捐出巨资的人）。实验的核心是一个电话亭大小的容器，里面全部装满了液态氙。因此，这个探测器被称为 LUX（大型地下氙探测器），在这里，暗物质风中的粒子有可能与氙原子的原子核随机反应。如果有这样的情况发生时，氙将会产生光束和电子。在一系列复杂的反应之后，最终电子将发出第二道光束。因此，暗物质事件的信号，就是两道以特定顺序出现的光束。

首轮搜寻使用了118千克（260磅）氙，在2013年结束之时却并没有发现到暗物质反应的证据。第二轮搜寻使用了368千克（1781磅）氙，而到2016年结束之时，结果与第一轮一样。这些结果让我们开始怀疑——但并不是完全否定——暗物质是不是由 WIMP 组成。目前，人们提出了越来越多的新颖甚至奇特的假说。但是现在我们只能说，尽管我们知道暗物质真的存在，但是确实不知道它们是什么。

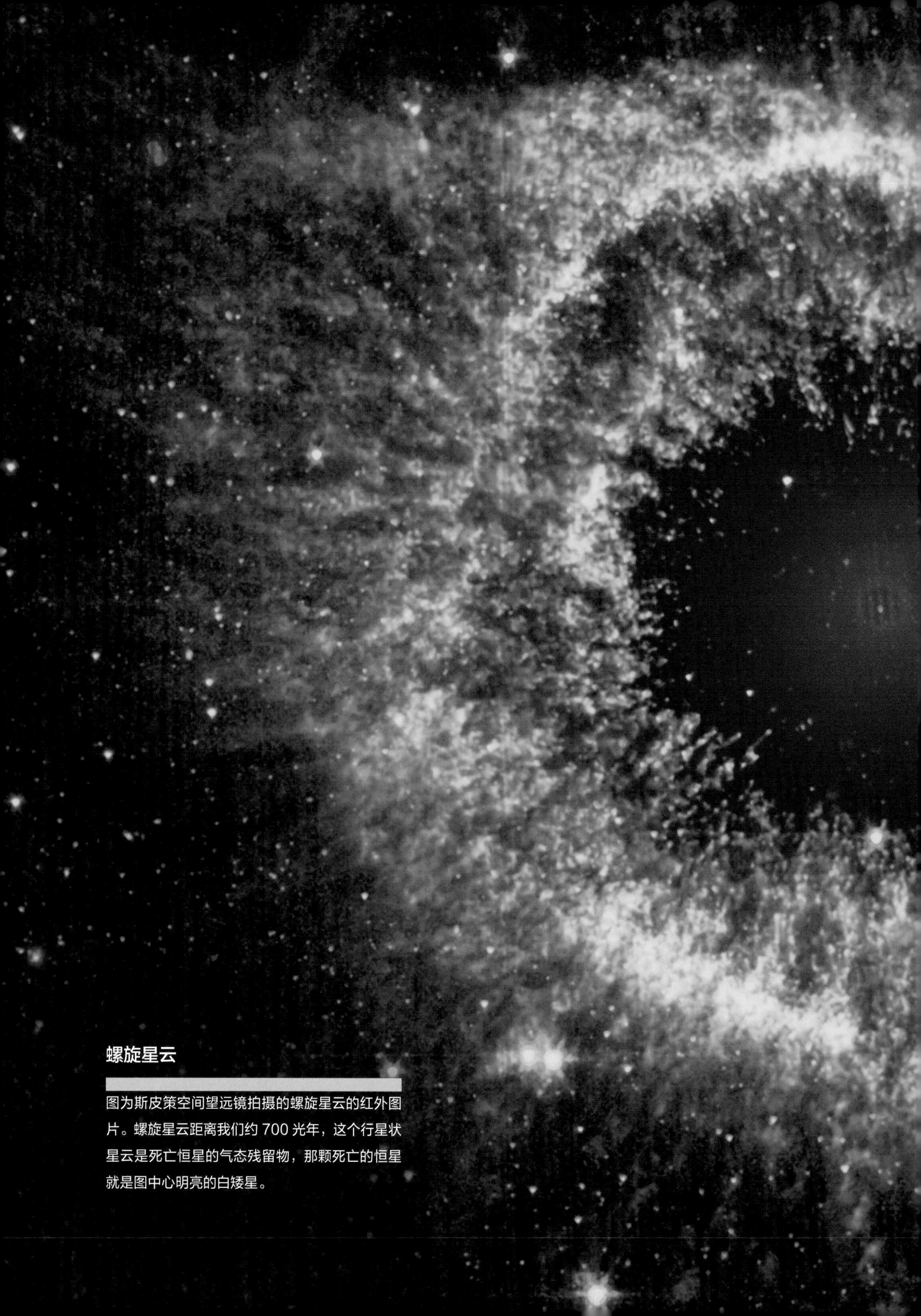

螺旋星云

图为斯皮策空间望远镜拍摄的螺旋星云的红外图片。螺旋星云距离我们约 700 光年，这个行星状星云是死亡恒星的气态残留物，那颗死亡的恒星就是图中心明亮的白矮星。

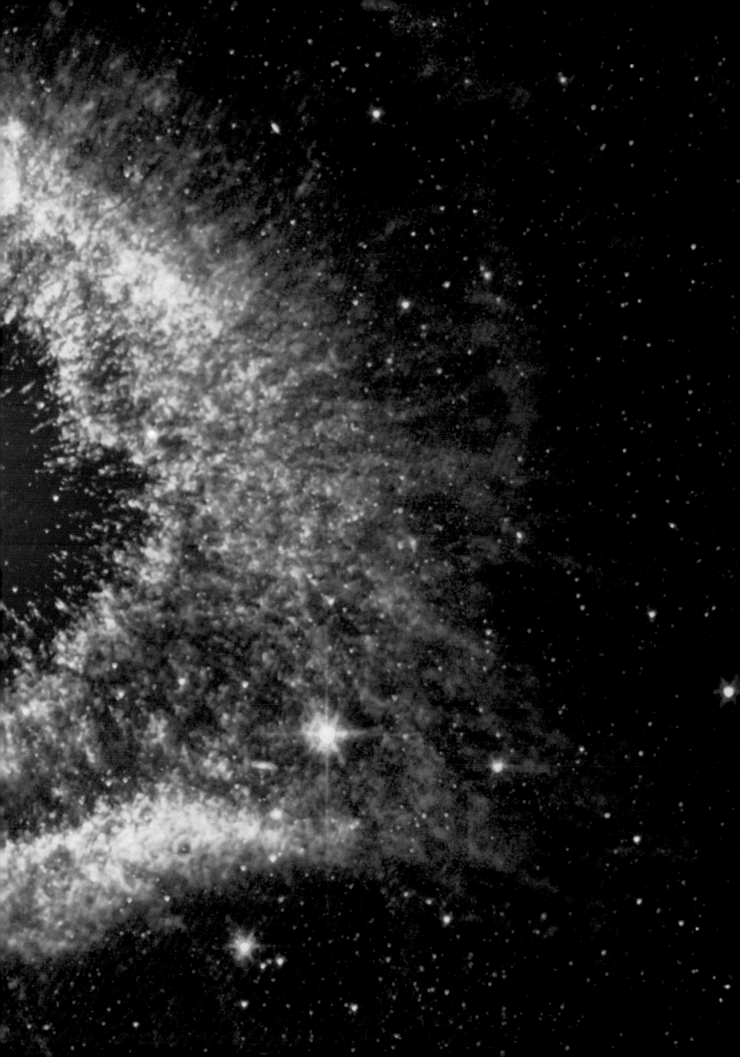

　　我们现在所知的宇宙图景诞生于 20 世纪初兴建于洛杉矶城外威尔逊山顶上的一台望远镜，这幅图景的诞生也离不开一个人——埃德温·哈勃。在 20 世纪 20 年代，哈勃在这架新设备上工作期间，证实宇宙中的物质被组织成银河系这样的星系：我们星系之外其他的"岛宇宙"。更重要的是，他发现其他的星系正在远离我们——整个宇宙在膨胀。

　　基于这样的事实，我们不难想象，如果将宇宙这部"影片"在时间上"快退"，整个宇宙会最终被挤压成一个单一的、热得难以置信的、致密的点。在这样的图景之下，宇宙开始于过去一个特定的时间，然后从那时起开始膨胀和冷却，这就是我们所称的大爆炸。对这个想法，有三个问题需要我们去考虑：（1）这个理论正确吗？（2）大爆炸是怎么开始的？（3）宇宙将如何结束？

THE UN

在本书这一部分我们将探讨这三个问题：我们将从一个叫作"宇宙微波背景辐射"的现象开始，它为大爆炸提供了最好的证据；第二个问题将带我们进入最令人兴奋的科学现实——为了研究我们知道的最大的事物——宇宙，我们不得不首先研究我们所知的最小的事物，也就是构成物质的基本粒子。

近年来，我们逐渐认识到，宇宙的大部分物质都是以一种叫作暗能量的神秘形式存在的，而宇宙的命运取决于暗能量到底是什么。但到现在，我们还没有答案。

IVERSE

宇宙

宇宙

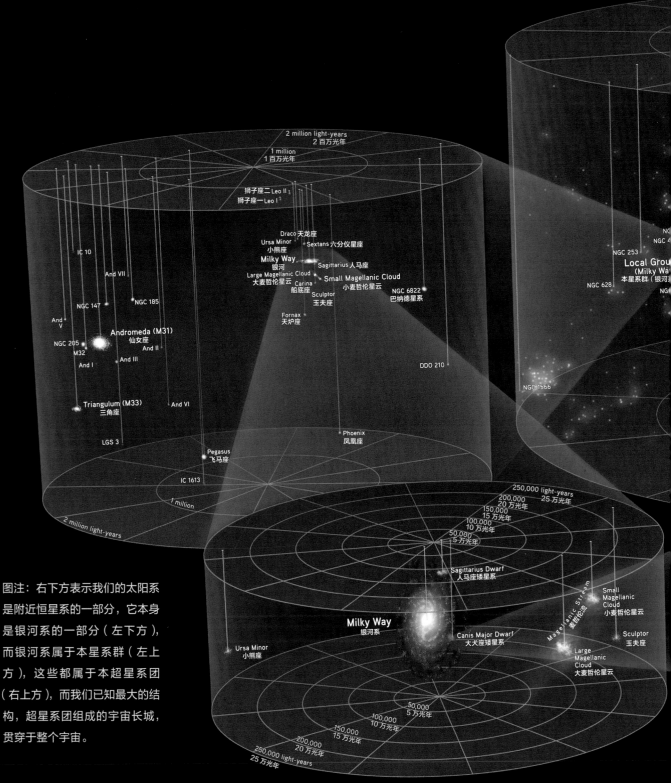

2 million light-years
2 百万光年

1 million
1 百万光年

狮子座二 Leo II
狮子座一 Leo I

Draco 天龙座
Ursa Minor Sextans 六分仪星座
小熊座
Milky Way
银河
Large Magellanic Cloud
大麦哲伦星云
Carina
船底座 Sculptor
玉夫座

Sagittarius 人马座
Small Magellanic Cloud
小麦哲伦星云
NGC 6822
巴纳德星系

Fornax
天炉座

IC 10

And VII

NGC 147   NGC 185

And
V
NGC 205   **Andromeda (M31)**
M32   仙女座
And I   And III   And II

DDO 210

Triangulum (M33)
三角座   And VI

LGS 3

Phoenix
凤凰座

Pegasus
飞马座

IC 1613

1 million

2 million light-years

NGC 253

Local Grou
(Milky Wa
本星系群（银河

NGC 628

NGC 1566

250,000 light-years
25 万光年
200,000
20 万光年
150,000
15 万光年
100,000
10 万光年
50,000
5 万光年

Sagittarius Dwarf
人马座矮星系

Small
Magellanic
Cloud
小麦哲伦星云

Milky Way
银河系

Ursa Minor
小熊座

Canis Major Dwarf
大犬座矮星系

Sculptor
玉夫座

Large
Magellanic
Cloud
大麦哲伦星云

50,000
5 万光年
100,000
10 万光年
150,000
15 万光年
200,000
20 万光年
250,000 light-years
25 万光年

图注：右下方表示我们的太阳系
是附近恒星系的一部分，它本身
是银河系的一部分（左下方），
而银河系属于本星系群（左上
方），这些都属于本超星系团
（右上方），而我们已知最大的结
构，超星系团组成的宇宙长城，
贯穿于整个宇宙。

我们的太阳系和银河系只是宇宙结构层级中的一小部分。万有引力把星系和大质量的星系团聚集在一起，一个星系团中包括上千个成员星系。有超过一百亿个

星系包含在整个宇宙的这些星系团中——它们随着宇宙的膨胀相互远离。

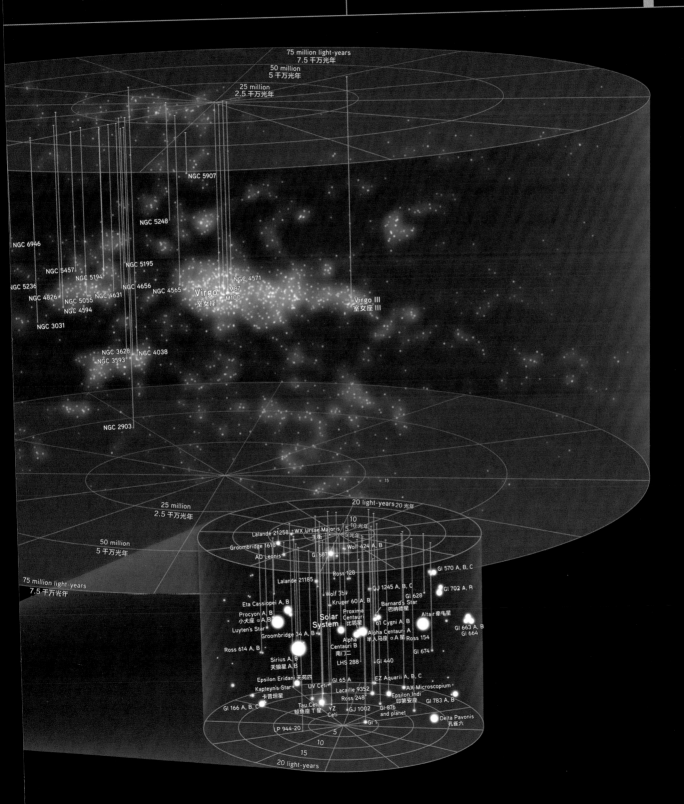

我们熟知，我们的太阳是银河系中千亿颗恒星之一，而银河系是宇宙中千亿个星系之一。以至于这些概念在上一节被介绍时，读者已经感到司空见惯。然而，有段时间，人们对宇宙中物质组成星系这一认知展开了激烈的辩论。宇宙中的物质有许多不同的组织方式：物质可能随机散布在空间中；物质可能凝聚成一团，而周围空无一物；或者物质可以凝聚成星系，而星系是随机散布的。

THE GREAT GALAXY DEBATE

星系大辩论

【 埃德温·哈勃和岛宇宙 】

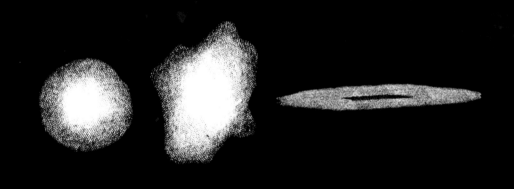

银河是炽热的蒸汽：古希腊哲学家，公元前 5 世纪
银河是由恒星组成的：加里奥·伽利略，1610 年
太阳不在银河的中心：哈罗·沙普利，1918 年
星系由恒星组成：埃德温·哈勃，20 世纪 20 年代
观测到恒星在退行：埃德温·哈勃，1929 年
探测到银河中心的射电噪声：卡尔·央斯基，1932 年
"音叉"星系分类法：埃德温·哈勃，1936 年
射电源天鹅射电源 A：格罗特·雷伯，1939 年
探测到来自于银河系旋臂的射电信号：1952 年
星系中发现暗物质：薇拉·鲁宾，20 世纪 70 年代
哈勃空间望远镜开始深空巡天：20 世纪 90 年代

（底图）编号为 ARP274 的三个星系。
（插图）天文学家威廉·赫歇尔画出的三个"星云"。

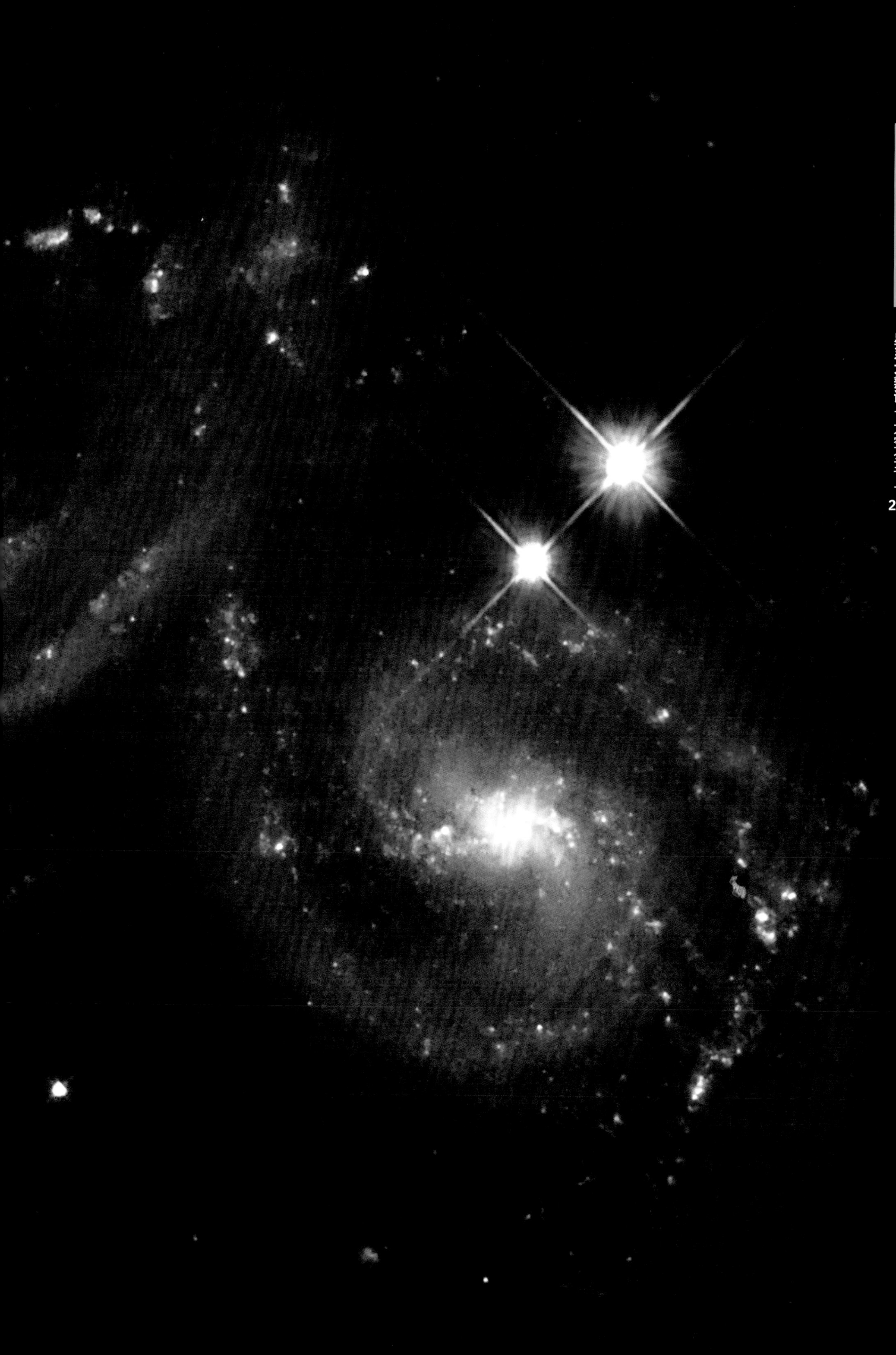

理解想象中的各种不同的宇宙可能是理论天体物理学家的工作。另一方面，我们只能生活在这样可能的一个宇宙之中，而找出哪一个是我们实际居住的宇宙是观测天文学家的工作。

这里的星系大辩论是由天空中被叫作"星云"的物体所引起的，"星云"在拉丁语中是"云"的意思，这个名字可以追溯到星云首次被天文学家观测到时，它们看起来像一些小块的光斑——发光的云。这个辩论问题很简单：星云存在于银河内发光的云中，还是存在于离我们星系之外很远的其他"岛宇宙"中？要回答这个问题，天文学家需要两个条件：他们需要一个能让他们在星云中分辨出单个恒星的望远镜，一种可以测量恒星之间的距离的方法。

在 20 世纪早期，距离测量问题已经被亨丽埃塔·勒维特（参见第 216-217 页）解决了。如此一来，望远镜的问题亟待被解决。

100 英寸望远镜

为了了解导致当前宇宙图景的事件，我们不得不回到 19 世纪中期去见一位美国历史舞台上最了不起的人物之一——安德鲁·卡耐基。他 10 岁来到美国，开始他在匹兹堡投递电报的事业，并最终成为美国最富有的人之一。他还做了其他事情，比如创立公司，即美国钢铁公司。之后，作为 19 世纪的一名"强盗资本家"，他震惊世人地华丽转身，写了一篇《财富的福音》的文章。文中提出这样的观点：一个人一旦获得了财富，他就有责任把这些财富用到解决重要的社会问题上。他说："死的时候还富有的人死得可耻。"你只需要看看慈善信托基金，如比尔和梅林达·盖茨基金会，就知道卡耐基的精神遗产在今天的影响。

安德鲁·卡耐基创立了华盛顿卡耐基学院，致力于科学研究。他非常感兴趣的项目是在洛杉矶城旁的威尔逊山上建造的一个很重要的天文台。在 20 世纪早期，这个天文台拥有世界上最大的望远镜。1919 年，埃德温·哈勃（见下页侧边栏）加入了威尔逊天文台工作人员的队伍，开始改变我们看到的宇宙图景。使用天文台的宏伟新仪器，其中 100 英寸（译注：约 2.54 米。）的反射镜捕获了前所未有的光量，哈勃开始对星云进行系统性的研究。他做的第一件事是根据星云的外形创立了一套分类方法，这个方法现在还在使用。然而更重要的是，新望远镜可以从星云中分辨出附近的单个造父变星。这就意味着哈勃可以用莱维特标准烛光的方法测量出这些星云距离我们有多远。他测出的距离为几百万光年——这个距离大大超出了银河系的范围。到 1925 年，哈勃已经确定，我们生活在由物质组织成星系的宇宙中。

如果这就是哈勃的全部贡献，他已经足以彪炳史册。然而，哈勃还有一个贡献，那就是宇宙大爆炸的图景——一个继续支配着现代宇宙学的图景。为了理解他如何建立的这个理论，我们不得不先来一个小转折，讨论一下多普勒效应。

红移

如果你曾经听过在高速公路上开汽车经过你时喇叭的声音，你就有了多普勒效应的第一手经验。你可能会注意到当汽车经过后喇叭的音调下降了。当汽车静止时，喇叭声波的波峰向四面八方传递时都一致，每个人都听到一样的音调。然而，如果汽车正在移动，每个出射波的中心就在汽车发出特定波峰的地方。这就意味着，有人站在汽车前面会看到波峰压缩在一起（即听到音调高），而有人站在后面会看到波峰拉伸开（即听到音调低）。这种音调的变化就是多普勒效应，它适用于由移动源发射的任何类型的波。

埃德温·哈勃

"天文学的历史是一个地平线不断后退的历史。"

埃德温·哈勃 1889 年出生于密苏里州，父母都是中产阶级，生长在伊利诺伊州的惠顿市，后来在芝加哥的铁路郊区生活。在芝加哥大学期间，他是一个顶尖的学生，还是一个杰出的运动员，参与过 1908 年的篮球锦标赛。在物理学界有一个传说，哈勃是一个高级业余拳击手，以至于他必须做出一个严肃的决定：是留在学校还是转行做职业选手。他显然选择了前者，赢得了罗德奖学金去牛津，在那里他学习了法律和西班牙语。回到美国后，他在一所高中教了一年西班牙语，并被肯塔基州的学校录取，但他决定回芝加哥学习天文学。在攻读博士学位期间，他加入了威斯康星的叶凯士天文台，并引起了一些著名天文学家的关注。他在 1917 年完成了博士答辩，并在第二天自愿参军。1919 年，第一次世界大战结束后，他以一个少校的身份离开军队，并得到了一个在新建成的威尔逊天文台的职位，在此之后就是我们所熟知的正史所说的那样：哈勃直到 1953 年逝世前一直从事天文研究工作，并深刻改变了我们对于宇宙的理解。

埃德温·哈勃在威尔逊望远镜前

遥远的星系在
离我们远去时
看起来更红

哈勃之前的天文学家已经发现，"星云"中的恒星发出的光向光谱上的波长较长的一端（红端）移动了，表明波峰被横向拉伸。这意味着那些"星云"在远离我们。然而，那些天文学家并不知道不同的"星云"离我们有多远，因此他们也看不出距离和观测到的红移之间的系统性的关系。当哈勃计算出这些距离后，他马上就能够注意到，红移越大（也就是说，星系远离我们的速度越快），星系离我们距离越远。这通常用一个称为哈勃定律的方程式来表达：

$$V = H \times D$$

这里 V 代表星系的退行速度，D 代表我们离星系的距离，H 被称作哈勃常数。这个方程告诉我们，如果我们看两个星系，其中一个离我们的距离是另一个的两倍，那么较远的星系的远离速度是较近一个的两倍。

下一节里，我们将讨论哈勃的发现引出的一些惊人结果。

多普勒效应使来自星系等远离我们的物体的光波长变得更长，而来自靠近我们的物体的光波长变得更短。

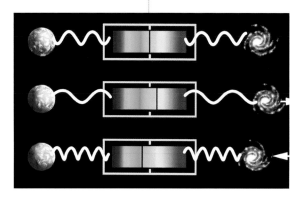

宇宙学红移示意图：白色表示临近星系，但星系离得越远，就会变得越红（而且远离我们的速度越快）。

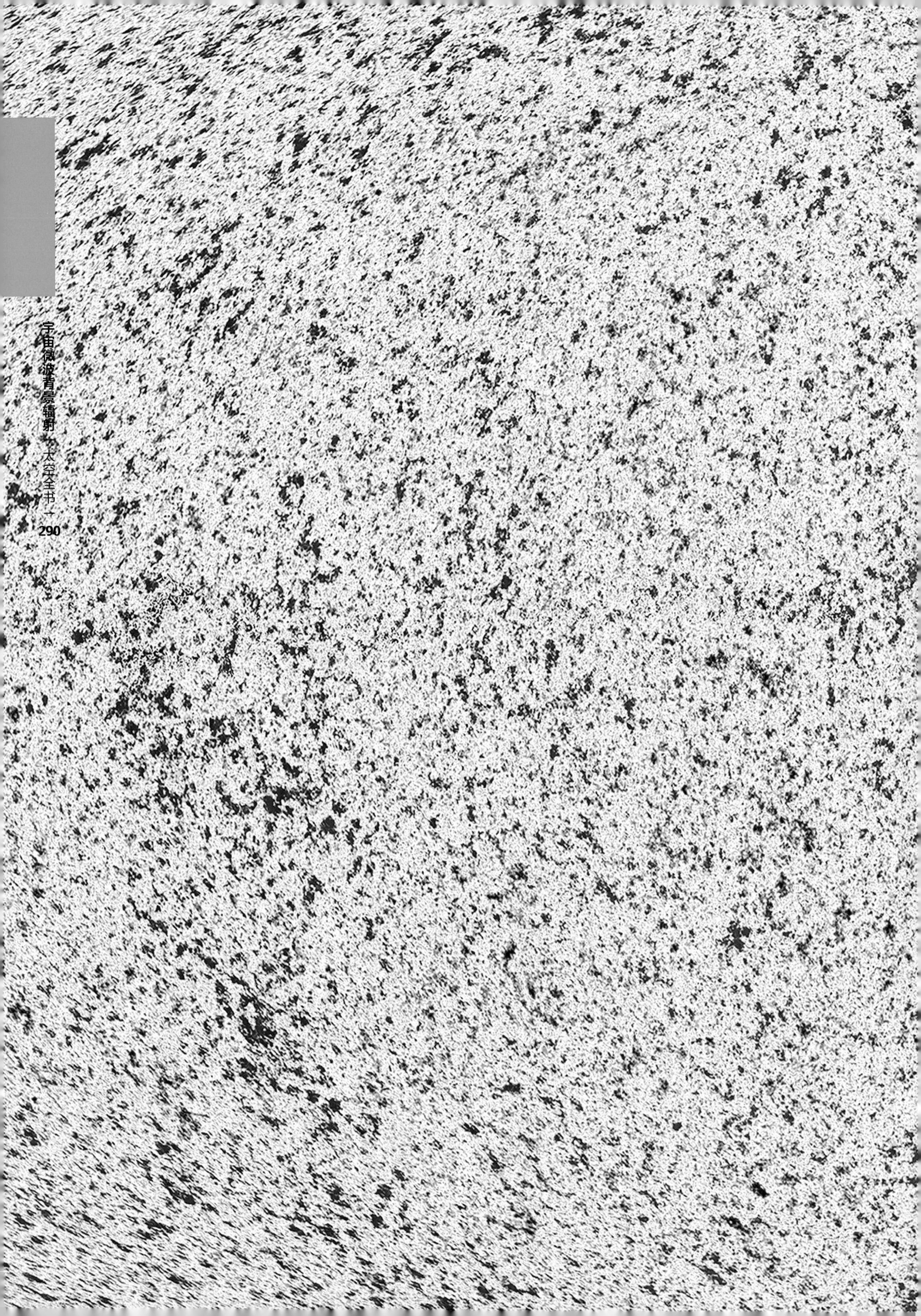

宇宙微波背景辐射

有时候，最重要的科学发现来源于意外：宇宙微波背景辐射的发现就明确地被归为这一类。在 20 世纪 60 年代，横贯大陆的电视信号传输刚刚起步，按照我们今天的标准来衡量，那时的技术比较原始，想要接收到电视信号的人需要搭建一个指向天空的微波接收器，这就使人提出了关于干扰的问题：还有什么东西也能向接收器发射微波吗？

1964 年，在新泽西州的贝尔实验室中，为了解决这个问题，名叫阿尔诺·彭齐亚斯和罗伯特·威尔逊的两位科学家开始对微波源进行巡天。他们使用一个旧的接收器扫描天空，系统地记录了可能干扰电视信号的微波背景辐射。

COSMIC MICROWAVE BACKGROUND
宇宙微波背景辐射

【 来自时间黎明的信息 】

第一次预测：1948 年，拉尔夫·阿尔弗和罗伯特·赫尔曼
发现者：阿尔诺·彭齐亚斯和罗伯特·威尔逊
1989 年：宇宙背景探测器（COBE）发射升空
2001 年：威尔金森微波各向异性探测器（WMAP）发射升空
发现方式：微波射电望远镜
2009 年：普朗克卫星发射升空

宇宙背景温度：2.275 开尔文（−270.425℃）
宇宙背景的变化：1.4 万分之一
背景显示的宇宙年龄：38 万年
宇宙目前的年龄：137 亿年
银河系相对宇宙背景速度：627 千米／秒

（底图）早期宇宙微波图的细节。
（插图）测量天空微波发射的 BOOMERANG 望远镜升空。

宇宙微波背景

揭示了温度上微小差异和早期宇宙密度的全天背景辐射图

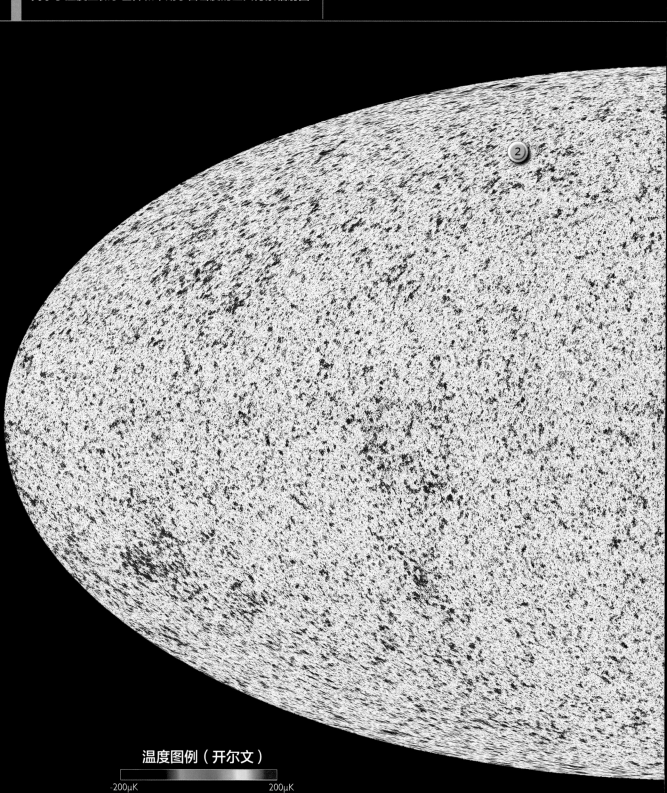

温度图例（开尔文）

-200μK   200μK

温度区域

① 暖区域

② 中等温度范围

③ 极冷区

图注：这幅图使用银河坐标系统、以莫尔韦德投影方式展
示，运用欧洲航天局普朗克卫星的数据，用不同的颜色展
示了背景辐射温度上的差异，红色表示较暖的区域，蓝色
表示较冷的区域。

彭齐亚斯和威尔逊开始巡天后，他们很快就遇到了一个问题，无论他们怎样改变接收器的指向，他们总能探测到一个微弱的微波信号，在仪器的监听耳机中发出"嘶嘶"的响声。在类似的情形之下，科学家一度认为他们的仪器出了问题，于是他们俩开始了试图找到问题的繁杂工作。他们甚至赶走了在接收器附近筑巢的鸽子，还在接收器上的内层仔细涂了"白色电解质"。可是都于事无补——"嘶嘶"声还是一如既往地出现，最终有人建议他们到普林斯顿大学去看看，那里有一群研究叫作"大爆炸理论"的宇宙学家。这些理论学家说这些声音应该是宇宙的微波辐射背景，是宇宙起源的回声。

下面来让我们花一点时间理解这个推测。如果你看着正在燃烧的煤炭，你可能注意到它们的颜色会随着时间改变。当火最猛烈的时候，它们烧得白热；当火变微弱，它们变红，然后变成橙红色。而第二天，尽管它们不再发射出可见光，你也能感到很暖和。从物理学家的角度来说，这些煤炭发出的光波长随着温度的降低而增长。事实上，可见光（波长有几千个原子宽度）之外有着我们看不见但是能感受到的红外线，它们要比红光的波长还长。普林斯顿的理论学家认为，宇宙就像我们所举的例子中的煤炭一样，开始很热，在它逐渐冷却的过程中，它发出了波长越来越长的波。他们还认为，在几十亿年后，宇宙辐射的波长就处于如今的微波范围中，即拥有波长一米的波。而这便是彭齐亚斯和威尔逊发现的微弱的"嘶嘶"声。事实上，没有什么微波的波长比宇宙诞生时哭泣声的波长还短的了！彭齐亚斯和威尔逊凭借他们的工作获得了1978年的诺贝尔物理学奖。

地球的大气能够透过一部分波段的电磁波，而吸收一部分，这就是电视卫星能够工作的原因。为了得到宇宙微波背景的完整图像，我们需要越过大气层，专门发射一系列的卫星去探测宇宙微波背景。

空间之眼

第一个这样的卫星是宇宙背景探测器（COBE），在1989年发射升空后工作了4年。毫无疑问，微波是物体在绝对零度以上3度的温度下的特征；即大约是-270℃，如果你想要更精确的数字，那么是2.275卡尔文。精确到百万分之一的话，那么微波辐射是各向同性的——也就是说，它们在所有方向上是一样的。宇宙背景探测器的测量结果在当时是在宇宙学领域内最精确的一次测量。两个主要参与宇宙背景探测器工作的科学家——约翰·马瑟和乔治·斯穆特也因为他们的工作获得了2006年的诺贝尔物理学奖。

（右页上图）看早期宇宙的微波辐射就像看穿过云层后被散射的光线一样。我们的仪器可以检测到在原子形成之前自由电子散射产生的辐射。

（右页下图）电磁波谱从几千米波长的射电辐射开始，到波长比原子直径还小的伽马射线。微波是波长上限一米的高频无线电波。

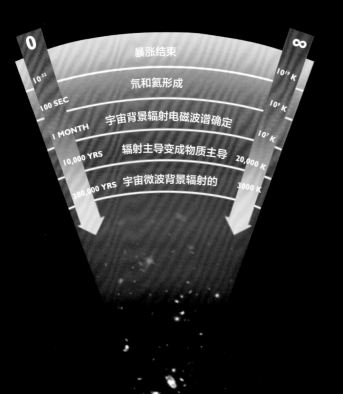

0		∞
	暴涨结束	
10⁻³²		10¹⁹ K
100 SEC	氘和氦形成	10⁹ K
1 MONTH	宇宙背景辐射电磁波谱确定	10⁷ K
10,000 YRS	辐射主导变成物质主导	20,000 K
380,000 YRS	宇宙微波背景辐射的	3000 K

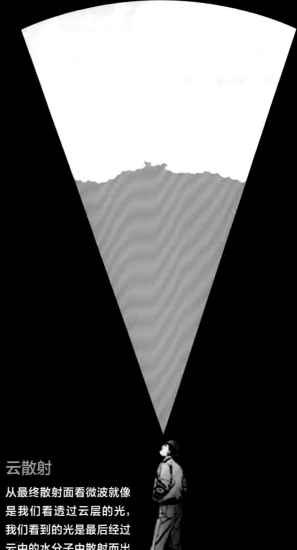

最终散射面

我们看到的微波来自所谓的最终散射面，从那时起它们就一直在自由地旅行。

云散射

从最终散射面看微波就像是我们看透过云层的光，我们看到的光是最后经过云中的水分子中散射而出的光。

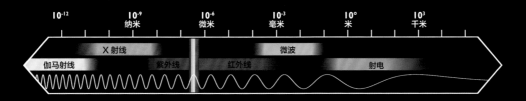

10⁻¹²	10⁻⁹ 纳米	10⁻⁶ 微米	10⁻³ 毫米	10⁰ 米	10³ 千米

X 射线　　微波

伽马射线　　紫外线　　红外线　　射电

1965年 彭齐亚斯和威尔逊微波辐射接收器

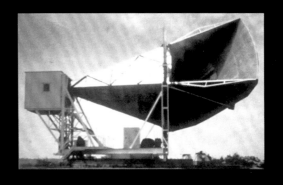
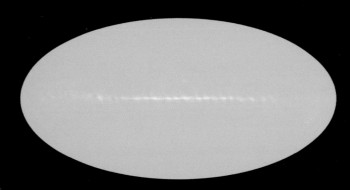

1992年
宇宙背景探测器

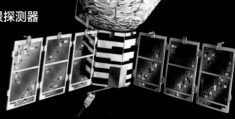
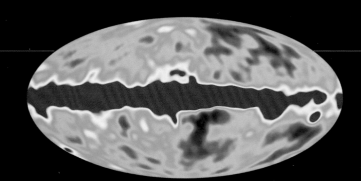

2003年
威尔金森微波各向
异性探测器

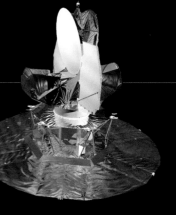
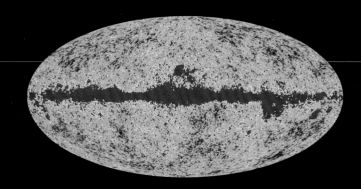

2009 年
普朗克卫星

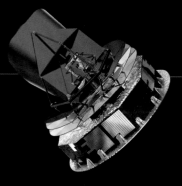

另一个从宇宙背景探测器得到的重要成就是第一次测量了背景辐射的均匀性偏差。尽管辐射在所有方向是几乎一样的，但还是有着极小的差异的。这些偏离用术语表达为微波各向异性，其实，这些微小差异也是特别有趣的，它们包含着早期宇宙的信息。正如我们将在第289页看到的，在宇宙的早期，宇宙是一个如同太阳一般的等离子体。电子和质子相互独立地穿梭往来，如果一个电子刚好结合一个质子形成原子，那么接下来的碰撞还将再次将其剥离。此外，这时候还有一场持续不断的拉锯战，粒子试图在重力作用下聚集在一起，而辐射不断地破坏其聚合的倾向。当宇宙诞生几十万年时，温度下降到某一点，在这个温度下，原子能存在于不断地碰撞中，也如同在289页说明的那样，宇宙变得透明起来。此时辐射得到了"自由"，开始向周围扩散，最终变成我们今天所看到的宇宙微波背景辐射。因此，当我们看到温度上的微小差异时，其实是看到几十万岁的宇宙中的物质的聚合，而这种现象被一个天文学家称之为"时间之初的涟漪"。正是这些微小的种子长成了今天我们所看到的宇宙中的大尺度结构。

21 世纪的重审

威尔金森微波各向异性探测器是研究微波背景辐射的第二个卫星，在 2001 年发射升空，杰出的普林斯顿宇宙学家大卫·威尔金森于几年后逝世。威尔金森微波各向异性探测器并不是环绕在地球的轨道上，科学家们花费了 3 个月的时间将它送到了日地间的一个拉格朗日点上。因为在这样的点上，地球和太阳的引力平衡能够使得卫星保持稳定的轨道。拉格朗日点正在变成最受欢迎的卫星目的地，因为在这样的位置，来自地球的辐射并不会干扰到卫星设备的正常工作。

威尔金森微波各向异性探测器给辐射微波的天空做了个精细的调查，通过比较从威尔金森微波各向异性探测器得到的精确数据和理论的预测，宇宙学家就能为大爆炸，也就是贯穿于本书这一部分的理论找到坚实的证据。事实上，许多宇宙学家认为这些理论能够重现观测到的背景辐射的不均匀性，这正是我们目前所知的宇宙结构和演化图景的最好证据。威尔金森微波各向异性探测器的探测数据使宇宙学家把宇宙的年龄确定到 137 亿年，精度约为 10 万年。该卫星在 2010 年 8 月开始了数据采集，在 2012 年之前，它已经发布了搜集到的大部分数据。

在 2009 年 5 月，欧洲航天局发射了下一代微波探测器——普朗克卫星。这个名字是为了纪念量子力学的奠基人、20 世纪初的德国科学家马克斯·普朗克。在其发射后到 2013 年退役之间，这艘航天器绘制了迄今为止最精确的微波背景和各向异性天图。

尽管我们对宇宙背景的了解没有发生重大的变化，但我们的知识变得更加准确了。例如，普朗克卫星对宇宙年龄的测量值是 137.98 亿年（±0.37 亿年）——这比当时的测量结果准确得多。

随着仪器的改进，宇宙微波背景图也有了改进。左上方的是彭齐亚斯和威尔逊当年用来发现宇宙微波背景辐射的大型地基微波接收器。这张图下面的这些是1992年以后发射升空的卫星，它们让我们观测到越来越精细的宇宙微波背景辐射图像。右边的图像是根据每个仪器的观测结果绘制出来的微波背景辐射分布图。

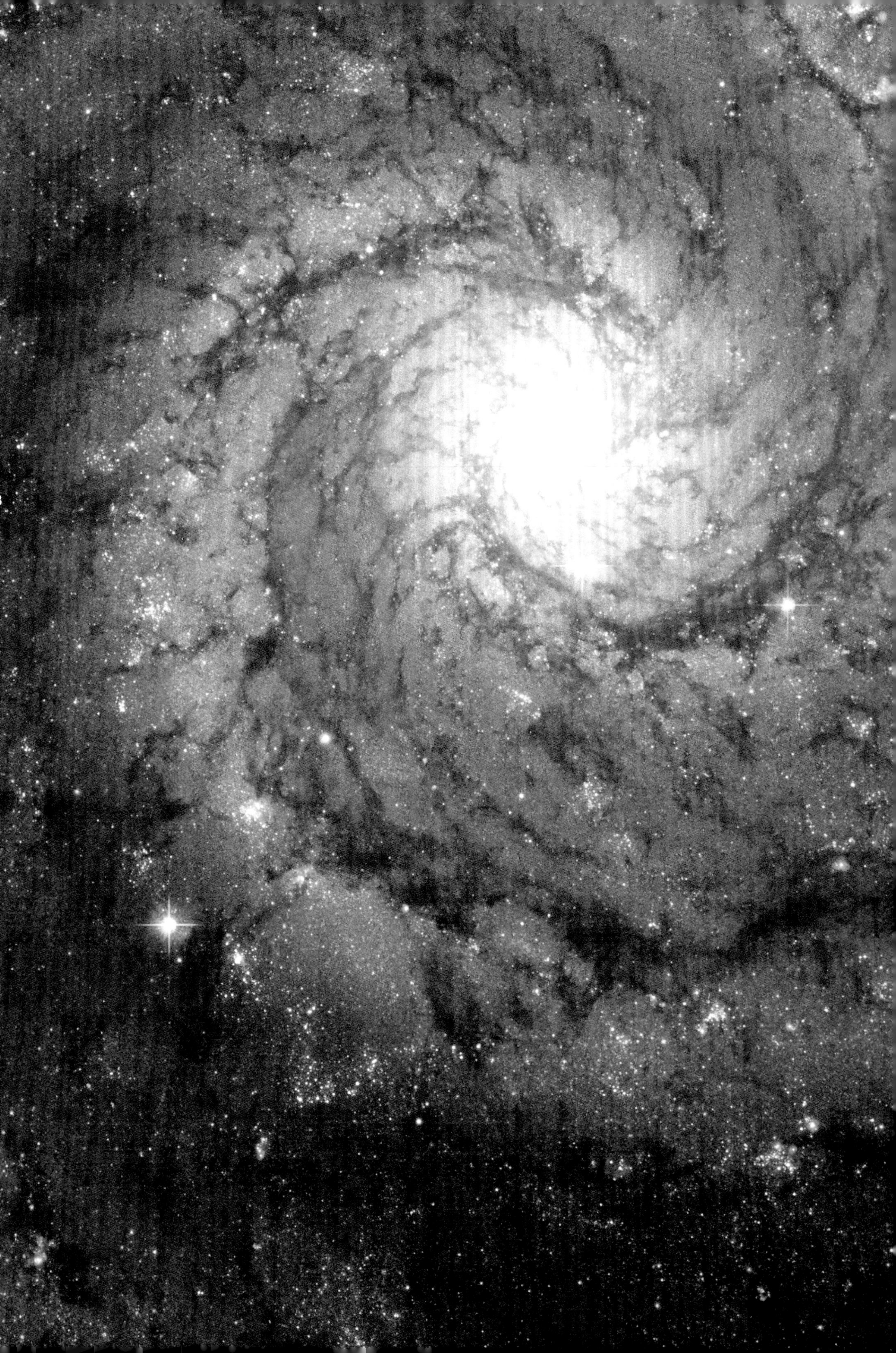

我们遥望宇宙时，我们能看到不计其数的不同星系。大多数像银河系一样——安静、舒适，在这些地方恒星慢慢地将大爆炸的原初氢元素转化为其他化学元素。只有偶尔的超新星（参见第 250-255 页）能给我带来一点兴奋。在哈勃之后，天文学家根据形状对这些正常星系进行分类，包括旋涡形、椭圆形和不规则形状，每个形状类别中还有着几个层次。

银河系属于旋涡星系的一种类型。对这些星系的旋涡状外观的最好解释是：压力波扫过它们核心周围区域，或多或少地就像浴缸里晃动的水。这些压力波引发了旋臂中明亮的新恒星的形成。

GALACTIC ZOO
星系动物园

【 星系、星团和超星团 】

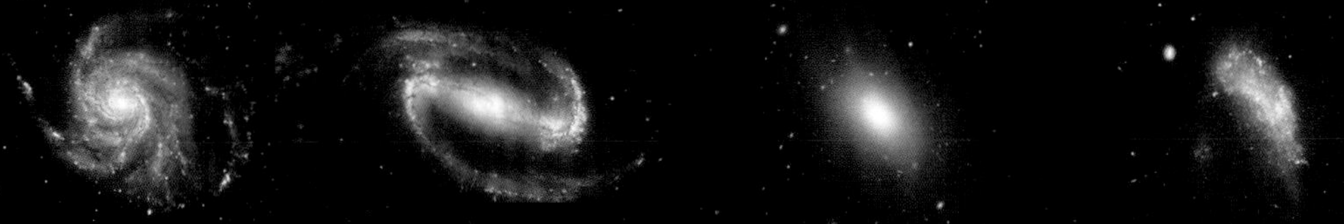

| 旋涡星系 | 棒旋星系 | 椭圆星系 | 不规则星系 |

星系中的恒星：1,000 万 –100 万亿年
质量最大的星系：M87，太阳质量的 6 万亿倍
质量最小的星系：威尔曼矮星系 I，约太阳质量的 50 万倍
离银河系最近的星系：大犬矮星系，25,000 光年
银河系属于的星团：本星系团
本星系团的星系数量：30–50 个
本星系团中最大的成员：银河系、仙女星系
本星系团属于：室女座星系团
室女座星系团的星系数量：1,200-2,000 个
到室女座星系团中心的距离：5,400 万光年
室女座星系团的质量（设太阳质量为 1）：1.2 千万亿

（底图）附近的旋涡星系 M74。
（插图）不同的星系形状。

星系的音叉分类

按照埃德温·哈勃的星系音叉分类法，将银河系附近的 75 个星系分类于下面。

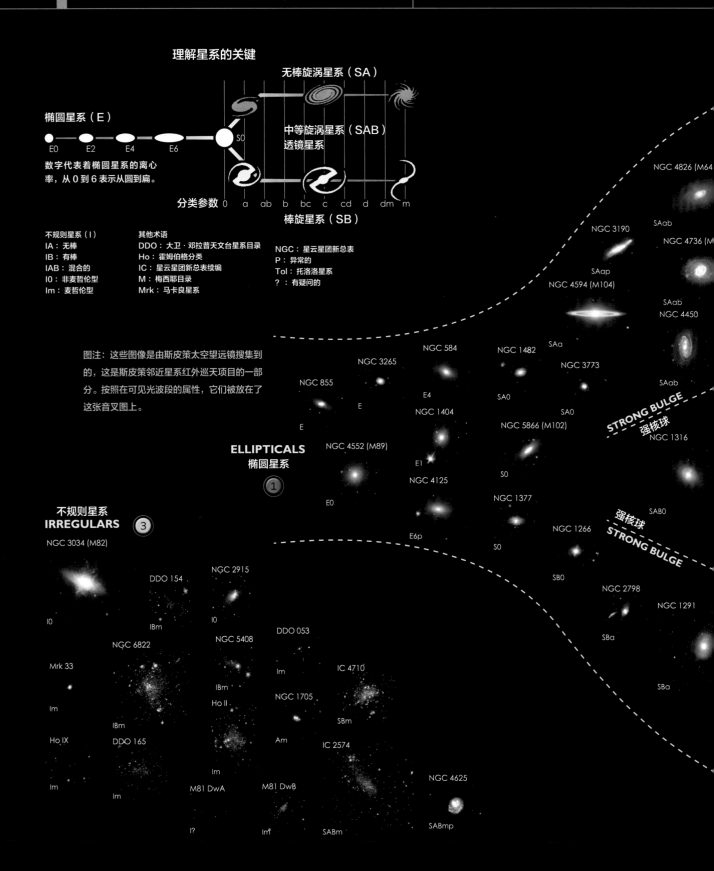

理解星系的关键

无棒旋涡星系（SA）

椭圆星系（E）

E0　E2　E4　E6

数字代表着椭圆星系的离心率，从 0 到 6 表示从圆到扁。

S0

中等旋涡星系（SAB）
透镜星系

分类参数　0　a　ab　b　bc　c　cd　d　dm　m

棒旋星系（SB）

不规则星系（I）
IA：无棒
IB：有棒
IAB：混合的
I0：非麦哲伦型
Im：麦哲伦型

其他术语
DDO：大卫·邓拉普天文台星系目录
Ho：霍姆伯格分类
IC：星云星团新总表续编
M：梅西耶目录
Mrk：马卡良星系

NGC：星云星团新总表
P：异常的
Tol：托洛洛星系
？：有疑问的

图注：这些图像是由斯皮策太空望远镜搜集到的，这是斯皮策邻近星系红外巡天项目的一部分。按照在可见光波段的属性，它们被放在了这张音叉图上。

ELLIPTICALS
椭圆星系 ①

不规则星系
IRREGULARS ③

STRONG BULGE 强核球

STRONG BULGE 强核球

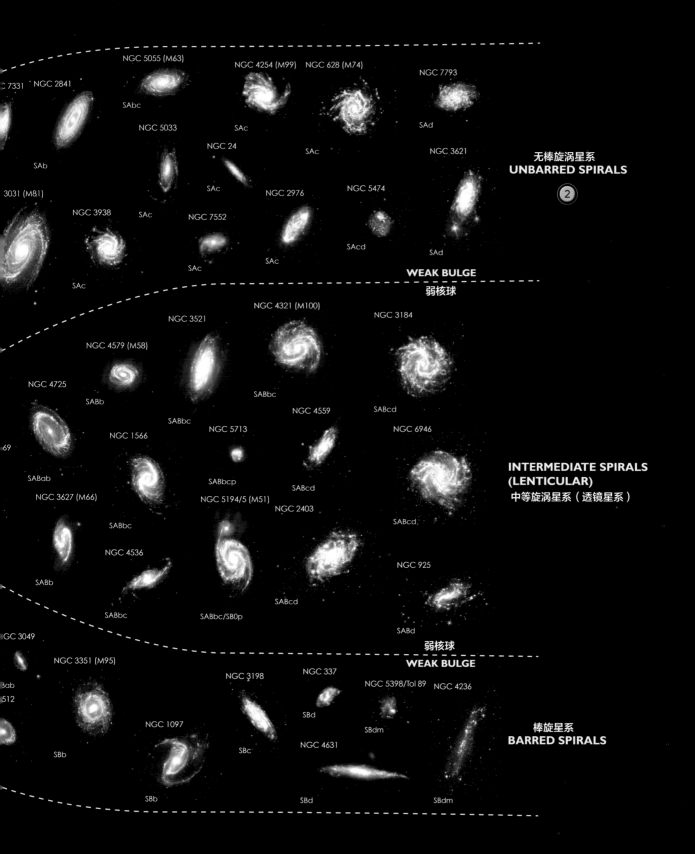

星系动物园 — 太空全书 —

301

NGC 5055 (M63)

NGC 4254 (M99)   NGC 628 (M74)

NGC 7793

C 7331   NGC 2841

SAbc

NGC 5033

SAc

无棒旋涡星系
UNBARRED SPIRALS

②

NGC 24

SAb

SAc

NGC 3621

3031 (M81)

SAc

NGC 2976

NGC 5474

NGC 3938

SAc

NGC 7552

SAcd

SAd

SAc

SAc

SAc

SAd

WEAK BULGE
弱核球

NGC 4321 (M100)

NGC 3521

NGC 3184

NGC 4579 (M58)

SABbc

NGC 4725

SABbc

NGC 4559

SABcd

NGC 1566

NGC 5713

NGC 6946

69

SABab

SABbcp

SABcd

**INTERMEDIATE SPIRALS
(LENTICULAR)**
中等旋涡星系（透镜星系）

NGC 3627 (M66)

NGC 5194/5 (M51)

NGC 2403

SABbc

NGC 4536

SABcd

NGC 925

SABb

SABbc

SABbc/SB0p

SABcd

SABd

GC 3049

弱核球

NGC 3351 (M95)

WEAK BULGE

NGC 3198

NGC 337

3ab

NGC 5398/Tol 89   NGC 4236

512

SBd

棒旋星系
BARRED SPIRALS

NGC 1097

SBdm

SBb

SBc

NGC 4631

SBb

SBd

SBdm

除了旋涡星系之外，宇宙中还有椭圆星系。顾名思义，它基本上是由恒星组成的椭圆形斑点。它们大小不等，从和矮星系一样小到比银河系大得多。不像我们在旋涡星系中看到的那样，椭圆星系中有很少的恒星形成。

最后，剩下的就是不规则星系——我认为它们就像是饼干切完后留下的碎片。而宇宙中大部分星系都是不规则星系。

活动星系

然而，有一小部分星系和银河系不同，这些星系是野蛮和暴力之地，它们被巨大的爆炸撕裂，有时将高温气体喷射到几百光年外的星系际空间。这就是所谓的活动星系，与正常星系不同，它们有很多的形状和形式。它们都有天文学家所谓的活动星系核，即位于星系核心、作为能量输出源的小型区域。我们目前最好的理论解释是，每个星系的中心都有一个巨大的黑洞，这附近坠入黑洞的物质聚成一团形成了一个非常热的盘。而正是这个盘，在活跃星系中产生了辐射和喷流。

最重要的活动星系是一类被称为类星体（类星射电源的简称）的能量巨大的天体。顾名思义，类星体通常在射电波段释放大量的能量，而在可见光波段相对较少。事实上，在20世纪50年代，类星体被第一次发现以来，天文学家花费了10年去寻找与类星体成协的可见光波段天体。当他们最终找到类星体的光学对应体时，他们惊讶地看到，来自类星体的光有巨大的红移，这表明它们距离地球几十亿光年。类星体可以在很远处观测到。科学家相信，就像活动星系一样，类星体的能量也来源于掉落到中心黑洞中的物质。

星系团和超星系团

星系并不是在空间中随机散布的，而往往是聚集在一起形成星系群和星系团。例如银河系就是我们所谓"本星系群"的一部分，本星系群还包括另一个巨大的旋涡星系——仙女座大星云，还有其他30个以上的不规则星系。本星系群的跨度大约为1000万光年。

反过来，本星系群还是更大的结构"处女超星系团"的一部分。这个超星系团包含至少100个星系群和星系团，并且横跨1.1亿光年。这也是宇宙中数百万超星系团的一个。星系团和超星系团的存在提供了暗物质存在的证据（参见第273-277页）。如果你把星系里所有恒星的引力加起来，会发现引力太小，不足以让星系形成星系团和超星系团。只有加上暗物质这一项，才能保证这些结构稳定、不至于飞散开。

可见我们眼前的近邻宇宙中的物质是成团存在的。问题是在更大尺度上是否还是如此呢？回答这个问题的任何尝试都涉及生成一个大尺度的、三维的宇宙星系图——这是一大壮举，虽然哈勃使用的造父变星方法对这个目标而言十分困难，但我们并未抛弃哈勃的全部遗产，哈勃定律（参见第289页）确实为估计这些测值提供了一个快捷的方法。如果我们测量出来自星系的光的红移量，我们就可以算出星系远离我们的速度，进而根据哈勃定律，算出它离我们的距离。

第一个这种红移巡天是1982年由哈佛-史密松天体物理中心的天文学家玛格丽特·盖勒和约翰·赫克拉完成的。他们并未如预期地发现随着测量的尺度扩大，星系的成团趋势会逐渐消失，反而发现了一个完全意想不到的大尺度结构，这个发现被此后的很多研究所证实。想象宇宙大尺度结构的最简单的方法是观察堆叠在一起的肥皂泡——红移巡天告诉我们，超星系团就像是分布在这样的肥皂泡的壁上，中间包裹着"巨洞"。我们现在所知的宇宙中最大尺度的结构是宇宙长城，这是个 5 亿光年长、2 亿光年宽，但只有 1.5 千万光年厚的超星系团长条。

因此，即使把目光放大到我们所见的最大尺度，宇宙的结构仍然有趣，并非无聊。

太空中的锐目

除了伽利略望远镜，哈勃太空望远镜可以说是人类目前建造的最重要的天文仪器。它发射于 1990 年，运行于低地球轨道，距地面 160 多千米，配备了一个口径为 2.4 米的望远镜。

哈勃太空望远镜并不能比其他望远镜看得更远——这种荣誉永远属于地球上最大的"集光巨无霸"们。但是由于哈勃位于行星不稳定的大气层之上，它可以看到物体的更多细节。事实上，一些人认为它是一种"天文显微镜"，而不是望远镜。除此之外，哈勃可以探测到近紫外和红外的辐射——这些频率的信号都是会被地球大气层吸收的。

该仪器在发射后不久就遇到了问题，人们发现它的一些光学装置安装不当。宇航员的一次修复任务解决了这个问题，之后哈勃做出了一系列令人印象深刻的成就。这些成就如下：

· 对恒星距离的精确估计，使我们能够以百分之十的误差计算宇宙的年龄
· 暗物质存在的发现
· 星系中黑洞的发现

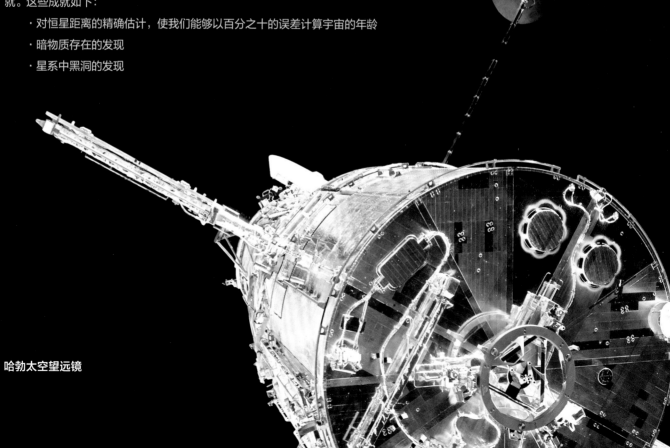

哈勃太空望远镜

哈勃证实了其他星系的存在和宇宙的膨胀之后，人们就开始更有信心地讨论宇宙是如何开始的。首先需要记住的一点是宇宙的开始——大爆炸——并不是像炸弹那样爆炸到周围的空气里去，而恰恰相反，它是空间本身的膨胀。

这里有个比喻：想象一下你正在用一种特殊的透明面团制作葡萄干面包。如果在面团膨胀时，你站在任何一个葡萄干上，你会看到其他的葡萄干也正在远离你，因为在你和其他葡萄干之间的面团也在膨胀。离你两倍远的葡萄干远离你的速度也会是其他葡萄干的两倍，因为你们之间有着两倍于其他的面团的距离。

BIG BANG
宇宙大爆炸

【 空间和时间的开始 】

宇宙大爆炸发生：137 亿年前

物质开始变成主导：宇宙大爆炸后的 7 万年

氢和氦形成：宇宙大爆炸后的 38 万年

第一颗恒星：宇宙大爆炸后的 1 亿年

第一个星系：宇宙大爆炸后的 6 亿年

目前的退行速率：70.4 千米／秒／百万秒差距

宇宙大爆炸关键预测：微波背景信号

1912 年：第一个观测证据被发现（但当时并没有被理解）

1929 年：埃德温·哈勃观测到星系在退行

1949 年：弗雷德·霍伊尔给出了"宇宙大爆炸"的名字

1964 年：微波背景辐射信号的发现

（底图）宇宙大爆炸的计算机数值模拟。

（插图）宇宙膨胀示意图。

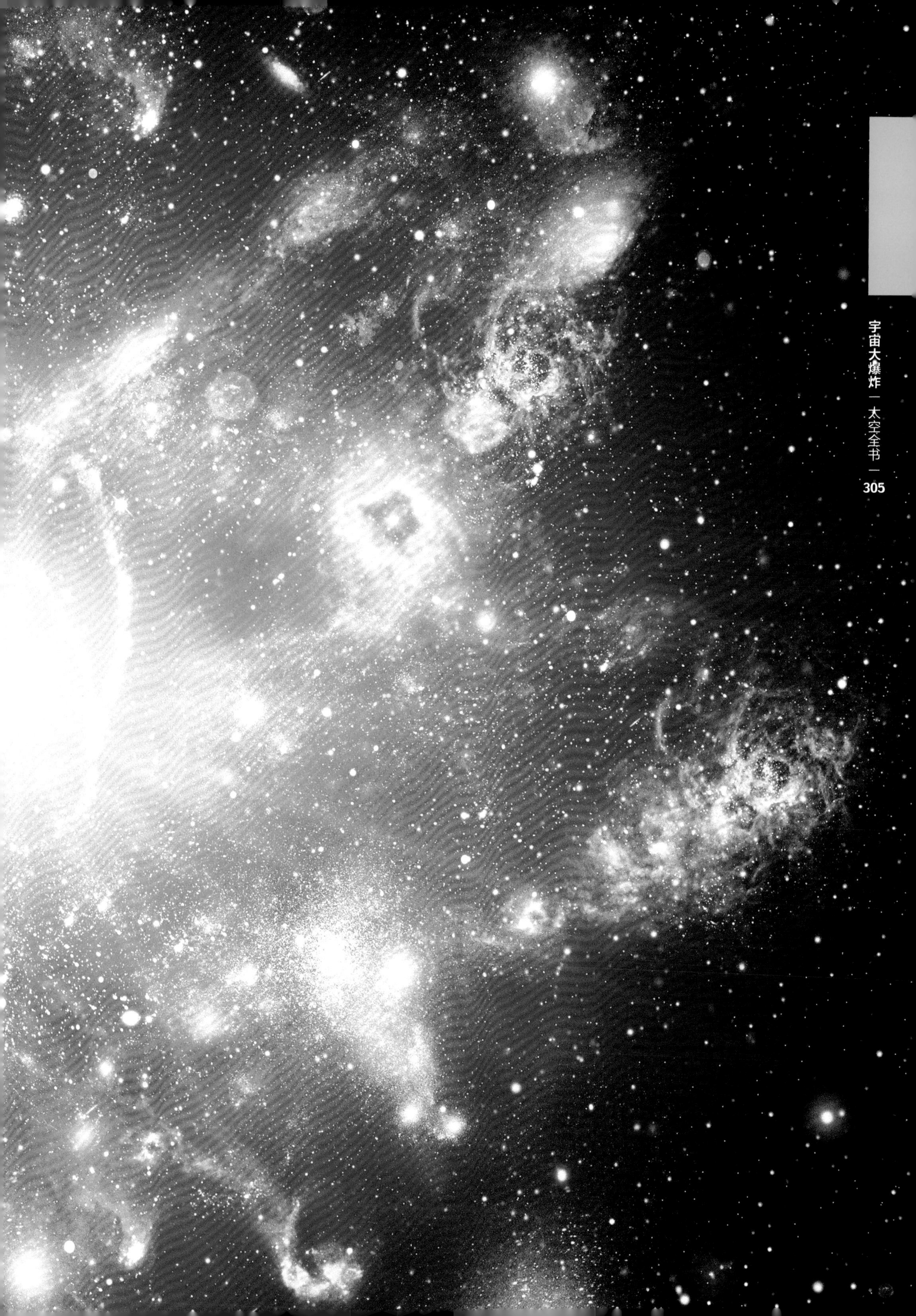

宇宙大爆炸

137 亿多年来宇宙演化、膨胀示意图

宇宙大爆炸膨胀
BIG BAN

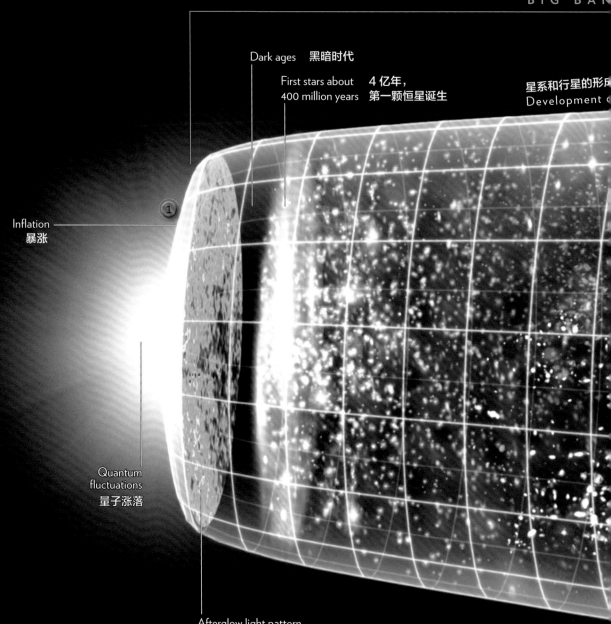

Dark ages　黑暗时代

First stars about　4 亿年，
400 million years　第一颗恒星诞生

星系和行星的形成
Development o

Inflation
暴涨

①

Quantum
fluctuations
量子涨落

Afterglow light pattern
380,000 years
38 万年，大爆炸的余晖

图注：宇宙膨胀的时间线示意图包括来自于普朗克卫星的数据。垂直的网格代表宇宙的大小。在大爆炸后的快速暴涨时期之后，宇宙平稳地增大，直到后来，暗能量开始让膨胀加速。

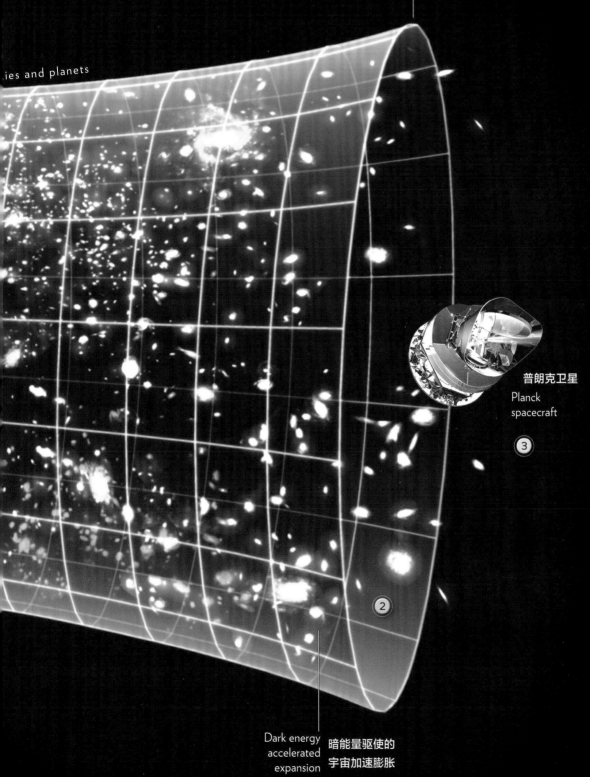

关键词

1 暴涨时期

2 暗能量让宇宙加速膨胀

3 普朗克卫星

持续 137 亿年
13.7 Billion Years

PANSION

ies and planets

普朗克卫星
Planck
spacecraft

3

2

Dark energy
accelerated
expansion

暗能量驱使的
宇宙加速膨胀

如果在前文提及的宇宙大爆炸的比喻中，把葡萄干换成星系，你就会完全明白哈勃所看到的了——宇宙在膨胀。正如在我们的比喻中，没有一个葡萄干相对它所在的面团移动，同理，空间的膨胀带动了星系的哈勃膨胀，而不是星系在空间中移动。

我们很容易误以为，如果所有物体都远离我们，则我们就位于宇宙的中心。但是考虑一下我们的比喻后就可以澄清这一点。站在面包的任何一个葡萄干上，你都会看到自己是静止的而其他的所有葡萄干都远离你。换句话说，每一个葡萄干都会觉得自己位于宇宙膨胀的中心，这就意味着，我们在地球上时，也确实看到自己是哈勃膨胀的中心，宇宙中任何地方的任何人也一样。用15世纪库萨的神学家尼古拉斯的话说："宇宙中处处是中心，无处是边缘。"

倒放的影片

我们把宇宙大爆炸考虑成一部影片，然后把它倒放回去，这样我们可以对它了解得更多。在倒放的电影中，宇宙将会一直收缩——最终理论上会成为一个单一的点。换句话说，我们的宇宙有一个确定的开端：确切地说，是在137亿年前的一刻。

宇宙在过去一个特定的时刻开始，这个事实有着很重要的哲学结论。在我们了解哈勃膨胀之前，我们以为宇宙是永恒的，没有开始，没有终结，也没有变化；它也可能是循环的，这也是另一种永恒的宇宙；再或者它可能是线性的，有一个开端，有一个结束。要选择这些观点中，哪一个是宇宙的真实描述，唯一方法就是去进行观测。当然了，这就是哈勃所做的贡献。我们生活的宇宙中，确实有一个开始。然而它的结局是什么样

会有一点复杂，我们将在"宇宙的终结"（参见第318-321页）一部分对现在这个题目进行讨论。

热胀冷缩是材料的一般属性。因此，我们可以推测，在宇宙的早期阶段，单单因为宇宙被压缩得更小，它就比现在热得多。换句话说，我们推测宇宙有一个热的开始，从那时起就开始冷却。事实上，我们在宇宙微波背景辐射中就发现了这个推测的证据（参见第291-297页）。

冷凝

在下一部分我们讨论宇宙的开始之前，必须理解一个重要的概念那就是"相变"，或者说是"冷凝"。宇宙在高温下开始的事实可以告诉我们宇宙是如何在最初的阶段发展起来的。打个比方，想象你把高温高压的蒸汽限制在一个很小的范围内，然后突然释放它。蒸汽就会膨胀，同时也会冷却，但是在100℃时有重要的事情会发生。在这个温度时，蒸汽冷凝成水滴。这种模式——随着系统基本结构的突然变化，长周期的膨胀和冷却——是我们看到的宇宙早期发展。来看一个关键性的冷凝过程：约3分钟时，原子核形成——这是为了了解这些转变是如何工作的。

在宇宙的年龄开始到3分钟之前，物质以自由质子、中子（构成原子核的微粒）和自由电子的形式存在。如果质子和中子聚在一起形成一个简单的核，那么这个核经历的下一次碰撞旋即就会把它暴力地撕裂开。然而，3分钟之后，温度就降到了自由质子和中子可以开始构建核的点。由于这一凝结，宇宙的整个组成突然改变了。

在第254页我们曾指出宇宙中的所有重元素都是在超新星中的反应形成的。现在我们理解

艺术家所做的二维示意图：大爆炸从极端的能量密度（白热化的中心）开始随时间演化，后逐渐冷却，形成恒星和星系。

了核在宇宙大爆炸中怎么产生，我们就明白为什么这是必需的了。因为在 3 分钟之前，没有核可以存留。在 3 分钟之后，质子和中子开始结合成核，但是这是在宇宙正在膨胀的环境中发生的——膨胀的空间会携带粒子远离彼此，让它们

没那么频繁地反应。这就意味着仅有一个狭窄的时间窗口，可能 1 分钟也不到——介于原子核开始能得到保存和宇宙密度下降、原子核因为相互作用太稀少而不再形成的时刻之间。在这样的窗口中，各种形式的氢、氦、锂元素出现——而我们看到的其他的元素，在之后的超新星的反应中被创造出来。这些元素被带入恒星，后来组成了整个周期表。换句话说，当宇宙只有几分钟大的时候，轻元素在短时间爆炸中形成。

今天宇宙中这些轻核的丰度是大爆炸模型最强的证据之一。我们可以在实验室制造在宇宙 3 分钟时这些粒子所具有的能量，并且根据哈勃的宇宙膨胀模型得到这些粒子发生碰撞的频率。因

原子形成于宇宙的温度达到

3000

开尔文时

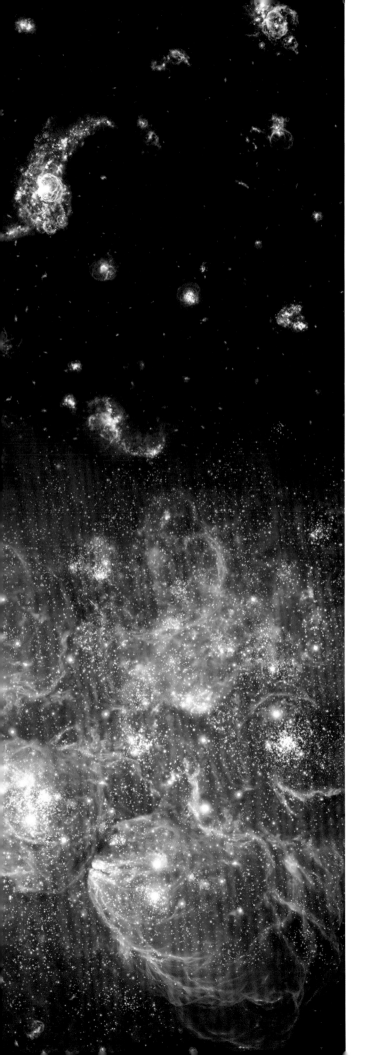

描绘早期宇宙的想象图，宇宙不到 10 亿岁时，原初氢元素通过一轮快速的恒星形成过程变成了第一批恒星和星系，超新星在星空中此起彼伏。

此，我们可以对宇宙大爆炸时各种轻元素的多少进行极为精确的推测。事实上，由观测证实的这些推测，为宇宙大爆炸图景的基本正确性提供了更多的证据。

可观测的宇宙

最后一点：我们要对"宇宙"和"可观测宇宙"两个概念做一区分——前者的定义是世间万物的总和，而后者是指其中我们可以看得到的部分。由宇宙的年龄是 137 亿光年，我们可以对可观测宇宙的尺寸有一个粗略的认知：我们可以看到的最远物体在离我们 137 亿光年处。在这个过分简化的图景里，可观测的宇宙是一个以地球为球心，半径为 137 亿光年的一个球，并且半径每年会增加一光年。（更详细的计算需要考虑哈勃膨胀，即物体已经比发出光的时候离我们更远了。）

许多宇宙学模型把这个球体放在一个更大的宇宙中，就像巨大的洞穴里面的一个微弱的蜡烛。当然，根据定义，我们对可观测宇宙外的东西一无所知，这一点将在我们讨论多重宇宙时谈到。

埃德温·哈勃关于宇宙膨胀的发现的一个推论是，早期的宇宙比现在更小更热。什么是"更热"呢？当普通物质被加热时，构成它的原子和分子会运动得更快。反过来，这一点意味着这些成分会以更高的速度更剧烈地相互碰撞。我们已经看到了这个事实如何在宇宙历史中发挥作用的一些例子。在宇宙开始的3分钟之前，它的温度太高，以至于原子核不能存在；直到宇宙几十万岁时，温度才降低到原子得以出现。

BEGINNING OF THE UNIVERSE
宇宙的开始

【 从能量到物质 】

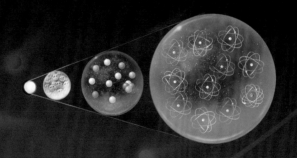

普朗克时期，量子引力：0 到 10^{-43} 秒
电磁力、强、弱相互作用统一：10^{-43} 到 10^{-36} 秒
宇宙指数膨胀：未知时刻到 10^{-32} 秒
强相互作用分离：10^{-36} 到 10^{-12} 秒
弱相互作用分离：10^{-12} 到 10^{-6} 秒
氢核形成：10^{-6} 到 1 秒
轻子和反轻子湮灭：1~10 秒
原子核、电子和光子的等离子体：10 秒到 38 万年
核合成，氦核形成：3~20 分钟
第一颗恒星、类星体和星系：1.5 亿~10 亿年
太阳和太阳系形成：90 亿年

（底图）宇宙大爆炸3分钟后的基本粒子。
（插图）第一个原子的形成。

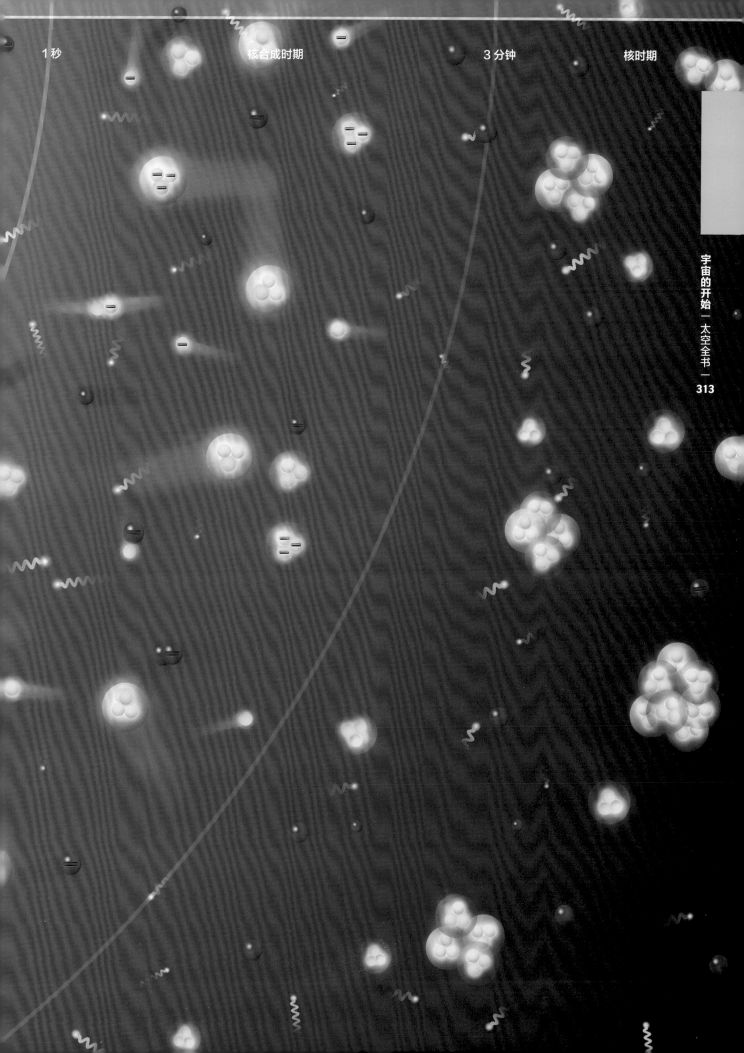

宇宙早期的每一个物质"凝结"的里程碑都标志着宇宙基本结构的改变。首先，粒子聚集到一起形成原子核，之后，原子核和电子构成原子。事实上，我们将在下面看到，大爆炸后的宇宙历史是三次分离和之后的三次凝聚。

三次分离不涉及物质的基本成分，但是涉及它们之间的力。物理学家认为有四种不同的力作用于宇宙：

1. 强相互作用——把原子核结合在一起的力。

2. 电磁相互作用——使灯打开和使冰箱贴吸到冰箱门上的力。

3. 弱相互作用——支配一些放射性衰变的力。

4. 引力——这是我们最为熟悉的。

在我们的宇宙中，这些力是截然不同的，将我们身体中原子核结合在一起的力显然不同于将冰箱贴吸到冰箱门上的力。然而，从理论物理学家的角度来看，当温度升到足够高时，它们就会变得难以区分——意思是说，当能量足够高时，四种力会变得统一起来。

三次分离

让我们从宇宙的最初时刻开始，这是一个在实验上和理论上都无法企及的时刻。我们认为，在宇宙诞生的一刻，在 10^{-43} 秒之前，所有的力——引力、电磁相互作用、强相互作用、弱相互作用——都被统一成一个单一的力。我们还没有一个久经考验的理论来支持这个信念，但我们相信在大爆炸后的 10^{-43} 秒时，引力分离出来，或者说从统一的力中解冻出来。

第二次分离是在大爆炸后难以想象的短时间—— 10^{-35} 秒时，这是一个小数点后面有 35 个零的数。一个已经得到检验的理论——"标准模型"，可以描述那时发生的事情：强相互作用从

电磁相互作用和弱相互作用的结合（或者称为弱电相互作用）中分离出来。换句话说，在 10^{-35} 秒之前，只有两种力作用于宇宙（引力和统一的强－弱电相互作用），在此之后，力变成了三种。

最近的研究表明，宇宙比我们以前所认为的更为陌生、更为神秘。下面的第一个饼状图展示了物质的不同形式各自所占的比例。请注意，我们熟悉的世界只占宇宙总数的百分之五，下图显示了宇宙在 38 万岁时的这些物质形式所占的比例。

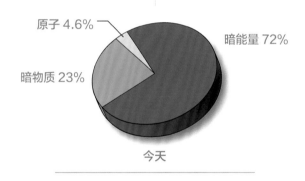

今天

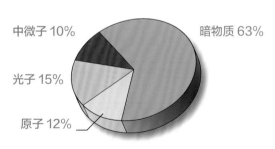

137 亿年前（宇宙年龄为 38 万年时）

艺术家概念图：宇宙大爆炸（左下方）到物质形成的过程。黄色表示最早的普朗克时期，即四种力统一的时期；橙色表示快速暴涨期；红色表示原子形成期。

10⁻⁴³ 秒   10⁻³² 秒   3 秒   300,000 万年

10²⁷ °C   10¹³ °C   10000 °C

艺术家想象图：类星体形成早期的样子。中心的超大质量黑洞被吸积的气体云围绕，高强度的挤压使之发光。

还有几件重要的事情也发生在这个时候。其中最重要的是，宇宙经历了一个短暂而激烈的膨胀时期，我们称为"暴涨"。在约 10^{-35} 秒内，宇宙从比质子还小膨胀到一个葡萄柚大小（请记住，这是空间的膨胀，而不是物质在空间运动，

这并不违反爱因斯坦相对论中禁止物质移动得比光快的禁律）。物理学家艾伦·古思（现在在麻省理工学院）的理论称，所谓的暴涨宇宙现在是我们宇宙故事的标准部分。而且，正如你可能猜到的，"暴涨"的引入解决了宇宙学中另外一个重要的问题。

那就是，它还和宇宙微波背景辐射有关系。正如我们指出的，宇宙微波背景辐射在小数点后4位的精度下都可以认为是均匀的，反过来，这就意味着宇宙不同部分的辐射都在相同的精度下达到相同的温度。问题是，如果你只是简单地从

时间上回推哈勃膨胀，并没有一个时刻，让天空中相反的两个方向上的宇宙有足够长的时间接触来建立这种均匀性。就好像你打开浴缸里的热水水龙头，还没等冷水和热水充分混合，浴缸里的水立刻就热起来了。而暴涨，在本质上是说当浴缸极小的时候，温度就达到了均匀的状态，而我们看到的均匀性只是温度在宇宙暴涨过程中保持了原来均匀状态的结果。

在暴涨之后，当宇宙年龄仅为 10 纳秒时，它发生了第三次分离。统一的弱电相互作用被解冻为电磁相互作用和弱相互作用。自那时起，我们就能看到宇宙中的四种力了。

三次凝聚

我们来到了宇宙仅仅诞生 10 微秒的时刻。为了理解那时候发生了什么，我们不得不谈论一下基本粒子。

从 20 世纪 30 年代开始，物理学家观察宇宙线（译注：宇宙中的高能粒子射线）与原子核碰撞的碎片时发现，原子中除了有质子和中子，还有其他粒子。在 20 世纪 60 年代之前，科学家发现那些所谓的基本粒子，比如质子，一点儿也不基本。它们还是由更基本的粒子组成——是被命名为"夸克"的东西。（这个名称有个独特的起源：在最初的理论里有三种夸克，来自杰姆斯·乔伊斯的《芬尼根彻夜祭》中的一句话"为马克检阅者王，三声'夸克'"。）

在 10 微秒之前，宇宙是物质最基本组成——夸克——的海洋。在 10 微秒时，夸克被压进基本粒子中（我们最熟悉的质子和中子）。宇宙成为原子核的热等离子体。

在几十万年后，当宇宙冷却下来时，这些原子核捕获到了电子，变成原子。原子的形成是一个非常重要的事件。因为这个过程释放的辐射变为了宇宙微波背景辐射，也标志着一般物质开始形成星系。

物理学家说宇宙在这个时候变得"透明"了。在那之前，光（光子）被高能电子阻塞，不能在空间自由地运动。事实上，在暗物质发现（参见第 273—277 页）之前，人们对宇宙不透明时期的状态是有疑问的。光子——电磁辐射——在等离子体中相互作用并产生压力，如果普通物质在原子形成之前就聚集成星系，强烈的辐射会破坏这种聚集。此外，计算表明，在原子形成之前，普通物质太过稀疏以至于不能聚集成星系。然而，暗物质并不会和辐射发生相互作用，这就使得暗物质能在原子形成之前就可以聚集在一起。当宇宙随着原子的形成而变得透明之后，普通物质只是被拉进已经聚集好的暗物质中，创造出我们现在所看到的星系。暗物质实际上并不是创造了一个问题，而是解决了宇宙学中一个古老的问题。

到目前为止，我们所讲的六个转化可以总结如下：在大爆炸后 10^{-43} 秒之前，宇宙中只有一种统一的力。在接下来的很短时间内，首先是引力，其次是强相互作用，然后是弱相互作用和电磁相互作用被分离出来。在 10 微秒时，夸克构成基本粒子。在 3 分钟时，基本粒子构成原子核，而在宇宙诞生几十万年后，原子核捕获电子形成原子。

当然了，在一切发生之前，这里还有个终极奥秘——宇宙的创生。虽然科学家们开始对这一事件进行严肃的推测，至少此刻，我们应该用诗人、天文学家欧玛尔·海亚姆的诗《鲁拜集》来结束这个讨论：

"有一扇门在这里，而我发现没有钥匙。

有一张面纱掩映，使我不能看个清楚。"

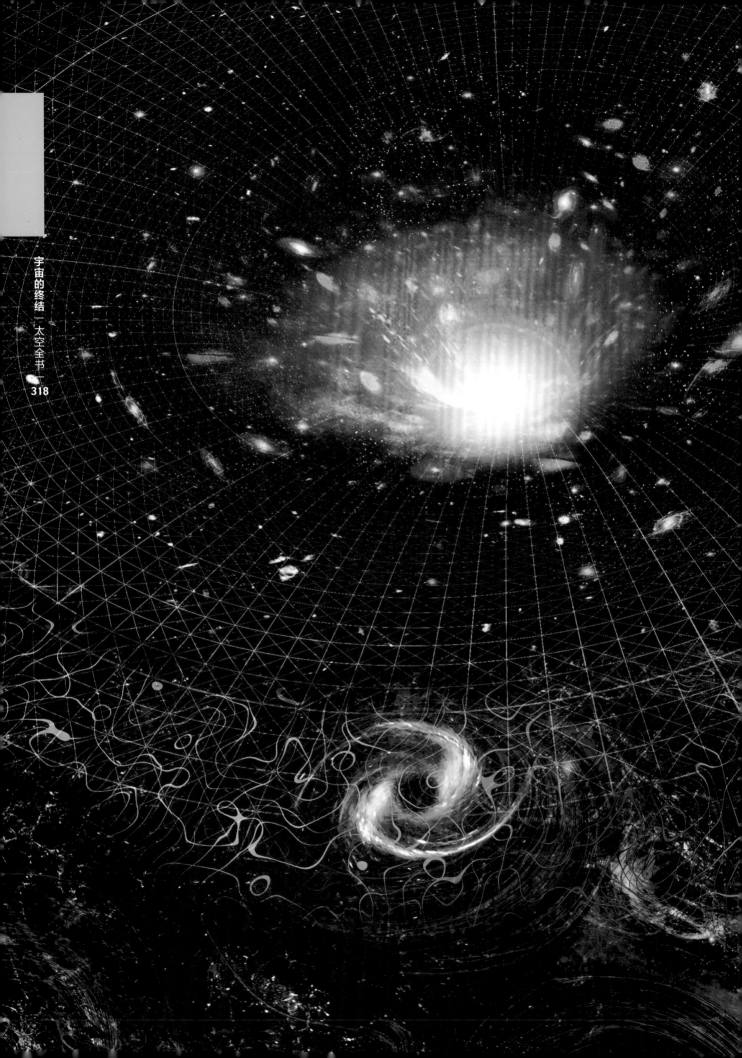

乍一看，预测宇宙的结束似乎比追踪它的起源更简单。在遥远的星系之间唯一的作用力是引力，而唯一的问题是它是否强大到足以扭转哈勃膨胀。这个问题的答案取决于一个数字——宇宙的总质量。

传统意义上，天文学家已经区分出了：没有足够质量阻止宇宙膨胀的情况——所谓的"开放宇宙"，还有一种膨胀最终被阻止并逆转的情况——"闭合宇宙"。而介于这两种宇宙之间的情况，膨胀在无限的时间里减慢到停止，被称作"平坦宇宙"。

END OF THE UNIVERSE
宇宙的终结

【 一切取决于质量 】

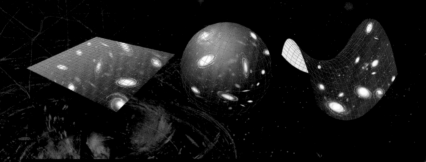

宇宙今天的年龄：137 亿年
银河系和仙女星系碰撞：30 亿年后
太阳变为红巨星，然后是白矮星：50 亿年后

本超星系团外的星系红移到视线外：2 万亿（2×10^{12}）年内
恒星形成停止：100 万亿（10^{14}）年内
质子可能衰变和消失：10^{34} 到 10^{40} 年内
黑洞主导宇宙：10^{40} 到 10^{100} 年内
黑洞蒸发：10^{100} 年内
可能的命运：大冻结，大撕裂，大收缩

（底图）大撕裂的艺术想象图。
（插图）平坦宇宙、闭合宇宙、开放宇宙。

鉴于理论和观测的原因，天文学家总是假定宇宙是平坦的，并且试图找到足够的质量来使宇宙达到这样的状态。而这个总质量的临界值"使宇宙恰好闭合"。

不幸的是，如果你把所有的可见物质加起来——所有的恒星、星系和星云——你只能得到闭合宇宙质量的 5%。如果你把暗物质（参见第 273-277 页）加进来，总量达到 28%。这就是 1998 年公布的惊人的观测结果。

多年以来，天文学家都在尝试发现一种能决定宇宙终结而不增加其质量的方法。当你看着遥远的星系时，你看到数十亿年前发出的光。通过测量这些光的红移，你可以知道宇宙膨胀的速度有多快。我们预计引力会随着时间的推移而减缓宇宙的膨胀。因此，这种处理宇宙命运问题的方法称为测量减速参数。

为了测量这个减速参数，你需要测量几十亿光年处遥远星系的距离。这样的星系太远以至于

迈克尔·特纳

"这可能是史上最令人期待的惊喜。"

20 世纪 90 年代，芝加哥大学的宇宙学家迈克尔·特纳对加速的哈勃膨胀理论如是说。现在他是科维里宇宙物理研究所的主任。特纳是第一个建立在粒子物理研究机构里的宇宙学研究团队的组织者之一——这里提到的机构指的是芝加哥城外的费米国家加速器实验室。

那是宇宙学激动人心的时代。暗物质被发现，暴涨图景解释了宇宙的基本几何。然而，尽管有这些，还是有一块拼图遗失了。特纳和其他小组成员认为丢失的那块可能是空无一物的空间能量——真空本身的能量，通常被称为宇宙学常数。当 1998 年宇宙加速膨胀理论发表时，每个人都认识到，正是缺少的那一部分造成了加速膨胀。

那么迈克尔·特纳认为的暗能量是什么呢？

"一周中有半天我认为它是宇宙学常数，而在剩下的时间我认为它是什么更为基础的东西。"

天文学家无法分辨出其中的单个恒星，正如埃德温·哈勃用造父变星所做的工作，因此我们需要一个不同的标准烛光——Ia 型超新星。

Ia 型超新星出现于这样的双星系统：其中一个恒星走完了它的生命周期（参见第 254 页），并变成了一颗白矮星。如果白矮星将其正常大小的伴星的物质吸引走，它就会变大然后开始进行核反应，最后整颗恒星爆炸。这个事件释放了大量能量，短时间内这颗超新星会比整个星系更明亮。因为所有的白矮星基本上差不多大小，而且这样的爆炸可以在很远处看到。Ia 型超新星成为确定遥远星系距离的优秀标准烛光。

结合星系距离（从 Ia 型超新星得到）和星系退行速度（从测量的红移得到）的知识，我们可以推断出宇宙在遥远的过去的膨胀速率。20 世纪 90 年代，研究这些超新星的天文学家预计他们会发现宇宙膨胀的速率正在减慢。令人震惊的是，正确的结果与此相反。现在的宇宙比数十亿年前的宇宙膨胀得更快了。哈勃膨胀正在加速！

暗能量

只有一种方法来解释这个惊人的事实：宇宙中一定存在一种抵抗向内引力的力量。跟引力总是把物体聚集到一起相反，这种新的力量一定是把它们拉开的，于是芝加哥大学的宇宙学家迈克尔·特纳将其命名为"暗能量"，不过别把它与我们在第 272-277 页讨论的暗物质混淆。然而，鉴于能量和质量是等价的（因 $E=mc^2$），暗能量也可看作是对宇宙质量所做的贡献。

那么，关于宇宙质量的最终结论如下：

普通物质：约 5%

暗物质：约 23%

暗能量：约 73%

这些质量加起来足够使宇宙闭合。

于是，我们有了这样一个清醒的认识：组成我们的物质，我们过去一直认为的物质宇宙的基本结构，实际上只是其中的一小部分。

通过把 Ia 型超新星当作标准烛光，我们得以追溯哈勃膨胀的历史。观测证据表明，在大爆炸后的 50 亿年左右，膨胀速度确实减慢了。在这个时期，物质比现在更加密集，向内引力起主导作用。然而，随着物质越来越分散，引力变弱而向外的暗能量开始变主导。膨胀从那时候起就开始加速了。

有了对宇宙的新理解，我们对于它如何结束可以做些什么预言呢？答案取决于暗能量的特性，而这一点我们却不了解。不管怎样，我们还是可以列出一些可能情况的。

大冻结、大撕裂或者大收缩

在"大冻结"的图景中，哈勃膨胀将会永远持续下去。物质会分离得越来越远，宇宙的终结将会是寒冷的、偶尔飘浮的物质的空虚之地。

一个流行的说法是暗能量代表着创造时空的成本。如果是这样的话，当宇宙膨胀、空间增加时，暗能量的总量也会增加。如果暗能量的总量随时间增加，那么加速的速率也会增加，直到一切——行星、原子、核——在"大撕裂"中被撕裂开。这将是宇宙的一个壮观的结局（但很可能不是）。

如果暗能量的总量是固定的，那么膨胀将会在暗能量与引力再次平衡的一点——"大收缩"停止。这将把我们带回起点并做出选择——宇宙是开放、闭合还是平坦的，而大多数证据指向最后一个选项。

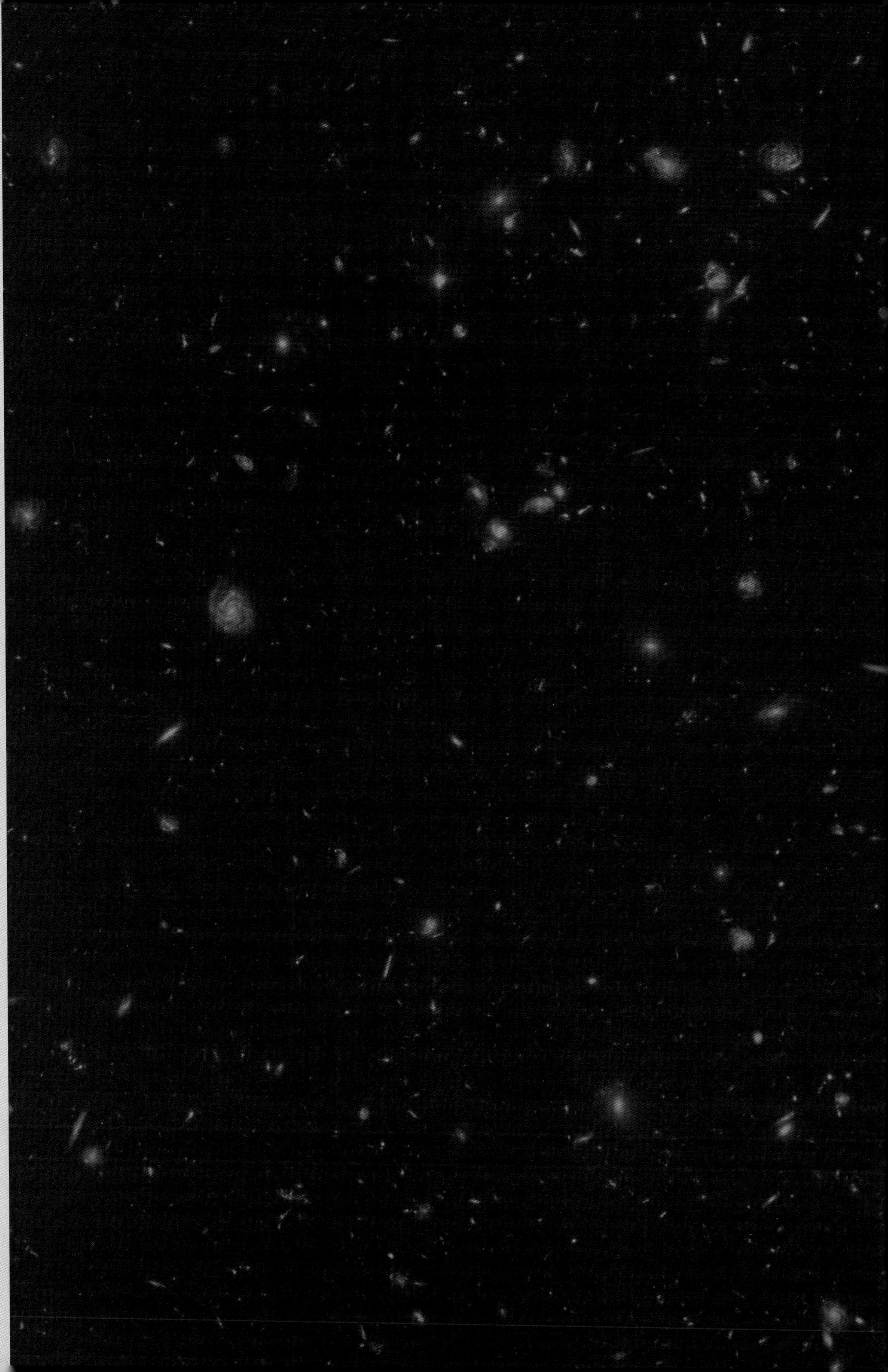

　　我们对于天空的认识最重要的发展之一就是这样一个现实：为了研究我们所知的最大尺度的事物——宇宙——我们不得不研究我们所知的最小的事物——构成物质的基本粒子。

　　近年来，奇怪而复杂的弦理论产生了"平行宇宙"的想法。如果实验能够验证多维弦论，那么我们最终会有一个完全不同的世界观。就像哥白尼教给我们地球不是宇宙的中心，哈勃教给我们银河系只是数十亿星系中的一个，弦论学家告诉我们，我们的整个宇宙可能只是众多宇宙中的一个。宇宙的整个集合称为多重宇宙。

MYSTERIES
未解之谜

【 后记 】

STRING THEORY & THE UNIVERSE
弦论和宇宙

在过去的几个世纪里，物理学家已经越来越深入地研究物质的基本构成。下面是一个对我们研究的越来越小粒子的快速总结：

19世纪——我们发现物质由原子组成。

20世纪早期——我们发现原子有一个核。

20世纪中期——我们发现原子核由基本粒子构成。

20世纪后期——我们发现这些基本粒子由夸克构成。

今天——我们推测夸克由叫作"弦"的奇异东西构成。

物理学家史蒂芬·古布泽在他的《弦论小书》开篇说道："弦论是一个谜。"这些理论的最基本观点就是：夸克由叫作"弦"的极小实体构成。顾名思义，你可以把它们想象成小提琴或吉他的弦，而不同的夸克对应不同的琴弦的振动模式。关于弦论有许多版本的解释，但是为了我们的研究目的，我们可以专注于使之尤其有趣的一对特性：

·它们结合了引力和其他基本力（见下页），因此可以描述大爆炸的最早阶段。

·它们在数学上很复杂，通常涉及10或23个维度的弦振动。

多维

这第二点对我们大多数人来说太陌生了，我们最好先说明一下它。我们的日常世界有四个维度——三个空间维度和一个时间维度。空间维度是前后、上下和左右。我们不习惯用这样的方

弦论认为弦和膜组成多维宇宙。艺术家构想图：在此宇宙中膜是如何叠加在一起的。

式去思考时间，但"之前和之后"是我们熟悉的概念。

当物理学家开始发展弦论时，他们发现能让计算避免发散到无穷的唯一途径就是去增加维度。（在物理学的术语中，我们说这个理论只能在多维世界中"可重整标准化"。）所以，如果理论只有在 10 或 23 个维度才有意义，而对于生活在四维世界中的我们来说，要做什么呢？

一个简单的比喻说明弦论者可以绕过这个问题。想想躺在草坪上的花园软管，如果你看远处的软管，它是一条线。如果你想沿着软管移动，你只有两种选择——向前和向后。这意味着，从远处看，软管是一维物体。然而，如果你接近软管，你看到它实际上有三个维度——它也有着左右和上下。同样的道理，弦论者坚信，弦在我们从远处观察时创造了一个四维世界，只有我们接近时，其他的维度才会明显起来，而这却是我们目前的技术不能做到的事情。物理学家称这些额外的维度为"紧致化"。

引力

然而，上面提到的第一个特点——引力和其他力量的统一——这也是科学家最感兴趣的。弦论似乎能够解决我们分裂长达一个世纪的自然观。20 世纪早期见证了两大科学革命。一个是爱因斯坦的相对论，现在仍然是对引力的最好描述（参见第 270-271 页）；另一个是量子力学，它是对亚原子世界的最好描述。问题是，这两种理论对力的看法截然不同。在相对论中，引力产生于质量导致的时空扭曲。换句话说，引力是几何学改变的结果。另一方面，在量子力学中，力产生于粒子的交换——一个本质上是动态的途径。目前，强相互作用、电磁相互作用和弱相互作用都是用这种方式描述的，而引力是用几何学来解释的。几十年来，调和这两种观点的矛盾已经成为理论物理学上的突出问题。

弦论解决了这个长期存在的困境。在某些理论中，引力是叫作"引力子"（尚未被发现）这种微粒交换的结果。因此，引力与其他三种力没有根本上的不同。事实上，我们可以想象不同年龄不同的科学家回答"我为什么不从我坐的椅子上浮起来呢？"这一问题的方式。

艾萨克·牛顿："因为地球和你产生了引力。"

阿尔伯特·爱因斯坦："因为地球的质量在其表面扭曲了时空网格。"

弦论者："因为有大量的引力子正在你与地球之间交换。"

这些解释并不矛盾，而是可以作为补充。把弦论应用到大质量物体上，你就可以得到相对论的结果；把相对论应用到一般的物体上，你就可以回到牛顿的结果。

膜

弦论较新的版本涉及一种叫"膜"（来自于"薄膜"）的物质，你可以把它看作是飘荡在多维空间中的纸（想象一下，在垂直长度的方向移动一个弦，它走过的路径会形成一张纸）。物理学家还讨论到了弦的最终理论版本，称之为"M 理论"，标志着我们对物质基本结构认知追求的结束。M 理论到目前并没有被写下来，尽管有很多聪明的人试着去完成这个任务。

写罢对现代理论前沿的快速介绍，我不得不

说在物理学界对它们是否是"科学"存在严肃的争论。数学描述的困难阻碍了弦论者做出可被实验检验的预测。怀疑论者认为，因为无从实现传统上科学研究所要求的理论和实验的互相印证，弦论只是一种数学。辩护者反驳称，这些理论的许多一般特性的真伪还是可以被实验检验，比如它预测了存在一种还未被发现的超对称粒子。目前，位于瑞士日内瓦的世界上最强大的加速器——大型强子对撞机未能找到这些超对称粒子，这给弦理论蒙上了一层阴影。这在未来是否会改变还不得而知。

无论如何，弦论给了我们一种跨越最终鸿沟的可能性，就是那横亘在我们熟知的大爆炸历史和笼罩在团团迷雾中的引力统一问题之间的鸿沟。它允许我们直面终极问题：所有的一切是怎么开始的？

（下图）英国理论物理学家迈克尔·格林。
（下页图）多重宇宙的艺术家概念图。

THE MULTIVERSE
弦景观

就像弦论的各种版本一样，也存在不同版本的多重宇宙理论。许多看起来确实奇怪，多维的膜（参见第 325—326 页）碰撞产生一个个新宇宙。然而，最常见的图景，是将其想象成沸水中的气泡。我们可以想象每一个泡泡代表着一个与我们的宇宙类似的宇宙，充满了星系。我们自己的气泡在不断膨胀，而在多重宇宙理论的某些版本中，像我们这样的宇宙在连续不断地在其表面制造小的气泡，每一个小泡泡也经历着它自己版本的宇宙大爆炸。换句话说，我们自己的宇宙可能在脱落产生小的婴儿宇宙，甚至就发生在你阅读这句话的时候。

弦景观

弦论能预测多重宇宙的存在，是因为一个叫作"弦景观"的概念。想象一个宇宙弹球游戏，球在那里滚过满是山坡和山谷的表面。我们知道球最终会停到一个山谷里面——并不必须是板上最深的山谷，它也可以停在一个较浅的山谷里。尽管这个山谷并非最深，但它能让弹球停驻于此，这就是理论物理学中的一个术语——所谓的"假真空"。

根据弦论，当我们绘制出与可能能量状态相对应的多维度表面图时，我们可以发现大量的假真空（山谷）——事实上，大约有 10^{500} 个。每一个都代表着一个弹球停驻的地方，或者说，是

弦论中一个可能的宇宙。10^{500} 是一个很大的数字——一个"1"后面跟着 500 个"0"！从任何角度来说，我们都可以说弦景观中有无限个可能的宇宙。除此之外，如果与我们宇宙类似的宇宙真的在脱落产生婴儿宇宙的话，我们可以把这种脱落事件看作另一个弹球在山坡与山谷中间滚动。如果我们滚动了足够多的弹球，我们可以预见最终所有的假真空都会被填充起来。这样一来，在弦论的多重宇宙中，任何一个可能的宇宙都会最终出现在弦景观中的某处。

正如弦论，也有关于多重宇宙的哲学讨论。

艺术图描绘了有不同物理规律的多重宇宙在被同时创造出来。中心是我们的宇宙，右边是一个没有物质的宇宙。

它聚焦在这样一个事实上：大多数理论版本中，一个宇宙同另一个无法沟通，因此也没有直接的实验能验证我们的宇宙之外有宇宙存在。另一方面，如果弦论中某些版本的宇宙通过了我们的实验测试，而且如果这个理论还预测到了多重宇宙的存在，那么我们务必要严肃考虑这个预言了。而且这很重要，因为多重宇宙的存在可能会解决我们在宇宙中深远和长期存在的问题。

微调问题

有一个被称为"精细调节"的问题，它可以用多种方式来表述，但你可以通过考虑引力来粗知一二。如果引力比实际上强得多，宇宙大爆炸将在开始后不久就崩溃，因为更强大的引力在膨胀真正开始之前就已经结束了。反之，如果引力较弱的话，它就不足以把物质聚集成恒星或者行星。在这两种情况下，宇宙都不会产生能够发问引力问题的生物。所以引力必须是被精细调节过的——被限制在特定的值——为了使生命能够发展。

这种精细调节似乎是所有自然常数的一个特点。例如，理论计算表明强相互作用（使原子核聚集在一起的力）或者电磁相互作用（使原子锁定轨道中电子的力）只要改变百分之几就会阻碍碳和氧这样的原子形成，降低我们所知的生命形式存在的概率。同样的，一个被一些理论家认为与宇宙的加速膨胀有关的数字宇宙学常数（参见第 321 页），在我们的宇宙中测量结果几乎为零（但不完全是）。然而，当物理学家利用量子力学来计算这个数字时，结果偏离了 120 个数量级——简直能偏多远就偏了多远（一个数量级是 10 的 1 次方，所以 120 个数量级是 1 后面有 120 个零）。一些未知的影响几乎一定要避免这个大值的出现，但是我们现在只能说宇宙学常数在被猛烈地精细调节着。

这种对力和自然常数的精细调节总是成为困扰科学家的难题。我们为什么生活在一个这些常数刚好是这些值的宇宙中呢？有些神学家将精细调节视为上帝存在的证据。

人择原理

然而，弦理论多重宇宙支持另一个古老的观点，被称为"人择原理"。这种观点的支持者认为，这个问题提得就不对——所谓"为什么这些常数是现在这样的？"正确的问法应该是"有鉴于智慧生物的存在，那么为什么这些常数是现在这样的？"在一个无法产生生命的宇宙中，这个问题永远不会被问到，因此，仅仅这一问题的提出就已经成为我们所生存的宇宙类型的声明。

我要指出，其实人择原理有两个版本：弱人择原理和强人择原理。弱人择原理的原则就是上面给出的论点——我们必须生活在一个能够产生生命的宇宙中，因为这个问题正在被问到。强人择原理声称，有一些尚未被发现的规律导致宇宙必须让生命可以存在。大多数科学家喜欢较弱的版本。

教我统计学的老教授曾经谈到"平坦球道上的高尔夫球"的问题。在高尔夫球停止滚动前，这球会停在一棵特定的小草上的概率很小——但最终高尔夫球会停在某个小草上。如果它没有停在那里，它也是以同样的小概率停在别的地方。同样的，当我们考虑弦景观时，问"为什么我们存在于这个特定的不太可能的宇宙中？"是没有用的。因为如果我们不在这里，也是以同样的小概率存在于其他版本的宇宙中。

这样看待事物会引起一些有趣的想法。举例来说，可能的宇宙的数目如此之大，那么能够产生生命的子集也可能很大。这就导致了标准的科幻场景，在另一个宇宙中有另一个你正在读这些文字，除了那个"你"长有尾巴和绿色的鳞片。多重宇宙代表着哥白尼世界观的胜利：将人类从万物中心终极移除。

船底座星云

欧洲南方天文台甚大望远镜拍摄的船底座星云的红外波段图像，光亮部分标出了它的结构轮廓，这是距地球 7,500 光年的恒星剧烈形成区。左下角是不稳定的船底座 η 星。

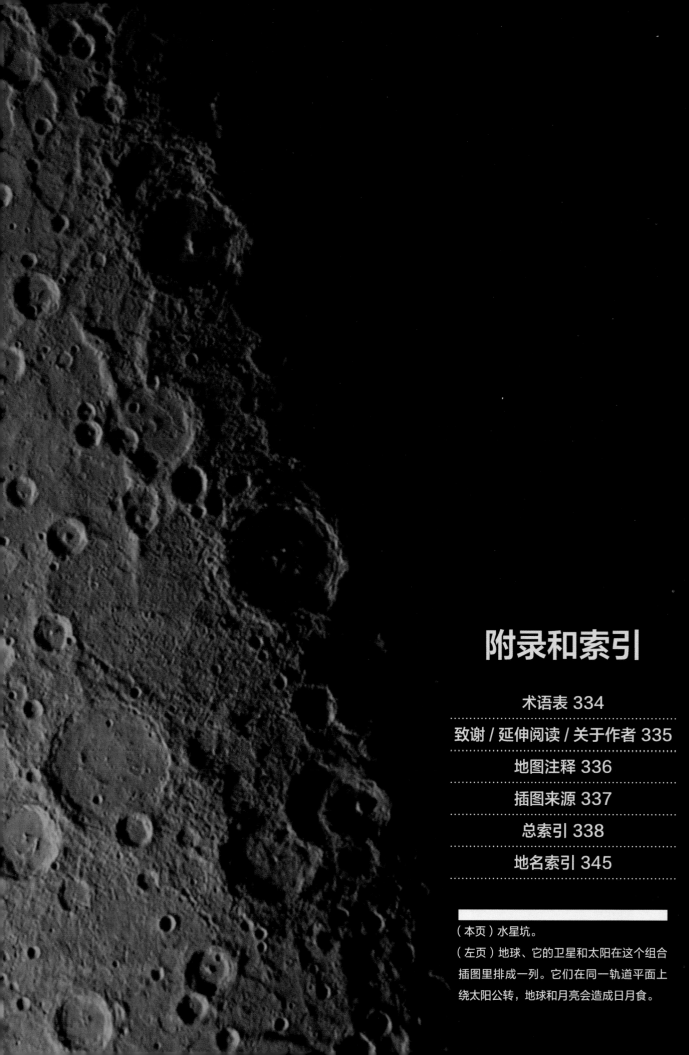

附录和索引

（本页）水星坑。

（左页）地球、它的卫星和太阳在这个组合插图里排成一列。它们在同一轨道平面上绕太阳公转，地球和月亮会造成日月食。

术语表

地貌类型	复数形式	中文翻译	定义
Albedo Feature	无	反照率特征	由对光的反射率的差异而被识别出的地理区域
Arcus	arcūs	弧	弧形地貌特征
Astrum	astra	星状地貌	金星上的放射状地貌特征
Catena	catenae	坑链	成串的环形山
Cavus	cavi	深坑	凹陷，具有峭壁的不规则洼地，通常成团出现
Chaos	chaoses	混沌	地表显著破碎区域
Chasma	chasmata	深谷	深、长、具有峭壁的洼地
Collis	colles	矮丘	小山或凸起
Corona	coronae	冕状火山	卵形地貌特征
Crater	craters	环形山	环形洼地
Dorsum	dorsa	山脊	山脊
Eruptive center	无	爆发中心	木卫一上的活跃火山中心
Facula	faculae	亮斑	亮斑
Farrum	farra	饼状穹丘	薄层状结构，或一列这样的结构
Flexus	flexūs	弯脊结构	具有扇形结构的很低的山脊
Fluctus	fluctūs	流地	流水地貌
Flumen	flumina	河	土卫六上可能曾有液体流过的沟道
Fossa	fossae	堑沟	长、窄的凹陷
Insula	insulae	（群）岛	岛屿，一个或一组孤立的陆地，被液体区域环绕或几近环绕
Labes	labēs	崩坡	滑坡
Labyrinthus	labyrinthi	沟网	相互交织的谷地或山脊
Lacuna	lacunae	湖床	土卫六上形状不规则的凹陷预期，似乎是干涸的湖床
Lacus	lacūs	湖	湖或小平原；在土卫六上，指称湖或具有明显边界的深色小平原
Lenticula	lenticulae	暗斑	木卫二上的小黑点
Linea	lineae	线状结构	或暗或亮的长条形地貌，可能是弯曲的或直的
Lingula	lingulae	舌地	高原的延伸，具有叶状或舌状边缘
Macula	maculae	暗斑	暗斑，可能是不规则的
Mare	maria	海	海；圆形的大平原；在土卫六上，指称被认为是液态碳水化合物构成的深色物质大片延展分布
Mensa	mensae	桌山（群）	具有峭壁的平顶凸起地貌
Mons	montes	山（脉）	山
Oceanus	oceani	洋	月球上的巨大深色区域
Palus	paludes	沼	字面意思为"沼泽"，小平原
Patera	paterae	托边火山	不规则的环形山，或具有扇形边缘的复杂环形山
Planitia	planitiae	平原	低地平原
Planum	plana	高原	高原或高地平原
Plume	plumes	羽流	海卫一上的冰火山
Promontotium	promontoria	角	岬角
Regio	regiones	区域	以发射率或颜色差异而从周边地区或更大的一个地理区域中区分出的一大片区域
Reticulum	reticula	网纹地貌	金星上的网状地貌
Rima	rimae	溪	裂沟
Rupes	rupēs	峭壁	悬崖
Scopulus	scopuli	杂相陡岩	叶状或不规则的悬崖
Sinus	sinūs	湾	字面意思为"海湾"，小平原
Sulcus	sulci	沟	近平行的沟和脊
Terra	terrae	台地	延展的陆块
Tessera	tesserae	镶嵌地块	多边形的地表特征
Tholus	tholi	山丘	圆顶的小山
Unda	undae	浪浊地	沙丘
Vallis	valles	谷	山谷
Vastitas	vastitates	荒原	延展的平原
Virga	virgae	色带	具颜色的条纹

致谢

特此感谢卡内基研究院的薇拉·鲁宾（Vera Rubin）和芝加哥大学的迈克尔·特纳，感谢二位对这部作品所做的贡献。感谢编辑苏珊·泰勒·希区柯克和帕特里夏·丹尼尔斯，还有制图者卡尔·梅勒和马修·施瓦市迪克，有了他们的帮助，这本书才得以完成。

关于作者

詹姆斯·特莱菲尔（James Trefil），物理学者，科普作家，弗吉尼亚州费尔法克斯市乔治梅森大学物理学专业 J. 罗宾逊教授，已出版近 50 本科普书籍。曾出版《其他世界》（Other Worlds，美国国家地理出版社 1999 年出版），曾担任《大创意》（Big Idea，美国国家地理出版社 2012 年出版）的首席科学顾问。他的作品曾获得多项大奖，包括美国物理学会为他颁发的科普作品奖。于 2011 年被位于马其顿共和国斯科普里市的圣济利禄与圣梅笃丢斯大学授予荣誉学位。他的最新作品是《世界史的科学》（Science in World History）。

延伸阅读

更多来自美国国家地理的伟大的天文与空间类图书

Teasel Muir-Harmony, *Apollo to the Moon: A History in 50 Objects* (2018)

James Trefil, *The Story of Innovation: How Yesterday's Discoveries Lead to to Tomorrow's Breakthroughs* (2017)

Buzz Aldrin, *No Dream Is Too High: Life Lessons From a Man Who Walked on the Moon* (2016)

Leonard David, *Mars: Our Future on the Red Planet* (2016)

Buzz Aldrin, *Mission to Mars: My Vision for Space Exploration* (2015)

Marc Kaufman, *Mars Up Close: Inside the Curiosity Mission* (2014)

Howard Schneider, *National Geographic Backyard Guide to the Night Sky* (2013)

The Big Idea: How Breakthroughs of the Past Shape the Future (2011)

J. Richard Gott and Robert J. Vanderbei, *Sizing Up the Universe: The Cosmos in Perspective* (2010)

地图注释

....

CARTOGRAPHER
Matthew W. Chwastyk, National Geographic

ALL MAPS
Place names: Gazetteer of Planetary Nomenclature, Planetary Geomatics Group of the USGS (United States Geological Survey) Astrogeology Science Center
http://planetarynames.wr.usgs.gov

IAU (International Astronomical Union): http://iau.org

NASA (National Aeronautics and Space Administration): http://www.nasa.gov

SOLAR SYSTEM PP. 52–53, INNER PLANETS PP. 60–61, OUTER PLANETS, PP. 120–121
All images: NASA, JPL (Jet Propulsion Laboratory, California Institute of Technology), Johns Hopkins University Applied Physics Laboratory, Carnegie Institution of Washington

MERCURY PP. 64–67
Global Mosaic: MESSENGER (MErcury Surface, Space ENvironment, GEochemistry, and Ranging), NASA, Johns Hopkins University Applied Physics Laboratory, Carnegie Institution of Washington

VENUS PP. 74–77
Global Mosaic: Magellan Synthetic Aperature Radar Mosaics, NASA, JPL (Jet Propulsion Laboratory, California Institute of Technology)

EARTH PP. 83–87
Paleogeography: C.R. Scotese, Paleomap Project

Surface Satellite Mosaic: NASA Blue Marble, NASA's Earth Observatory

Bathymetry: ETOPO1/Amante and Eakins, 2009

EARTH'S MOON PP. 94–97
Global Mosaic: Lunar Reconnaisance Orbiter, NASA, Arizona State University

MARS PP. 104–107
Global Mosaic: NASA Mars Global Surveyor; National Geographic Society

Moon images: Phobos, Diemos, NASA, JPL (Jet Propulsion Laboratory, California Institute of Technology), University of Arizona

CERES PP. 118–119
Global Mosaic: NASA, JPL-Caltech (Jet Propulsion Laboratory, California Institute of Technology), UCLA/MPS/DLR/IDA

JUPITER PP. 124–125
Global Mosaic: NASA Cassini Spacecraft, NASA, JPL (Jet Propulsion Laboratory, California Institute of Technology), Space Science Institute

MOONS OF JUPITER PP. 132–139
All Global Mosaics: NASA Galileo Orbiter NASA, JPL (Jet Propulsion Laboratory, California Institute of Technology), University of Arizona

SATURN PP. 130–131
Global Mosaic: NASA Cassini Spacecraft NASA, JPL (Jet Propulsion Laboratory, California Institute of Technology)

MOONS OF SATURN PP. 148–161
All Gloabl Mosaics: NASA Cassini Spacecraft NASA, JPL (Jet Propulsion Laboratory, California Institute of Technology) Space Science Institute

SATURN'S RINGS PP. 168–169
NASA Cassini Spacecraft NASA, JPL (Jet Propulsion Laboratory, California Institute of Technology) Space Science Institute

URANUS PP. 174–175, URANUS'S MOONS PP. 176–179, NEPTUNE PP. 180–181, TRITON P. 182
Global imagery: NASA Voyager II, NASA, JPL (Jet Propulsion Laboratory, California Institute of Technology)

PLUTO P. 193
Global imagery: NASA, Johns Hopkins University Applied Physics Laboratory, Southwest Research Institute, Lunar and Planetary Institute

THE MILKY WAY PP. 210–211
Artwork: Ken Eward, National Geographic Society

THE SUN PP. 220–221
Artwork: Moonrunner Design, National Geographic Society

THE UNIVERSE PP. 282–283
Artwork: Ken Eward, National Geographic Society

COSMIC MICROWAVE BACKGROUND PP. 292–293
Mosaic: Planck Mission, ESA and Planck Collaboration

HUBBLE TUNING FORK PP. 300–301
Images: SINGS (Spitzer Infared Nearby Galaxies Survey, NASA, JPL-Caltech

THE BIG BANG PP. 306–307
Diagram: NASA, JPL-Caltech (Jet Propulsion Laboratory, California Institute of Technology)

插图来源

1, NASA/NOAA/GSFC/Suomi NPP/VIIRS/Norman Kuring; 2–3, NASA, ESA, and The Hubble Heritage Team (STScI/AURA); 4–5, X-ray: NASA/CXC/SAO/J.Hughes et al, Optical: NASA/ESA/Hubble Heritage Team (STScI/AURA); 6–7, NASA/JPL/Space Science Institute; 8–9, NASA, ESA, and J. Maíz Apellániz (Instituto de Astrofísica de Andalucía, Spain); 10–11, E.J. Schreier (STScI), and NASA; 12–13, NASA; 15, NASA; 16, NASA; 19, NASA; 20, ESA; 23, Cycler graphic created by 8i in collaboration with the Buzz Aldrin Space Institute. Earth, Mars and Moon elements by NASA.; 24, NASA; 26, NASA; 27, Rebecca Hale, NG Staff; 28–9, NASA; 30, © Visual Language 1996; 31, Jean-Leon Huens/National Geographic Creative; 32, NASA, ESA, and the Hubble SM4 ERO Team; 34, NASA, ESA, J. Merten (Institute for Theoretical Astrophysics, Heidelberg/Astronomical Observatory of Bologna), and D. Coe (STScI); 39 (UP), © Visual Language 1996; 48–9, NASA/JPL-Caltech; 50–51, David Aguilar; 54–5, NASA/JPL-Caltech; 55 (INSET), NASA/JPL-Caltech; 57, NASA/JPL-Caltech/T.Pyle (SSC-Caltech); 58, Ron Miller/Stocktrek Images/Corbis; 62–3, NASA/Johns Hopkins University Applied Physics Laboratory/Arizona State University/Carnegie Institution of Washington. Image reproduced courtesy of Science/AAAS; 63 (INSET), NASA/Johns Hopkins University Applied Physics Laboratory/Carnegie Institution of Washington; 68, Science Source; 69, NASA/Johns Hopkins University Applied Physics Laboratory/Carnegie Institution of Washington; 70, Pierre Mion/National Geographic Creative; 71, Rick Sternbach; 72, NASA/JPL/USGS; 73, NASA/JPL; 78, Science Source; 79 (UP), ESA/VIRTIS/INAF-IASF/Obs. de Paris-LESIA/Univ. of Oxford; 79 (LO), ESA/VIRTIS/INAF-IASF/Obs. de Paris-LESIA/Univ. of Oxford; 80, J. Whatmore/ESA; 82–3, NOAA/NASA GOES Project; 88, Planetary Visions Ltd./Science Source; 89, Alain Barbezat/National Geographic My Shot; 91 (UP), NG Maps; 91 (LO), Theophilus Britt Griswold; 92–3, Carsten Peter/National Geographic Creative; 92 (INSET), NG Maps; 98, Christian Darkin/Science Source; 99, NASA; 100, Designua/Shutterstock; 101, Michael Melford/National Geographic Creative; 102–3, NASA/JPL-Caltech/MSSS; 102 (INSET), NASA/JPL/Malin Space Science Systems; 108, Science Source; 109, NASA/JPL/University of Arizona; 110, Science Source; 111, NASA/JPL-Caltech; 111 (LO), NASA/JPL/Malin Space Science Systems; 112, Ian Dagnall/Alamy Stock Photo; 113, NASA/JPL-Caltech/ESA/DLR/FU Berlin/MSSS; 114–15, Mark Garlick/Science Source; 115 (INSET), NASA/JPL/USGS; 117, Sanford/Agliolo/Corbis; 122–3, NASA/JPL-Caltech/SwRI/MSSS/Gerald Eichstadt/Sean Doran; 123 (INSET), NASA/JPL/University of Arizona; 126–7, NASA/JPL-Caltech/SwRI/MSSS/Gerald Eichstadt; 126, Science Source; 128, H. Hammel (SSI), WFPC2, HST, NASA; 129, H. Hammel (SSI), WFPC2, HST, NASA; 130–31, NASA/JPL/USGS; 130 (INSET), NASA/JPL/DLR; 144–5, NASA/JPL-Caltech/Space Science Institute; 140 (INSET), NASA/JPL; 141, NASA/JPL/University of Arizona; 142, NASA/JPL/University of Arizona; 143, NASA/JPL; 144 (INSET), GeorgeManga/iStock; 162, Science Source; 163, NASA/JPL/Space Science Institute;

164, Davis Meltzer/National Geographic Creative; 165, NASA/JPL; 166–7, NASA/JPL; 166 (INSET), NASA/JPL/Space Science Institute; 168–9, NASA/JPL/Space Science Institute; 170, Ron Miller; 171, Ludek Pesek/Science Source; 172–3, John R. Foster/Science Source; 172 (INSET), Science Source; 183, NASA/JPL/Universities Space Research Association/Lunar & Planetary Institute; 184, Science Source; 185, Mark Garlick/Science Source; 186–7, NASA/JPL; 187, Science Source; 188–9, NASA/Johns Hopkins University Applied Physics Laboratory/Southwest Research Institute; 188 (INSET), NASA, ESA, H. Weaver (JHUAPL), A. Stern (SwRI), and the HST Pluto Companion Search Team; 190, Bettmann/Corbis; 191, Science Source; 192, NASA/Johns Hopkins University Applied Physics Laboratory/Southwest Research Institute; 194–5, NASA/Johns Hopkins University Applied Physics Laboratory/Southwest Research Institute; 196–7, Dan Schechter/Getty Images; 197 (INSET), NASA/JPL/UMD; 198, ESA/Rosetta/NAVCAM—CC BY-SA IGO 3.0; 200–201, Mark Garlick/Science Source; 200 (INSET), David Aguilar/National Geographic Creative; 202–3, NASA/Johns Hopkins University Applied Physics Laboratory/Southwest Research Institute; 204, Wampa76/iStock; 205, NASA/JPL-Caltech/R. Hurt (SSC); 206–7, Viktar Malyshchyts/Shutterstock; 208–9, Credit for Hubble image: NASA, ESA, and Q.D. Wang (University of Massachusetts, Amherst). Credit for Spitzer image: NASA, Jet Propulsion Laboratory, and S. Stolovy (Spitzer Science Center/Caltech); 212–13, Dr. Fred Espenak/Science Source; 213 (INSET), Jon Lomberg/Photo Researchers, Inc; 214, Harvard College Observatory/Science Source; 215, NASA, ESA, and the Hubble Heritage Team (STScI/AURA); 217, NASA/JPL-Caltech; 218–19, Sepdes Sinaga/National Geographic My Shot; 219 (INSET), SOHO (ESA & NASA); 220–21, SOHO/EI I; 223, James P. Blair/National Geographic Creative; 224–5, NASA/SDO/GOES-15; 226–7, Robert Stocki/National Geographic My Shot; 227 (INSET), Sebastian Kaulitzki/Shutterstock; 229, Ralph White/Corbis/Getty; 230–1, Dana Berry/National Geographic Creative; 230 (INSET), NASA/Kepler; 232–3, NASA/Ames/JPL-Caltech; 234–5, NASA/JPL-Caltech; 235, David Aguilar/National Geographic Creative; 236–7, ESO/M. Kornmesser; 238–9, Dr Verena Tunnicliffe, University of Victoria (UVic); 239, NASA/JPL-Caltech; 240–41, NASA/JPL-Caltech; 241, NASA/JPL-Caltech; 242–3, SETI; 242 (INSET), NASA; 244, SHNS/SETI Institute/Newscom/File; 246–7, NASA, ESA, and the Hubble SM4 ERO Team; 247 (INSET), Mark Garlick/Science Source; 249, Mark Garlick/Science Source; 250–51, NASA/JPL-Caltech/O. Krause (Steward Observatory); 250 (INSET), NASA, ESA, P. Challis and R. Kirshner (Harvard-Smithsonian Center for Astrophysics); 252–3, David A. Hardy/www.astroart.org; 252, NASA, ESA, and the Hubble Heritage STScI/AURA)-ESA/Hubble Collaboration. Acknowledgement: Robert A. Fesen (Dartmouth College, USA) and James Long (ESA/Hubble); 254 (UP LE), NASA, ESA and H.E. Bond (STScI); 254 (UP CTR), NASA, ESA and H.E. Bond (STScI); 254 (UP RT), NASA and The Hubble Heritage Team

(AURA/STScI); 255, NASA, ESA, and the Hubble Heritage Team (STScI/AURA); 256–7, Mark Garlick/Science Source; 256 (INSET), X-ray Image: NASA/CXC/ASU/J. Hester et al. Optical Image : NASA/HST/ASU/J. Hester et al.; 259, Jonathan Blair/National Geographic Creative; 260–61, NASA, ESA, J. Hester and A. Loll (Arizona State University); 262–3, X-ray: NASA/CXC/CfA/R.Kraft et al.; Submillimeter: MPIfR/ESO/APEX/A.Weiss et al.; Optical: ESO/WFI; 262 (INSET), Mark Garlick/Science Source; 265, Detlev Van Ravensvaay/Science Source; 266, Digitized Sky Survey; 266–7, NASA/CXC/M.Weiss; 268–9, ESA/C.Carreau; 268 (INSET), ESA/D. Ducros 2010; 271, Caltech/MIT/LIGO Lab; 272–3, X-ray: NASA/CXC/M.Markevitch et al. Optical: NASA/STScI; Magellan/U.Arizona/D. Clowe et al. Lensing Map: NASA/STScI; ESO WFI; Magellan/U.Arizona/D.Clowe et al.; 273 (INSET), Volker Springel/Max Planck Institute for Astrophysics/Science Source; 274–5, Richard Nowitz/National Geographic Creative; 276, NASA, ESA, and R. Massey (California Institute of Technology); 278–9, NASA/JPL-Caltech/K.Su (Univ. of Arizona); 280–81, NASA/JPL-Caltech/UCLA; 284–5, NASA, ESA, M. Livio and the Hubble Heritage Team (STScI/AURA); 284 (INSET LE), Royal Astronomical Society/Science Source; 284 (INSET CTR), Royal Astronomical Society/Science Source; 284 (INSET RT), Royal Astronomical Society/Science Source; 287 (LO), Science Source; 288–9, Chris Butler/Science Source; 289, David Parker/Science Source; 290–91, ESA; 291 (INSET), NASA/NSF; 295 (UP), NASA/WMAP Science Team; 295 (LO), Equinox Graphics/Science Source; 296 (UP LE), NASA; 296 (CTR LE UP), NASA; 296 (CTR LE LO), NASA; 296 (LO LE), ESA and the Planck Collaboration; 298–9, NASA, ESA, and the Hubble Heritage (STScI/AURA)-ESA/Hubble Collaboration; 299 (INSET LE), NASA, ESA, K. Kuntz (JHU), F. Bresolin (University of Hawaii), J. Trauger (Jet Propulsion Lab), J. Mould (NOAO), Y.-H. Chu (University of Illinois, Urbana), and STScI; 299 (INSET CTR LE), NASA, ESA, and The Hubble Heritage Team (STScI/AURA); 299 (INSET CTR RT), NASA, ESA, and the Hubble Heritage (STScI/AURA)-ESA/Hubble Collaboration; 299 (INSET RT), NASA, ESA, and The Hubble Heritage Team (STScI/AURA); 300–301, NASA/JPL-Caltech/K. Gordon (STScI) and SINGS Team; 303, NASA; 304–5, Mehau Kulyk/Science Source; 304 (INSET), Ann Feild (STScI); 309, Don Dixon/cosmographica.com; 310–11, Adolf Schaller for STScI; 312–13, Mark Garlick/Science Source; 312 (INSET), BSIP/Science Source; 314, NASA/WMAP Science Team; 315, Jose Antonio Peñas/Science Source; 316, NASA/ESA/ESO/Wolfram Freudling et al. (STECF); 318–19, Moonrunner Design Ltd./National Geographic Creative; 319 (INSET), Mark Garlick/Science Source; 320, Fermilab; 322–3, NASA, ESA, S. Beckwith (STScI) and the HUDF Team; 324, Wikipedia; 326, Corbin O'Grady Studio/Science Source; 327, Detlev Van Ravensvaay/Science Source; 328, Mark Garlick/Science Source; 330–31, ESO/T. Preibisch; 332, NASA/JPL/Space Science Institute; 333, NASA/Johns Hopkins University Applied Physics Laboratory/Carnegie Institution of Washington

总 索 引

地名索引

索引应用指南

国际天文学联合会对地球之外茫茫宇宙中各种地貌特征的名称做了规范。依照惯例，通用术语采用的是拉丁语（如：火星上的乌托邦亚平原，国际通用名称是"Utopia Planitia"，其中的"Planitia"意思是"low plain"，低海拔平原）。本书第 334 页附有通用名列表，为了准确记录地貌特征具体位置，我们给坐标网格以字母和数字做了编号。这本图集中囊括的所有地图，使用了三套近似的坐标网格系统加以呈现。呈现包括水星、金星、火星、地球在内的类地行星，以及地球的卫星月球时，使用的是第一套坐标网格系网统（图一），即字母沿着圆周标识，数字沿着赤道标识。如果要同时呈现一颗卫星的两个半球，例如木星和土星的卫星，就要用第二套坐标网格系统（图二），即字母沿着每个半球的中央子午线标识，连续的数字沿着两个半球的赤道标识。而呈现只掌握了南半球信息的外太阳系天体时，要用第三套坐标网格系统。即以字母环绕标识经度，以数字标识环绕卫星南半球的纬度圈（图三）。该索引中的地貌特征在图上的位置皆按照以上述方式编号。另外，国际天文学联合会并没有对地球上的环形山名称进行规范，故不在此列。若一个地貌特征名称被同时列入两个网格坐标图，说明该地貌特征跨越了两个编号区域。

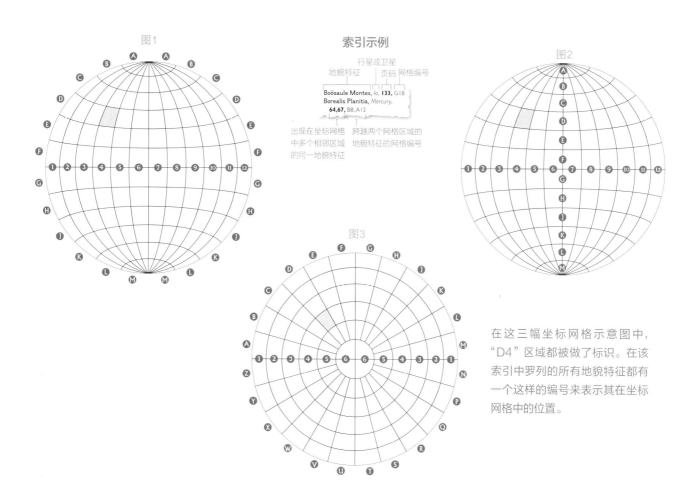

图1

索引示例

行星或卫星

地貌特征　页码　网格编号

Boösaule Montes, *Io,* **133,** G18
Borealis Planitia, *Mercury,*
64,67, B8, A12

出现在坐标网格中多个相邻区域的同一地貌特征

跨越两个网格区域的地貌特征的网格编号

图2

图3

在这三幅坐标网格示意图中，"D4"区域都被做了标识。在该索引中罗列的所有地貌特征都有一个这样的编号来表示其在坐标网格中的位置。

图书在版编目（CIP）数据

太空全书 / (美) 詹姆斯·特赖菲尔著 ; 青年天文

教师连线译. -- 北京 : 北京联合出版公司, 2017.7（2023.1重印）

书名原文 : Space Atlas

ISBN 978-7-5596-0541-2

Ⅰ . ①太… Ⅱ . ①詹… ②青… Ⅲ . ①外太空 - 普及

读物 Ⅳ . ①V11-49

中国版本图书馆CIP数据核字(2017)第114195号

北京版权局著作权合同登记 图字：01-2017-3431号

太空全书

作　　者	[美]詹姆斯·特赖菲尔
译　　者	青年天文教师连线
责任编辑	杨　青　徐秀琴
项目策划	紫图图书ZITO®
监　　制	黄　利　万　夏
特约编辑	路思维
营销支持	曹莉丽
版权支持	王秀荣
装帧设计	紫图装帧

北京联合出版公司出版

（北京市西城区德外大街83号楼9层　100088）

艺堂印刷（天津）有限公司印刷　新华书店经销

字数100千字　889毫米×1194毫米　1/16　22.5印张

2019年9月第2版　2023年1月第12次印刷

ISBN 978-7-5596-0541-2

定价：319.00元